U0341740

装备科技译著出版基金

自动目标识别 （第3版）

Automatic Target Recognition
Third Edition

〔美〕布鲁斯·沙赫特（Bruce J. Schachter） 著

范晋祥 陈晶华 译

张天序 审校

国防工业出版社

·北京·

著作权合同登记　图字:军-2018-023号

图书在版编目(CIP)数据

自动目标识别:第 3 版/(美)布鲁斯·沙赫特
(Bruce J. Schachter)著;范晋祥,陈晶华译. —北
京:国防工业出版社,2022.3
书名原文:Automatic Target Recognition(Third
Edition)
ISBN 978-7-118-08297-5

Ⅰ.①自… Ⅱ.①布…②范…③陈… Ⅲ.①自动识
别-研究 Ⅳ.①TP391.4

中国版本图书馆 CIP 数据核字(2022)第 015765 号

Automatic Target Recognition by Bruce J. Schachter

ISBN 9781510618565

Copyright © 2018 Society of Photo-Optical Instrumentation Engineers (SPIE)

All rights reserved. No part of this book may be reproduced or transmitted in any form or by any means, electronic or mechanical, including photocopying, recording or by any information storage and retrieval system, without permission in writing from the Publisher and SPIE.

※

国防工业出版社出版发行

(北京市海淀区紫竹院南路23号　邮政编码100048)
三河市腾飞印务有限公司印刷
新华书店经售

*

开本 710×1000　1/16　插页2　印张18　字数308千字
2022 年 3 月第 1 版第 1 次印刷　印数 1—2000 册　定价 198.00 元

(本书如有印装错误,我社负责调换)

国防书店:(010)88540777　　书店传真:(010)88540776
发行业务:(010)88540717　　发行传真:(010)88540762

自动目标识别系统(ATR)是一个实时或近实时的图像/信号理解系统。自动目标识别系统以数据流作为输入,从输入数据中探测和识别目标,并输出目标列表。一个完整的自动目标识别系统也可完成其他功能,如图像稳定、预处理、图像拼接、目标跟踪、活动识别、多传感器融合、传感器/平台控制,并产生用于传输或显示的数据包。

在自动目标识别系统发展初期,倡导采用信号处理方法的研究者和倡导采用计算机视觉方法的研究者之间产生了激烈的争论。倡导信号处理方法的研究者关注的是先进的相关滤波器、随机分析、估计和优化、变换理论以及非平稳信号的时间–频率分析。倡导计算机视觉方法的研究者则认为,尽管信号处理为我们的工具箱提供了一些良好的工具,但我们真正想要的,是能够像生物视觉系统一样好的自动目标识别。这一流派的自动目标识别系统设计者对处理信号的兴趣要低于对理解场景的兴趣,他们建议采用人工智能(AI)、计算神经科学、演化算法、基于案例的推理、专家系统等方法来解决自动目标识别问题。信号处理专家感兴趣的是跟踪点状目标;而自动目标识别工程师则想要跟踪目标,识别目标,并确定目标将要采取的行动。信号处理专家追求更好的视频压缩方法;而自动目标识别系统工程师则想实现更智能的压缩,即,由自动目标识别系统告诉压缩算法哪部分场景更重要,值得分配更多的位数。自动目标识别本身也可以看作一种数据压缩方法,具有大量数据的输入压缩或具有相对少的数据的输出。由于数据链带宽限制,以及对时间紧迫的操作人员的工作负荷的限制,必须进行数据压缩。人们非常擅长于分析视频,直到开始感觉疲劳或者注意力分散。他们不希望像急救中心的分诊医生那样,评估发生的每件事情,并不断为值得进一步关注的事项分配优先级。飞行员和地面站操作人员希望有一个机器(只要它很少犯错误)来减轻他们的工作负担,这就需要自动目标识别系统工程师。正如作者所知,飞行员和图像分析师并不是寻求能够完全取代他们的机器。然而,随着自动目标识别技术的进步,将在指挥链的更高端进行这样的自动决策。

人的视觉系统不是面向对某些类型的数据的分析设计的,这些数据包括快速的步进凝视的图像、雷达所产生的复值的信号、超光谱图像、三维激光雷达数据,或者信号数据与各种类型的精确的元数据的融合。当数据率太高,或者持续时间太长,导致人脑难以处理时,或者数据不适于展示时,自动目标识别系统将有突出表现。虽然如此,现有的大多数自动目标识别系统是与人在回路中结合运用的。目前,在涉及需要会商、理解和判断的任务时,人比自动目标识别系统表现的更好,因此仍然需要由人做出最终决策,并确定要采取的行动。这就要求为决策人员提供自动目标识别输出(在本质上是统计的、多面的),且输出形式必须易于理解,这是一个困难的人/机接口问题。展望未来,更自主化的机器人系统将更多地依赖于自动目标识别,代替操作人员,自动目标识别器或许将成为整个机器人平台的"大脑"。我们将在本书结束时讨论这一令人兴奋的主题。

一旦自动目标识别系统可部署运用,系统工程师将予以关注。他们更加注重严格的现实需求,很少关心信号处理和计算机视觉之间的争论,也不想听到自动目标识别像"大脑"一样的说法,甚至对哪种分类方式性能更好也不感兴趣。他们关心系统运行使用概念方案(ConOps),以及自动目标识别的性能和功能能力;关心任务使命目标和任务使命需求;关心如何确定所有可能的利益攸关者,形成一体化产品团队,确定关键性能参数(KPP),开发测试和评估(T&E)规程,以明确是否满足性能需求。在目前发表的期刊论文和会议论文中,通常采用性能自测试的方式,而确定一个系统是否可部署,通常要采用第三方独立测试和评估、实验室盲测试、外场测试和软件回归测试。系统工程师关注重点不限于自动目标识别性能,还希望整个系统或者由多个系统(包括平台、传感器、自动目标识别器和数据链)组成的体系能够良好地工作,他们不仅想要知道需为自动目标识别器提供的数据,以及自动目标识别器能为系统的其他组成部分提供的数据,还想要知道系统各组成部分对系统中其他组成部分产生的影响。系统设计师更关注尺寸、重量、功耗、时延、当前和未来的成本、勤务保障、时间线、平均无故障工作时间,以及产品维修和更新。他们也想要知道敌方获得系统会产生的影响。

过去,发展自动目标识别系统的主要是与政府实验室密切协作的大型电子防务公司,只有防务公司和政府才有足够的数据采集飞机和高端传感器,并能接触到国外的军事目标。尽管空对地是大多数自动目标识别器的重点,但是自动目标识别实际上涉及工作在空间、空中、海洋/陆地表面以及水下/地下的多种传感器。尽管自动目标识别这一名称意味着识别目标,但是自动目标识别工程师的兴趣更加宽泛。他们要应对涉及智能化图像或信号处理的各种类型的军事问题,政府(或政府资助的主合同商)是唯一的用户。因此,自动目标识别工程师要花一些时间向政府汇报,参与联合数据采集,参加政府主持的测试,并向政府建议新的项目。

自20世纪60年代起,自动目标识别的研究领域和在商用领域与学术界开展的类似工作保持并行发展,涉及工业自动化、医学成像、监视和安全、视频分析和天基成像。商用领域和防务领域都感兴趣的技术包括低功耗处理机、新式传感器、海量数据(大数据)快速搜索、水下监测和远程医学诊断。最近,在这些领域,大量的资金从防务领域转到商用领域,更多的经费被投入到好莱坞电影的计算机动画,而不是前视红外(FLIR)和合成孔径雷达(SAR)图像的综合。搜索公司在神经网络方面的投资比防务公司要大得多。脑科学研究项目正在研究基础性的人类视觉和认知处理问题,并获得大量的经费支持。专用的军用处理器(如VHSIC)的时代已经过去了,现在更多地依赖于大批量生产的芯片,即,多核处理器(如Intel和ARM)、FPGA(如Xilinx和Intel/Altera)和GPU(如Nvidia和AMD)。用于汽车工业的、集成了大规模并行处理器的高度集成的传感器(可见光、前视红外、激光雷达和雷达,如Intel/MobilEye)正在迅速发展,以满足新的安全标准,预计年产能很快将会达到数百万套系统。当前,先进辅助驾驶系统(ADAS)可以探测到人员、动物和路标,这些任务与自动目标识别任务很像。辅助驾驶系统的快速发展,将推动汽车无人驾驶时代的到来。

值得注意的是,在自动目标识别系统和商用系统方面有一些重要的差别。自动目标识别系统的物体探测和识别距离,通常要比商用系统的远得多,而且对敌方的探测和识别是非合作的过程。尽管未来的汽车可能有激光雷达、雷达或前视红外传感器,但这些传感器不会是在20000ft的距离上产生高质量数据的传感器。一个辅助驾驶系统能够探测到行人,但不会报告他是否携带匕首。搜索引擎公司需要采用基于图像的搜索来搜索大量的数据,但它们没有元数据(军用平台可以得到)来帮助搜索。也就是说,商用电子系统的成本和创新速率不可能与军事系统相比。但在某些情况下,商用和军用系统的界线会有所模糊。蜂窝电话现在由摄像头、惯性测量单元、GPS、计算机、算法和发射机/接收机组成,加固版的商用蜂窝电话和笔记本电脑开始获得军事应用,甚至有自动目标识别app。"玩具"无人机的复杂性正在接近最小的军用无人机。自动目标识别工程师正在适应商用目标识别方面的进步,以及商用技术在自动目标识别上的适用性。即便是那些四旋翼飞机、新式摄像头、3D打印机、计算机、电话app、机器人等方面的业余爱好者,也很关注技术方面的进展。

自动目标识别不限于一个装置,也是一个研究和开发领域。自动目标识别技术能够以独立硬件、FPGA代码或高级语言代码的形式集成到系统中。自动目标识别团队可以帮助许多类型的系统增加自主性。也可以狭义地或广义地看待自动目标识别,也可以借用宽泛的技术领域的概念。有关自动目标识别的论文经常是这样的形式:"采用 XXX 的自动目标识别",这里 XXX 可以是超分辨率、主成分分析、稀疏编码、奇异值分解、特征模板、相关滤波器、运动学先验知识、自适应推举、超维流形、Hough 变换、中央凹视觉等。在更有见地的论文中,XXX 还可以是一类技术,如基于模糊规则的专家系统、子波神经网络、模糊形态学联想记忆、光学全息、可变形子波模板、多层级支持向量机、Bayesian 识别等。搞清楚了吗?几乎任何类型的技术都能放到自动目标识别问题这个"筐"里,并声称通过在具有足够宽的覆盖性的测试条件下进行的严苛的、独立的、竞争性的测试,结果表明某种方法实际上可以工作得最好,假设可以定义和度量"最好"。本书并非要全面地综述曾经应用到自动目标识别中的每一项技术。本书涉及自动目标识别的基础,尽管可以在有关模式识别和计算机的教科书中看到本书中的某些主题,但本书的重点是模式识别和计算机视觉在军事问题中的应用,以及军事系统的特殊的需求。

本书以设计一个自动目标识别系统的方式来阐述所涉及的主题。第一步是理解军事问题,并列出对这一问题的可能的解决方案清单。一个关键的问题是用于训练和测试某个解决方案的充分、全面的数据集的可获得性,这涉及制定一个全面的测试计划,确定测试规程,确定谁来完成测试。测试不是无限度的,需要确定退出准则,以确定什么时间能够成功地完成给定的测试活动。第二步是选择检测器和分类器。检测器关注图像中需要进一步仔细观察的感兴趣区域。分类器进一步处理这些感兴趣的区域,它是分配类别的决策引擎,可以工作在决策树的任何层级或涉及的所有层级(从杂波抑制到识别具体的车辆类型或行动)。由于经常要跟踪所检测到的目标,目标跟踪在历史上被看作是自动目标识别的一个独立主题,这主要是因为点状目标包括的信息太少,不能应用自动目标识别。但是,当传感器分辨率变得更高时,目标跟踪和自动目标识别工程学科开始融合,自动目标识别器和跟踪器可以一体化,以实现更高的效率和性能。本书还给出了一个更先进的自动目标识别的原型设计,但没有宣称这是构建下一代自动目标识别的唯一的途径。这一原型设计应当被看作是用于对其优点和缺点进行一般讨论的一个头脑风暴式的简单的建议方案,并用来抛砖引玉。第7章指出:与生物系统相比,现在的自动目标识别系统实际处于什么水平。提出了度量自动目标识别系统的智能的方法,这远远超出了第 1 章所论述的基本的性能测度方法。附录 A1 列出了自动目标识别工程师可以获得的许多资源,所列出的许多机构都能够提供训练和测试数据,完成盲测试,并支持对新的传感器和自动目标识别器设计的研究。附录 A2 给出了自动目标识别工程师给用户提出的一些基本的问题。附录 A3 解释了本书所使用的缩略词。

第 1 章:自动目标识别技术受益于过去 50 年来的显著的投入。然而,曾经可接受的定义和评估准则已经跟不上技术的发展。第 1 章修订了用于描述自动目标识别系统的语言,并给出了用于系统评估的良好定义的准则。这将推动自动目标识别开发者、评估者和终端用户的协作。

自动目标识别是一个涵盖宽泛军事技术范畴的广义概念,其内涵超出了单纯对目标的识别。在更广泛的意义上,自动目标识别还意味着传感器数据挖掘。第 1 章涉及到两类定义:一类是基本概念的定义;另一类是基本性能测度的定义。在某些情况下,定义给出一份备送清单,这种方法能够选择满足具体项目需求的定义。更重要的是,在一个特定的试验设计的情境下,应当采用一组最适于实际情况的协议,并在整个评估过程中保持一致,这对于竞争性测试尤其重要。

第 1 章所给出的定义将用于对自动目标识别系统的预筛选和分类器级的评估,以及对整个系统的端到端的评估,传感器性能和平台特性不在评估范围内。由于认识到传感器特性和其他运行使用因素影响着图像及其相关的元数据,全面理解数据质量、完整性、同步性、可获得性和时间线,对于自动目标识别系统开发、测试和评估是非常重要的。应当量化和评估数据质量,但在本书中没有论述具体的实现方法。自动目标识别系统评估的结果和验证,取决于开发和测试数据的代表性和完备性。开发和测试数据的充分性主要是预算问题,自动目标识别工程师应当理解并能够传递有限的、代用的或合成的数据的含义。也有人认为商用、货架的深度学习神经网络可以当作解决目前自动目标识别所有难题的"灵丹妙药",自动目标识别工程师应当给这种幼稚想法降降温。

第 1 章规范了与自动目标识别系统评估相关的定义和性能测度,所有的性能测度必须当作对实际作战能力的大致正确的预测。更细致的、规范化的实验将给出更有意义的结论。最终的效能测度是在战场上得到的。

第 2 章:针对中波红外前视红外图像以及 X 波段与 Ku 波段合成孔径雷达图像,对简单的目标检测算法进行了数百次测试。本章简要描述了各种算法,给出了性能测度,并说明了性能较好的算法。这些简单的算法中,有些是通过检测两个群体差异的标准方法导出的。对于目标检测,典型的群体通常是具有某些像素灰度值或根据灰度值导出的特征值的像素,通常采用滑动的三窗口滤波器的形式实现统计检测。一些更加复杂的算法采用神经网络、可变形模板和自适应滤波,对这些算法可以采用相对性能来描述。本章还拓宽了算法设计问题,使之涵盖系统设计问题和运行使用概念方案。

由于目标检测是一个基础问题,它经常被用作技术开发的一个测试样例。新技术将为解决问题带来新颖的途径,本章还描述了 8 种新的目标检测范式和它们对目标检测器设计的影响。

第 3 章：自 20 世纪 70 年代起，目标分类算法在学术界和商用界保持同步发展。然而，最近，互联网公司和用于认识人类大脑的大型项目在物体分类方面的投入，已经远远超出了防务界的投入，其意义是值得关注的。

军用分类问题具有某些特殊性。目标分类不仅仅是一个算法设计问题，而是一个较大的系统设计任务的一部分，设计流从作战使用概念方案和关键性能参数开始，需要的分类等级由合同来规定，输入是图像和/或信号数据和时间同步的元数据。目标识别系统通常是实时运行使用的，而且要实现最小的尺寸、重量和功耗，其输出必须传送给理解交战规则的、时间紧迫的操作人员。对于军用目标分类，假设敌方试图采用主动对抗措施来挫败目标识别，目标列表通常与任务使命相关，不一定是一个封闭的集合，而且可能每天都会有新的变化。尽管非常希望获得足够完备的训练和测试数据集，但这样做的代价非常高。特定类型的目标上的数据是稀缺的或者不存在的，训练数据并不能代表战场条件，因此建议避免针对一个窄的场景集进行设计。本章在军用目标分类问题情境下，评价了大量的常规的和新型的特征提取和目标分类策略。

第 4 章：所涉及的主题是怎样将自动目标跟踪器（ATT）和自动目标识别器紧密地融合在一起，在融合的系统中它们是没有区别的，但是除了生物界和少数的学术论文，现在的做法不是这样的。ATT∪ATR 的生物学模型，是根据跨许多神经回路和结构（包括视网膜中的）分布的活动的动力学模式形成的。大脑从眼睛接收的信息在接收时刻已经是"旧闻"了，眼睛和大脑预测一个被跟踪的物体的未来位置，而不是依赖于所接收到的物体在视网膜上的位置。因为有运动（眼睛、头、身体、场景背景、目标的运动）和处理限制（自然噪声、延迟、眼睛的抖动、分神），需要在困难的条件下预测物体在下一时刻的位置，并形成持续的感知。这些问题不仅是人的视觉系统所面临的，也是利用运动来支持目标检测和分类的系统所要面临的。生物视觉通常不工作在快照模式下，特征提取、检测和识别是时空方式的处理。当场景理解被看作一个时空处理过程时，目标检测、目标识别、目标跟踪、事件检测和行为识别（AR）看起来与现有的自动目标跟踪器和自动目标识别器设计并没有区别，只是在不同的时间尺度下采取的类似机制而已。本章给出了自动目标跟踪、自动目标识别和行为识别的统一框架。

第 5 章：捕食动物探测、潜近、识别、跟踪、追逐、寻的，如果幸运的话，捕获它们的猎物，在这一过程中立体视觉通常是它们最重要的传感器装置，某些捕食动物也有好的听觉，某些捕食动物可以从 1mile 之外嗅到猎物。大部分动物组合多个传感器的数据以捕食到猎物或者避免被捕食。不同的动物使用不同的传感器组合，包括探测振动、红外辐射、光谱、偏振、多普勒和磁的传感器。仿生学指出:组合多种传感器,比采用单一类型的传感器更好,传感器融合能够智能化地组合各种传感器数据,以使最终的信息优于单源传感器数据。第 5 章介绍了低级、中级和高级信息融合方法,自动目标识别工程师也对其他类型的融合感兴趣。多功能融合通常将多个分立系统实现的功能组合到单一的系统中。零训练学习是在不根据目标的样例训练的情况下识别目标的一种方式,它通过融合语义属性对探测到的目标进行生动的描述。商用界正在大力发展用于无人驾驶汽车的多传感器融合,还将出现适用于自主化军用平台的新的传感器和处理器设计。

第 6 章:要对常规的前馈神经网络,包括多层感知机和新流行的卷积神经网络进行训练,以计算一个将输入向量或图像映射到一个输出向量的函数。N 单元的输出向量可以表示对 N 个目标类的概率的估计。几乎所有当前的自动目标识别器都采用前馈神经网络完成目标分类,这些神经网络可以是浅的或深的。首先检测一个候选的目标,将它变换为一个特征向量,然后一步一步地、单向地处理向量,处理步骤的数目与神经网络的层数成正比,信号单向地从输入传输到输出。递归神经网络是一种令人心动的替代方案,它的神经元彼此传送反馈信号,这些反馈回路使递归神经网络在时域表现出动力学特性,并建立起一种内部记忆机制。前馈神经网络通常通过输出误差的反向传播进行有监督的训练,而递归神经网络则通过基于时间的反向传播进行训练。

尽管前馈神经网络据称是受大脑结构启发的,但是并不能模拟大脑的许多能力,如自然语言处理和视觉所涉及的时空数据处理。在大脑中,反馈是无所不在的,由其赋予了短期记忆和长期记忆。因此,人脑是一个递归神经网络——具有反馈联接的神经元网络,是一个动力学系统。大脑是塑性的,能适应于当前的态势。人的视觉系统不仅学习采用串行数据形式的模式,还能采用其递归神经网络有效处理静止帧(快照)数据,以扫视的方式使眼睛快速运动,使焦点转到快照上的关键点,进而使快照转变成活动影像。

20 世纪 90 年代,Jurgen Schmidhuber 和他的博士生 Stpp Hochreiter 发展了一种称为长短期记忆的改进型递归神经网络。长短期记忆和它的许多变体是现在的主流递归神经网络。据称,在 10 亿个商用器件上应用了长短期记忆。

大脑不像台式计算机或超级计算机那样装在机箱中。所有的自然智能是具体化的,与情境有关许多军用系统(如无人机和机器人地面车辆)是具体化的,与情境相关。机体(平台)使传感器系统机动可以在不同的情境下观察战场空间。一个基于递归神经网络的具体的、与情境相关的[ES]、自适应的和塑性的[PI]、具有有限精度(如 16 bit 浮点)的自动目标识别器,可由模型 $M = ES - P1 - RNN(Q_{16})$ 来表示。递归的自动目标识别器,在许多方面将比标准的自动目标识别器更加强大。基于递归神经网络的自动目标识别器，比其他类型的自动目标识别器在计算上更加强大，像生物系统那样具有更高的塑性，能理解随着时间展开的事件，它的设计可以受益于神经科学研究进展。

Schmidhuber 教授已经进一步改进了这一模型，他将一个控制器 C 与一个模型 M 紧密地耦合，两者可以是递归神经网络或包括递归神经网络的复合设计。在 Schmidhuber 教授的领导下，提出了一个将控制器 C 与 $M = ES - P1 - RNN$（Q_{16}）模型耦合的原型自动目标识别系统，以构成一个在许多方面比标准的自动目标识别系统更加强大的完整的系统（$C \cup M$），$C \cup M$ 可以学习永不结束的任务序列、工作在未知的环境中、实现抽象的筹划和推理，并能动态地重新训练自己。下一代自动目标识别系统适于采用两个芯片实现：一个用于执行嵌入在作为控制器 C 的标准的处理器上的模型 M 的单一的定制的低功率芯片（$<1W$）。这种自动目标识别系统适用于各种军事系统，包括有对尺寸、重量和功耗有严格约束的系统。

第 7 章：自动目标识别系统是从 20 世纪 60 年代开始发展的，在计算机处理、计算机存储和传感器分辨率方面的进步是易于评估的，但是，从时间轴上看，真正智能化的自动目标识别系统似乎每年都在以一定的速率后退。一个问题是从来没有一种度量自动目标识别系统的智能的方法，这与对检测和分类性能的独立测试有根本性的不同。对自动目标识别器尤其是智能化的自动目标识别器的构成的描述，也一直在变化。早期的自动目标识别器，仅是从第一代前视红外视频或 10ft 分辨率的合成孔径雷达数据中检测出模糊的亮斑。传感器性能在变得更好，计算机计算速度也变得更快，自动目标识别器预期将接管更多的工作负荷。对于无人系统，没有人员来消化信息。自动目标识别系统要采用带宽有限的数据链仅发送最重要的信息。自动目标识别系统或机器人系统，可以看作是对人类的替代。对于构成人造人的智能，长期以来都有争论，从具有生命的假人的传说，到图灵测试，再到现在对超越人类的超智能机器人的可怕的预测。第 7 章介绍了用于判断一个自动目标识别系统的智能的图灵测试。

附录 A1：列出了自动目标识别工程师可以获得的许多资源，包括对自动目标识别发展所涉及的技术的简要的历史性回顾。

附录 A2：一个成功的项目是从这些要解决的问题的清晰描述开始的，否则很难对一个自动目标识别问题作出良好的定义。附录 A2 给用户提出了一些问题，以帮助推动一个项目的发展。

这里要特别感谢美国陆军夜视和电子传感器部，以及空军、海军、DARPA 和诺格公司对这项工作多年来的支持。本书也得到了评审者和 SPIE 工作人员的评审和建议。

  本书所表达的仅仅是作者本人的观点和意见,不代表任何公司、美国联邦政府以及任何政府机构,也不代表任何私人组织。所提供的与组织的链接仅仅用于为我们的读者服务,链接不构成对任何组织或联邦政府的背书,任何人不应做出这样的推测。尽管做了大量的工作以对在本书中给出的阐述和事实进行验证,书中的事实或观点难免存在错误,但这仅仅是作者本身的错误,没有其他立场和推荐意见。

  欢迎对本书进行评价,可以通过 Bruce. Jay. Schachter@ gmail. com 与作者联系。

目录

第1章　定义和性能测度

1.1　自动目标识别定义

自动目标识别(ATR)是军事图像发掘领域的一个总括性的术语。自动目标识别工作组(ATRWG)研讨会涉及宽泛的主题,包括图像质量测度、地理空间配准、目标跟踪、相似性测度,以及在各个军事项目中的进展。狭义地讲,自动目标识别是指自动处理传感器数据以对目标定位和分类。自动目标识别可以是一组算法,也可以是实现算法的软件和硬件。在作为一个面向硬件的描述时,自动目标识别表示自动目标识别系统或自动目标识别器。此外,自动目标识别还可以表示传感器或系统(如雷达)的一种工作模式。几个类似的术语具体如下。

(1) AiTR:辅助目标识别。这一术语强调人在决策制定回路中,机器的功能是降低操作人员的工作负荷。在更宽泛的情境下,大多数自动目标识别系统可以看作 AiTR 系统。

(2) ATC/R:辅助目标提示和识别。

(3) ATD/C:自动目标探测和分类。

(4) ATT:自动目标跟踪。

(5) ISR:情报、监视和侦察。

(6) NCTR:非合作目标识别。

(7) PED:处理、挖掘和分发。

(8) SDE:传感器数据挖掘。

(9) STA:监视和目标截获。

本章为本书的其余部分奠定基础,定义了对自动目标识别系统设计和测试至关重要的术语和评估准则。然而,由于每个自动目标识别项目的差异,需要对这里给出的术语和准则进行修改,以适合各个项目的不同情况。对于一个特定军事平台的自动目标识别系统竞标项目,只有在术语定义、评价准则和研发与测试数据保持一致的统一框架内,才能对自动目标识别系统进行公平的评价。所有参与测试的团队都应当同样了解试验条件,并同样能够协调对试验条件的变化。遗憾的是,不可能实现完美的公平。由于不能控制重要的因素,会产生偏差。某个自动目标识别系统开发者可能是传感器的制造商,他完全了解传感器的各个方面,能够获取大量的数据,并调试自动目标识别系统和传感器,使它们可以协同地工作。另一个开发者可能对试验场地、目标集、试验大纲和性能需求有影响。还有一个开发者可能制造承载平台(如飞机)、处理器,而且与终端用户在运行使用概念上有长期的合作历史。此外,也有某个开发者可能有更多的时间和资金来准备竞争试验。当对自动目标识别组件进行测试时,如果某一开发者在其偏爱的技术途径上投入了大量的研究,但却忽视了竞争性的技术途径时,经常会出现偏差。这里所给出的定义和性能测度为所有的利益相关方的讨论提供了通用的语言,可以帮助做出较公正的但不是绝对公正的竞争测试。

自动目标识别可用作涵盖宽范围的军事数据发掘技术和任务的一般性术语,这些技术和任务包括图像融合、目标跟踪、雷场探测,以及用于像持久性监视和压制敌方防空那样的特殊任务的技术。这一术语可以进一步拓宽,涵盖边境监视、建筑物防护和机场安防等国土安全任务,还可用于生态环境效应(如火灾、鲸鱼、辐射性材料和气体喷焰)的探测。类似于军用自动目标识别问题的商用应用称为视频分析,包括停车场安防、测速摄像头和先进的导向系统等。互联网公司正在基于图像的搜索引擎和人脸识别上投入大量资金。机器视觉和模式识别在工业自动化和医疗上的应用也采用基本上相同的技术。本章的重点是由图 1.1 所示的自动目标识别器的基本结构所概括的狭义军事问题,该结构主要包括两个主要的组元,即作为前端的异常检测器(预筛选器)和作为后端的分类器。分类器可以完成检测/杂波抑制过程,也可为检测到的物体分配目标类别。可以分别测试自动目标识别器的两个主要的组元,也可将自动目标识别器看作一个独立的"黑盒",仅需关注输入和输出。自动目标识别器的内部工作机制(即它怎样将输入转换为输出),可能不是评价一个自动目标识别器的技术成熟度的团队所感兴趣的。

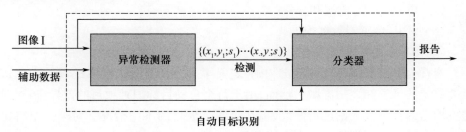

图 1.1 常规的自动目标识别器的基本结构(分类器阶段表示
可能发生的任何级别的目标分类以及特征提取和分割等处理)

图 1.1 所示用于支持目标分类的输入数据是二维图像及其辅助信息,这是

本书所采用的输入数据。其他类型的自动目标识别器可以处理不同类型的数据,如一维或三维信号、来自多传感器的数据、压缩形式的数据,这里仅给出较少的例子。图 1.1 所示的结构不适合那些自动目标识别系统。

在一个合成孔径雷达(SAR)或红外步进凝视系统中,自动目标识别器可以逐帧处理每个输入帧,而一个被触发的地面无人值守系统只能产生单帧的数据。此外,自动目标识别器也可以处理视频数据,利用时域信息来帮助做出决策。

自动目标识别器通常接收辅助信息,而辅助信息的特性取决于传感器的类型和系统设计。对于一个直升机载光电/红外(EO/IR)系统,这类元数据包括惯性数据、经度、纬度、高度、速度、时间、日期、数字地形标高地图、激光测距、坏像素列表和焦平面阵列非均匀性。自动目标识别器也可以从同一平台或不同平台上的其他传感器接收目标交接信息。自动目标识别器可以接收特定的目标搜寻、模式切换或者在被截获后使自身失效的指令,也可以给传感器发送指令,如改变积分时间、切换模式或者转向某一方向。

传感器和自动目标识别器之间的边界不是很清晰。自动目标识别器或光电/红外传感器都可以完成图像校正、帧平均、稳定、增强、质量测评、跟踪或图像拼接等功能,但自动目标识别器可以实现它特有的合成孔径雷达自聚焦或合成孔径雷达图像形成。某些定制的自动目标识别功能,如图像压缩,也可以交由平台的其他组元(如数据链或存储系统)完成。在将来,自动目标识别器可以仅是传感器系统内部的一个功能模块,类似于手持式彩色摄像机的人脸检测功能。将来,自动目标识别器也可能会扩展成为一个机器人平台的"大脑"。

自动目标识别器的输出是一个报告,报告提供目标定位和/或跟踪、自动目标识别器健康状态,以及输入数据质量评估的有关信息。报告以图形叠加的方式来显示这些信息。自动目标识别系统也可以输出能在数据链上传输的图像存储或数据,可能要拼接各个图像帧或者对目标区域采用比背景区域更高的逼真度的压缩处理。

1.1.1　买方和卖方

"学术练习"是一个有些贬义的术语,是指某些事情很少超出学术界。如果没有能力实现那些方法,并且提出的建议没有充分考虑到作战使用概念方案、性能需求、特定传感器和传感器模式、元数据、成本、时间线、保障、竞争性技术、对抗措施、独立测试和评估以及国防部采办过程等因素,那么这样的自动目标识别研究或算法就是学术练习。

本书把自动目标识别器看作一个产品而不是一项学术练习,这就涉及买方和卖方。在讨论一个交易行为时,买方和卖方需要使用共同的术语,买方要详细地描述拟采购产品的技术指标和关键性能需求,而卖方很自然地要尽可能最好地描述他们的产品。买方要进行必要的独立测试和评估,并进行尽职调查,以确定卖方的产品是否满足所有需求。以下的讨论将会有所帮助。

1.2 基本定义

（1）图像:像素的二维阵列。

离散图像采样（像素）可以是单值的,用来表示灰度图像。在本书中,除非专门指出,像素将被看做8~20bit的整数。对于其他类型的传感器,像素可能是向量,例如:双波段的第三代红外成像传感器;可见光或商用红外彩色传感器（3波段）;多光谱传感器（4~16波段）;超光谱传感器（17~1000波段）。图像采样也可以是复值信号（如雷达或声呐数据）、或者是矩阵值（如偏振摄像机）。一个雷达可以有多种工作模式,每种模式产生不同类型的数据。图像采样可以有嵌入的信息,例如,可以用最高有效位表示是好/坏像素,某些自动目标识别器采集模拟视频的帧或场并进行数字化,辅助信息可以嵌入到数据帧的前几行。此外,辅助信息文件也可以与每个图像数据帧或多个数据帧关联,其中传感器数据和元数据的时间同步是一个关键问题。自动目标识别器还可以使用一维信号数据或三维激光雷达数据,例如商船广播的船舶自动识别系统（AIS）数据。

自动目标识别器和观察人员通常可以从不同的路径接收传感器数据。例如,自动目标识别器能以120f/s的数据率接收每像素14bit的图像数据,而观察人员能以30f/s的帧频观看带有注解的每像素8bit的像素视频。自动目标识别器可以接收合成孔径雷达复值数据,但人员能观察合成孔径雷达幅度数据。

（2）运行使用条件（工作条件）:能影响一个给定的自动目标识别系统性能的所有因素。

运行使用条件主要表征以下要素:● 目标（联接结构、毁伤情况、工作历史等）;● 传感器（类型、谱段、工作模式、仰角等）;● 环境（背景、杂波水平、大气等）;● 自动目标识别器（设定、目标先验概率假设等）;● 交互作用（林木线、护坡等）。

运行使用条件是试验设计的独立条件,数据集（试验数据集或运行使用条件数据集）是满足某些运行使用条件模式的数据,如一组测试图像。例如,一个数据集可能仅包括白天的图像,而另一个数据集仅包括夜间的图像。即便白天和夜间那样的简单术语也应该清晰地定义。

（3）标注好的事实数据:通过数据采集得到的基准数据。

这一信息通常有两种类型:①场景信息,如气候区、天气、时间、日期、太阳角,以及目标位置、类型、条件等;②传感器信息,如传感器位置、瞄准角、运行模式、特性等。

标注好的事实数据是适用于各种领域的一个术语,是指某些明确的事实数据。因此,它可以表征舰载目标和空间目标,而不只是地面目标。尽管标注好的事实数据可以提供目标的位置、速率、方向和距离(例如,通过每个目标上的 GPS 应答机来获得),但它不能指示场景中哪个像素在目标上。如图 1.2 所示,确定哪个像素在目标上并不像最初看起来那样容易。

图 1.2 在目标上的像素必须根据一组规则加以标注

(4)目标:任何军事上感兴趣的物体。

常规的目标是战略和战术的军事平台,这是本书中所讨论的目标。但是,目标清单还包括简易爆炸装置、敌方作战人员、人为活动、炮口闪光、固定场所、商用车辆、地面雷场、隧道、水雷和技术车辆(包括携带武器的改装商用车辆)。

(5)图像中真实目标的位置或区域:由图像分析师利用事实数据估计的在目标上的单一基准像素或在目标(目标区域)上的像素集。

(6)边界框:围绕目标整体或目标主体的矩形框。

对于前视图像,边界框通常是直角取向的(见图 1.3)。对于下视图像,边界框将相对于图像的轴有一个角度(见图 1.4)。

(a) (b)

图 1.3 边界框示意图

(a)围绕整个目标;(b)围绕目标主体。

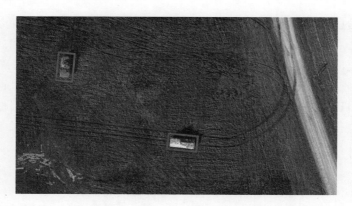

图 1.4　在下视图像中目标周围的边界框可以处于任何角度

对于前视图像,经标定的真实目标位置通常将放在地面而不是车辆的灰度质心,这是因为到目标接触地面的点处的距离,与沿着通过目标中心的视线方向观察到地面的距离是不同的,事实上这将在地理坐标和像素坐标之间产生相关的目标定位误差(TLE)。对于数据库目标,目标定位误差可能仅是在统计上是规定的。标注事实数据的过程可以指出在目标上的像素集,即目标区域,这些区域可能与目标的形状相匹配,或者更粗略地规定为一个矩形(见图 1.3)或椭圆的区域。目标区域一般是连续的,但并不总是这样,有时目标区域甚至可以小于单像素,如低分辨率超光谱图像就是这样的情况。

(7) 目标报告:自动目标识别器的报告输出通常提供在图像中探测的位置(相对于基准像素)、在地球地图中的等效位置(如经度和纬度)、分配给目标的分类类别和相关的概率估计。

在目标报告中包含的信息是非常广泛的,但由于任务和带宽的约束,可能仅能分发部分信息。一个流行的协议是 MITRE 光标锁定目标(CoT)协议,CoT 事件数据模型定义了 XML 数据格式,用于在系统间交换运动目标的时敏位置信息("什么""何时""何处")。

(8) 由自动目标识别器报告的目标位置和/或区域:由自动目标识别器报告给出的目标基准像素位置 p_{ATR} 或目标区域 R_{ATR} 的估计。

自动目标识别器将报告一个目标位置,它可以是目标的几何中心、灰度质心、目标矩形中心、在目标上最亮的点、目标接触地面的点。自动目标识别器可以通过一个分割过程来估计在目标上的像素。自动目标识别工程师应当理解评分过程和终端用户的需求,从而知道报告目标的最佳方法。

(9) 目标检测:由自动目标识别器报告的、与事实数据库对应的目标位置 p_t 或目标区域 R_t 正确关联的目标位置 p_{ATR} 或目标区域 R_{ATR}。

（10）检测准则:用于评价一个自动目标识别器报告的目标位置或区域与在事实数据库中给出的位置或区域是否充分匹配的评分规则。

注意,事实数据库可能包括这样的情况,即:如果没有检测到特定的目标,自动目标识别器让其通过,例如:目标在额定距离之外;眼睛无法分辨;大部分被遮掩;被伪装网覆盖等。这样的物体称为非标准物体。

在跟踪器锁定一个探测到的目标后,采用与跟踪器(而不是检测器)相关的规则来评价其性能。目前已经建立了跟踪器评价准则,但在本书中没有涉及。

检测主要包括以下 11 种类型。

● 多重检测:除了所报告的第一个或最强的目标检测之外的检测(对于一个单一的帧)。

● 群体检测:对高度接近的一群聚集物体(如聚成一群的作战人员)进行的一个单一检测。

● 事件检测:对发生的一个事件进行的检测,如准备发射一枚导弹、从卡车上下来的人员、一个安装简易爆炸装置的人。

● 闪光检测:检测炮口的一个闪光在图像坐标系中的位置。

● 炮口爆炸检测:在炮口闪光后检测听觉(声)和非听觉(超压波)分量的起源的地理坐标。

● 变化检测:从图像中的某一位置检测出在前一个时间点没有感知到的某些特征的检测。

● 地球扰动检测:对一个可能埋藏简易爆炸装置或地雷的位置的检测。

● 远距离检测:从一个安全的距离处检测一个危险的物体。

● 视觉环境变暗检测:检测使视觉环境变差的尘云的存在。

● 扩展物体检测:检测某些非常长(没有显著的起点或终点)的物体,如电线、管线、隧道、成线的地雷或水下电缆。

● 指纹检测:检测一辆特定的车辆(而不是一类车辆),如带有炸弹的汽车。

防止误解和模糊性的说明:

尽管我们采用基准图像这一通用的术语,但是我们注意到基准图像实际上更多地取决于专家的意见,而不是绝对的全能的基准。基准图像经常是由一个或多个图像分析师采用可以获得的事实数据信息产生的。基准图像可以包括目标方位角、近目标的图像的质量和在目标上的像素数目等支持信息,也可以包括有关杂波水平的看法。尽管建立基准图像的过程涉及大量的人力,现在正在使这一过程的部分或全部自动化。

基准图像最好是在数据采集过程中产生,而不是采集很长时间后产生。基准图像将包含误差,例如:在红外图像中,目标的某些部分将融入到背景中;喷焰可能加热地面;喷烟或汽油发动机产生的烟尘可能遮掩目标,或者看起来像是目标的一部分。在开始建立基准图像之前,必须明确应当被标识为目标的那些部分。可能造成模糊性的情况(如图 1.2 所示)包括:目标前面的一个灌木丛、天线、旗帜、链条、目标的凸形车身内的开放空间、由作战人员携带的枪和背负式器械、在另一个目标后面的目标、在卡车拖车上运输的车辆、携载作战人员或武器的骆驼、诱饵、在目标上和外部的伪装网、车体、邻近目标车辆的油料车、由目标拖曳的物体、目标阴影、由湍流产生的虚假数据、运动的车辆后面的尘尾、飞机的凝结尾迹、舰船的尾迹等。

如果一个场景是合成生成的,那么在目标上的像素是已知的。即便这样,也必须做出怎样对部分目标、部分背景的像素进行标识的决策。

从理论上讲,由人或机器规定在目标上的区域,是一个好的概念。然而,实际上,在某种情况下也许是不可能的。在热图像中一个物体的某些部分与背景相比可能是较暗(较冷)的,而其他部分要热得多,但目标的大部分可能与背景具有相似的温度。如果目标是车辆(见图 1.5)或人员,就会出现这种情况。在这样的情况下,构成目标区域的像素组合并不明显。在可见光波段,由于车辆上喷涂的迷彩伪装图案和士兵的迷彩服,可能难以将车辆或士兵分割出来,这与背景色和纹理有关。在下视的可见光图像中,暗的车辆将与阴影融合在一起。当车辆藏进林木线时,在合成孔径雷达图像中难以确定目标区域。

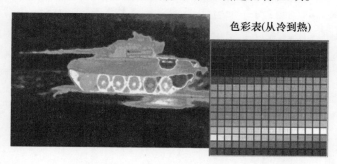

图 1.5　目标数据在红外图像中可能是多模的,某些像素可能比背景热得多,其他像素可能与背景温度相近(在电子书格式中用伪彩色表示)(见彩图)

1.3　检测准则

精确、清晰地界定目标检测是颇具挑战性的。我们首先考虑某些相关的术语:

$|R|$ 为 R 的基数,即在区域 R 中的像素数目;

R_t 为由事实数据指出的在目标上的区域;

R_{ATR} 为由自动目标识别器所报告的在目标上的区域;

p_t 为根据事实数据确定的在目标上的点(或基准像素),即目标基准像素;

P_{ATR} 为由自动目标识别器报告的在目标上的点(或基准像素);

$\| a - b \|$ 为点 a 和点 b 之间的距离。

1. 通用检测准则

假设自动目标识别器对每个物体输出一个单一的检测点,而事实数据库包括每个目标的一个单一的检测点。假设

$A = \{ P_{ATR} \}$ 表示由自动目标识别器输出的检测点的集合,

$T = \{ P_t \}$ 表示在事实数据库中的检测点的集合。

C 为由自动目标识别系统输出的正确检测的集合,根据某一匹配准则,使 C 中的每个检测与事实数据库 T 中的一个目标匹配。这里,我们将定义两个通用的检测准则,如图 1.6 所示。

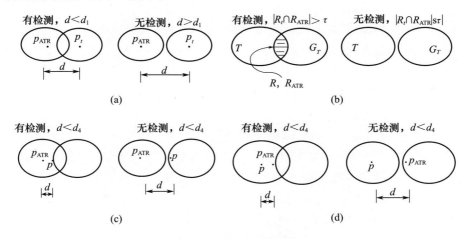

图 1.6　检测准则示意图

(a)最小距离准则;(b)区域交叉准则;(c)到真实基准图像像素的
最小距离准则;(d)到报告的目标区域基准像素的最小距离准则。

(1)最小距离准则:如果一个自动目标识别器所报告的目标点和在事实数据库中的最邻近的目标点之间的最小距离,小于一个预先选择的值 d,则自动目标识别器检测到一个有效的目标,即

$$p_t \in C, \qquad \min_{p_t \in T} \| p_{ATR} - p_t \| \leqslant d$$

正确的检测数目由 $|C|$ 给出。

这一定义至多允许在事实数据库 T 中的目标有一个准确的检测。注意，为了对一个自动目标识别器进行评分，如果在不同图像中出现同一个目标，那么在出现该目标的每个图像中它通常被当作不同的目标。在两个不同的图像中检测到相同的目标，会导致两个准确的检测。由自动目标识别器所报告的一个检测点有可能（但不大可能）将被计数为两个或更多的正确的检测，例如，当一个目标的部分在另一个目标的前面时。

定义正确检测的另一种方式是：在事实数据库中的一个目标区域与自动目标识别系统输出的相应的目标区域是否有交集。

（2）区域交叉准则：该准则可表示为 $|R_t \cap R_{ATR}| > \tau$，其中 τ 是一个门限。

另外，如果基准像素落在一个目标区域内，可以认为检测到了由单一基准像素所表示的一个目标，这导致了两个附加的检测准则。

到真实图像基准像素的最小距离准则，可表示为 $\min\limits_{p \in R_t} \| p - p_{ATR} \| < \tau$；

到报告目标区域基准像素的最小距离准则，可表示为 $\min\limits_{p \in R_{ATR}} \| p - p_t \| < \tau$。

错误的检测是虚警。对虚警的定义涉及到杂波的概念。

（1）杂波物体：具有与目标物体类似的特性的非目标物体。一个杂波物体可以是自然的或人造的，也可以是短暂的，如地面的一个热斑点、两棵树之间的一块空地。

（2）虚警：根据某一认可的检测准则，由自动目标识别器所报告的，不对应于事实数据库中的任何目标的一个检测。

按照这一定义，自动目标识别器因虚警而导致差评有两种情形。一种情形是对一帧图像内的同一杂波物体报告多重检测而产生多个虚警；另一种情形是报告在两个相邻物体之间的一个点产生虚警。对于一个特定系统，如果用于提取感兴趣的区域（可能大于目标），并显示给操作人员，可以放松对虚警的要求，对于这类系统，即使检测点在两个相邻的目标之间，也将向操作人员显示这两辆相邻的车辆，供操作人员进一步决策。对于一群聚集的作战人员，亦是如此，不必检测出这群人员中的每一个人。但是，政府测试要求能够检测出密集人群中的每个人。

（3）感兴趣区域（ROI）：围绕一个检测出的物体的矩形图像区域，这一区域随着距离的变化成比例地变化。

图 1.7 给出了感兴趣区域的例子，检测到的物体最好是接近感兴趣区域中心的物体。

（4）虚警率（FAR）：在一个基准的情境下对虚警频率的测度。

对于前视传感器和下视传感器，虚警率有不同的测量方法。这是因为前视

(a)　　　　　　　(b)　　　　　　(c)　　　　　　(d)

图 1.7　典型传感器的感兴趣区域的例子

(a)红外；(b)可见光；(c)合成孔径雷达；(d)声呐。

传感器无法确定图像覆盖的地面区域,需要采用光学系统的立体角进行度量。例如,一个传感器可能有 2°的水平视场和 1.5°的垂直视场。可以基于不同的基准情境来定义不同的虚警率测度,即

$$\text{像素 FAR：FAR} = \frac{N_{\text{FA}}}{N_{\text{MP}}} = \frac{\text{虚警数目}}{\text{处理的百万像素数目}}$$

$$\text{帧 FAR：FAR} = \frac{N_{\text{FA}}}{N_{\text{FP}}} = \frac{\text{虚警数目}}{\text{处理的图像帧数目}}$$

$$\text{帧 FAR：FAR} = \frac{N_{\text{FA}}}{N_{\text{km}}} = \frac{\text{虚警数目}}{\text{由图像处理所覆盖的地面面积的累加和}}$$

$$\text{时间 FAR：FAR} = \frac{N_{\text{FA}}}{\Delta_{\text{time}}} = \frac{\text{虚警数目}}{\text{时间间隔}}$$

$$\text{角度 FAR：FAR} = \frac{N_{\text{FA}}}{N_{\text{SD}}} = \frac{\text{虚警数目}}{\text{所处理的平方角度数}}$$

（5）虚警率测度的模糊性。

虚警率测度具有一定的模糊性。在一个特定的项目中,应当基于更精确的定义(考虑到对项目重要的问题),消除模糊性。例如,自动目标识别器可能无法处理和检测位于图像边缘的目标,这意味着图像集合中的总像素数目与得到完全处理的像素数目是不同的。自动目标识别器无法处理高于天际线的区域。帧可以是交叠的,使得处理的多帧地面区域的累加和大于实际覆盖的地面区域。帧或帧的一部分可能由于图像的质量不足而被丢弃,或者有些区域可能超出了距离范围。一个非目标物体的左侧可能出现在某一帧,而右侧出现在步进凝视的下一帧。对于视频数据,相同的岩石每秒可以产生 30 个虚警,这应该作为一个单一的虚警还是作为多个虚警?

此外,还需要消除许多其他的模糊性。例如,如果把一辆军用卡车或一架飞机看作一个目标,那么检测出的相似的民用卡车或飞机应当视为正确检测还是虚警?检测出的一辆未列入目标清单的军用车辆应当视为正确检测还是虚警?也就是说,目标集是开放的还是封闭的?其中一些问题可以通过定义一个“不

关心"的类来解决,探测到一个"不关心"的物体对评分没有影响。一个标定物总是一个不关心的物体,它可以是雷达测试中的一个角反射器,也可以是红外测试中的一个热靶板,还可以是超光谱测试中的一个彩色平板。

对非常大的地理区域进行评分的一个问题是:军事基地之外的物体没有相关的标注好的事实数据。在通向军事基地的道路上的车辆到底是一辆军用车辆或类似的民用车辆,还是一辆经过伪装的装甲车辆？如果目的是验证每平方公里面积 0.001 的虚警率,那么将需要获得接近康涅狄格州那样大的区域的事实数据,这是不可能的。

1.4 目标检测的性能测度

性能测度包括事实数据归一化的测度、报告归一化的测度和各种图形化描述。

1.4.1 事实数据归一化的测度

（1）概率:表示一个事件将发生或不发生的信息或置信度的一种方式。

由于将概率定义为"已经发生的"或"将要发生的"的双重性,通常会产生一些混淆。自动目标识别工程师采用相当宽松的概率定义来表征基于特定数据库度量的自动目标识别性能。概率不是有关未来的一个非量化的预测,它仅是受控环境下的性能测度,仅是基于未来的数据类似于已处理的数据的特性的假设而对未来性能的预测。

（2）检测概率:自动目标识别器将非冗余检测与事实数据库中的目标关联的概率,可表示为

$$P_{d} = \frac{|C|}{|T|} = \frac{\text{正确的目标检测的数目}}{\text{实际的真实目标的数目}} \tag{1.1}$$

P_{d} 本身没有更多的效用,在一幅图像中总有可能在每个像素上宣布一个检测,并实现 $P_{d} = 100\%$。在漏检和虚警之间需要进行折中,如表 1.1 所列。

表 1.1 Ⅰ 型和 Ⅱ 型错误之间的权衡

		决策	
		目标	杂波像斑
事实	目标	正确检测（正确地检测）	漏检（Ⅱ 型错误）
	杂波像斑	虚警（Ⅰ 型错误）	杂波抑制（正确地抑制）

（3）漏检概率可表示为

$$P_{\text{miss}} = 1 - P_{\text{det}}$$

(4) 虚警概率是指由产生虚警的样本总数归一化的虚假检测数目,可表示为

$$P_{FA} = \frac{|F|}{|O|} = \frac{\text{虚警数目}}{\text{可能产生虚警的样本总数}} \quad (1.2)$$

可能产生虚警的样本总数是一个不精确的概念,它通常由以下方式来确定。选择多边形瓦片来匹配地面真实目标的平均尺寸,其尺寸可以是距离的函数。覆盖图像集所需的瓦片的数目可以视为可能产生虚警的样本总数,这对于包含消视点、树和天空的前视场景没有太大意义。

假设仅针对感兴趣区域测试自动目标识别的后端。对于包括目标和有杂波的感兴趣区域的一个固定数据库,可能产生虚警的样本总数是在测试数据库中的有杂波的感兴趣区域的数目,这样使用术语 P_{FA} 更有意义。

1.4.1.1 分配的目标和混淆物(空军研究实验室 COMPASE 中心缩略语)

一个自动目标识别系统对测试数据库中的与目标数据库中的特征充分匹配的物体进行标注(类别标记),这一功能仅是辅助或"提示操作人员的"。因此,这种自动目标识别系统称为自动目标提示器(ATC),被标注的目标是由操作人员从目标库中选择的一种特定类型的目标。可以引导自动目标识别系统来发现特定类型的目标(或者是分配的几种类型的目标),这定义了当天的任务使命。混淆物是一个在试验中有意插入的目标类物体,以确定是否会使自动目标识别系统混淆。对于分配的所有目标类型,自动目标识别系统正确地抑制不满足决策准则的混淆物。对于分配的给定目标类型,恶劣的混淆物是指对标注错误率产生极大影响的混淆物。

这就涉及两个概念。正确标注率(CCR)是指正确标注的目标的数目与总的标注的目标数目之比。混淆物抑制率(CRR)是指被抑制(没有标注为一个目标)的混淆物所占的百分比。

1.4.2 报告归一化的测度

检测报告可靠性概率是指由自动目标识别系统报告的一个检测是真实目标的概率,即

$$P_{DR} + \frac{|C|}{|A|} \quad (1.3)$$

1.4.3 接收机工作特性曲线

假设自动目标识别系统将检测强度(评分)与每个原始检测关联起来,图 1.8(a)给出了真实目标(正确地检测)和非目标(正确地抑制)相对于计算的检测强度的概率密度曲线。自动目标识别系统做出软决策,它不判决物体是否为目标,只是为检测到的物体分配该物体与目标之间的似然度。假设在形成所

有目标报告后设定一个阈值 τ，如果仅有强度超过阈值的那些检测是报告的目标决策，则对于这一测试集，这一自动目标识别系统将有一个固定的检测概率——虚警概率。如果向上或向下调整阈值，则会形成图 1.8(b) 所示的 P_d - P_{fa} 曲线，这称为自动目标识别系统的接收机工作特性曲线。接收机工作特性曲线适用于特定的测试集，因此无法对具有不同特性的数据的未来性能做出预测。

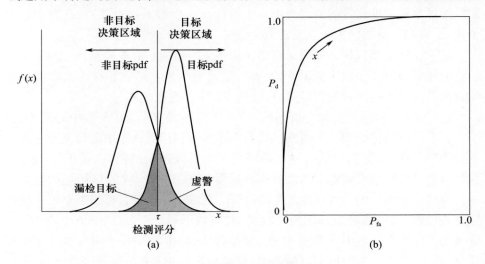

图 1.8 接收机工作特性曲线

(a)目标和非目标概率分布函数；(b)概率分布函数转换成工作曲线(参见文献[2]和[3])。

接收机工作特性曲线分析是在 20 世纪 50 年代为了评估雷达系统而发展的。这一术语后来被应用于其他类型的系统，不限于其原始的更特定的意义。在接收机工作特性曲线上的每个点表示虚假的正检测和虚假的负检测之间的一个不同的权衡（代价比），因此 ROC 曲线可以用于在检测和虚警性能之间进行便利的权衡。如果两个 ROC 曲线不相交（除了在它们的端点），则对应于较高曲线的自动目标识别系统的性能更好。如果两个 ROC 曲线相交，则一个自动目标识别系统在低 P_{fa} 时有更好的性能，另一个在更高的 P_{fa} 时有更好的性能。

如果一个具体的自动目标识别器仅能做出硬决策，则这一自动目标识别器没有 ROC 曲线，即使内部的设置可以在软件中调整。无论如何都无法保证通过给一个运行使用的系统设定一个特定阈值，使之对于新的数据能实现预定的性能水平。

通过调整单一的阈值获得的 ROC 曲线是经不起考验的。如果自动目标识别器实际上被设计为工作在一个非常低的虚警率下，那么为了获得最好的性能就需要改变算法。如果自动目标识别器要工作在非常高的虚警率下，也需要改变算法，例如预筛选器报告更长的原始检测列表。如图 1.9 所示，ROC 曲线更适于针对精心选择的目标集和含杂波的感兴趣区域来比较不同的自动目标识别器。

空军技术学院的一篇博士论文(可以在国防技术信息中心的网站上可以找到)深入分析了自动目标识别性能评估。Alsing 和 Bassham 给出了 ROC 曲线、ROC 曲线下的面积和比较 ROC 曲线的其他方法。可以采用 ROC 曲线下的面积来比较两条 ROC 曲线,但是 ROC 曲线下的面积不对所关注的目标和非目标的分布做出任何假设。Alsing 指出:如果对分类器的比较与决策阈值无关,则 ROC 曲线下的面积是一个合理的"指标"。然而,ROC 曲线下的面积这一测度不是一个非常合适的指标。对两条具有完全不同的形状的 ROC 曲线,ROC 曲线下的面积值可能相同,这违反了一个真正的指标的确定性。作为一种替代的方法,Alising 建议采用多元方法来评估分类器,这种方法不是针对整个测试数据集比较分类器,而是采用相同的评分测度,针对每个数据点,利用多元比较方法比较每个分类器的性能。

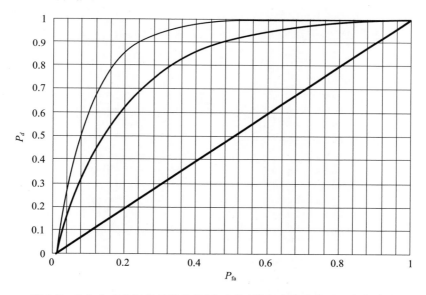

图 1.9　3 个自动目标识别器的 ROC 曲线(最上面的线表示一个完美的自动目标识别器,曲线越低表示自动目标识别器的性能越差,最下面的曲线表明该自动目标识别器不能区分真实的目标和非目标)

Bassham 分析了 ROC 曲线的几种变体,包括局部性 ROC 曲线、频率 ROC 曲线和预期效用 ROC 曲线,以及称为响应分析特性曲线的逆 ROC 曲线。他也分析了用于比较 ROC 曲线的方法,具体包括:

● 平均距离指标:采用相同的距离指标,计算两条 ROC 曲线之间的平均距离。

- ROC 曲线下高于对角线变化线部分的面积。
- Kolmogorov 方法：基于 Kolmogorov 理论，在 ROC 曲线附近构建非参数的置信界。

Bassham 的论文很好地讨论了在自动目标识别系统器开发中所采用的性能测度，并与自动目标识别器的运行有效性测度进行了比较。

ROC 曲线的另一个变体是通过对自动目标识别器做必要的内部更改而获得的，以确保在不同的虚警率下得到最好的性能。这产生了针对一个测试集的 $\{P_d, P_{fa}\}$ 对集合，将性能点连接会产生一个 $P_d - P_{fa}$ 曲线，但这不一定有好的性能。

1.4.4　$P_d - FAR$ 曲线

图 1.10 给出了 $P_d - FAR$ 曲线的例子。像 ROC 曲线一样，这一曲线上的每个点对应于一个不同的检测阈值。也就是说，对一组数据运行自动目标识别系统，并产生一组检测，每个检测有相关的强度。在这一例子中，绘出了每平方度传感器视角的 FAR，但也可以采用任何 FAR 测度。FAR 经常是以对数尺度绘制的。

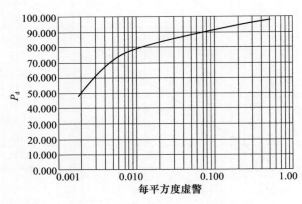

图 1.10　$P_d - FAR$ 曲线的例子

许多这样的曲线将定量表征对单一系统的测试。对于一个光电/红外系统，这些曲线可以涵盖不同的工作条件：视场、到目标的距离、一天中的时间、杂波水平、目标类型等。对各条曲线进行比较，以报告对人员和车辆的识别性能。对于一个合成孔径雷达系统，$P_d - FAR$ 曲线需要不同的条件，例如传感器分辨率、杂波水平和目标类别。

1.4.5　$P_d - $ 列表长度

假设自动目标识别系统采用图 1.1 所示的简单模型，在前端的异常检测阶段为每个图像帧输出按照强度排序的 n 个原始检测,自动目标识别系统的后端处理需求与 n 成正比,由于自动目标识别的后端处理能力有限,进而形成了 n 的上限。自动目标识别系统的前端输出的原始检测列表越长,后端的分类器就越难抑制各个非目标。可以绘出 $P_d - n$ 曲线,以确定是否存在收益递减点。可以采用这种方式比较各种前端检测器(见图 1.11)。

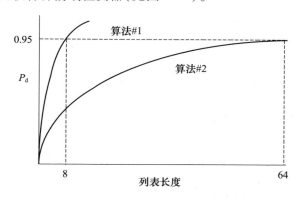

图 1.11　两个前端检测器的 P_d—列表长度曲线(要检测 95% 的目标,一个检测器需要的列表长度为 8,另一个检测器需要的列表长度为 64)

1.4.6　可以进入检测方程的其他因素

迄今所给出的方程都是针对基本的情况的。对一个具体的项目,一个完整的方程可以包括与实验设计和运行使用概念方案相关的其他变量,例如:

①在目标上的冗余检测的数目;②在诱饵上的检测的数目;③在不关心的物体上的检测的数目;④在未知类型的目标上的检测的数目;⑤自动目标识别系统的后端不做出决策(这与要求必须做出检测决策是相反的)的前端检测的数目;⑥在专门放入数据库中作为混淆物的物体上的检测的数目;⑦在一个特定的目标(满足特定准则)上的检测的数目。

1.4.7　导弹术语

导弹或导弹防御系统效能的确定,涉及建模和仿真。建模和仿真的验核和验证是非常复杂的。导弹杀伤链可以用一系列事件表示,每一个事件都有其失败的概率,杀伤链中的每一步都会降低最终的杀伤概率。

开发导弹和其他类型弹药的工程师都倾向于采用与自动目标识别领域不同的术语,一个简单的例子可以表示为

$$P_{ssk} = P_h \times P_d \times R_m \times R_w$$

式中：P_{ssk} 为单发杀伤概率；P_h 为命中概率；P_d 为目标检测概率；R_m 为导弹的可靠性；R_w 为武器的可靠性。

1.4.8　杂波水平

目标检测性能应该根据在测量性能的整个数据库范围内的杂波水平进行报告。多年来，人们为了建立一个可定量表征图像杂波水平的方程（以替代专家的意见），做了许多尝试，但始终没有彻底成功。这是一个循环推理问题，如果一个自动目标识别系统的 P_d – FAR 曲线不好，则这一自动目标识别系统所接收到的杂波水平必定是高的。而另一个采用不同的特征和算法的自动目标识别系统，在相同的数据条件下的性能可能是更好的，则这一自动目标识别系统所接收到的杂波水平是低的。此外，如果算法可以度量杂波水平，则它必须能够从杂波中区分出目标，这本身就定义了一个自动目标识别。

Richard Sims 在这一领域做得最好[4]，他提出的信杂比测度可表示为

$$SCR = \sum_{i=N_c+1}^{N} \frac{\lambda_i}{1 - \lambda_i} + \sum_{i=1}^{N_c} \frac{1 - \lambda_i}{\lambda_i} \qquad (1.4)$$

这一方程是根据目标尺寸的图像区域的 Karhunen – Love 分解的特征值（也称为 Fukunaga – Koontz 变换）导出的。式（1.4）中，第一项包括由目标主导的所有的特征值，由 λ_i 表示；第二项是杂波主导的有用的信息的测度。更详细的内容读者可以参阅相关文献[4,5]。

1.5　分类准则

分类器类别通常采用图形表示，性能则由表格给出。

1.5.1　物体的分类学

在自动目标识别的情境下，本体是一项涉及到与实验、任务或战场空间相关的物体类别的研究主题。这项研究的成果称为本体，是从军事角度假设存在感兴趣的一个领域的物体类别（也称为库），以及更精确地说明物体的基本类别及其彼此之间的关系。这样就可以在一个层级内对物体进行分类，并根据它们的相似性或差异性进一步细分。

建模的第一个阶段称为概念化。本体是一种规范化的概念化的定义，给出了建模军事领域物体类型及其相互关系的一个共享的词汇表，这样能基于此开发和测试一个自动目标识别系统。本体论由分层分级地构造的概念组成，从而构成了分类学。

（1）分类学：根据归属关系将物体按照树形结构排列。

例如，T–72 是一辆坦克。分类学将所有的物体放在一个层次结构中，并确定一个物体可以划分为各个类别等级中的哪一种类型，图 1.12 给出了分类学的一个例子。

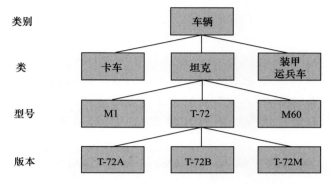

图 1.12 分类学的例子

分类学是一种用于分类的结构，分类器基于分类学分配所探测到物体的类别。事实上，分类类别是预先确定的，但不是穷举的，也就是说，分类学并不能覆盖世界上所有的军事车辆型号，但应该包括一个军事项目、任务或试验所感兴趣的所有车辆。类别是排他的，对于分类学的任何等级，可以将一个物体分配到类别 A 或 B，但不能同时分配到两种类别。

在分类学的任何等级上，应当包括"其他"这一标识。例如，在图 1.12 所示的型号级，"其他"可以意味着任何其他类型的、没有明确列举的主战坦克。

（2）决策树：对在一个自动目标识别系统中进行的复杂的决策过程进行可视化，给出可能的决策和可能的输出，并按照分类学的层级进行建模。

决策树给出了所有可能的分类输出，以及它们可以到达的路径。分类学能回答"T–72 是什么？"这一问题，而决策树能回答"对什么类型的坦克感兴趣？"问题。

决策树可用作一个可视化辅助工具和分析工具，它采用树形结构来建模决策流，决策树从一个起点（通常是图的顶部的一个根节点）出发，经过一系列树枝和节点，直到到达在底部（倒立的树的叶子）的最终结果。它也说明了一个自动目标识别分类器怎样一步一步地、从粗到细地做出其判断（我们将在后面给出一些例子，说明为什么决策树结构无法正确建模一个具体的自动目标识别分类器的工作）。

在决策树的任何等级，分类器可以做出一个判断，这是一个提供标识的决策，标识对应于分类学中的一个节点名称。例如，一个分类器可以将所检测到的物体判定为 T–72，但可能无法判定 T–72 的型别。在这种情况下，所有高于

T-72节点的决策级别都产生了判定,但低于 T-72 节点的决策级别不产生判定。

常见的做法是采用对应于决策的具体名称来标识决策树的所有级别,因此,按照具体细节递增的顺序,通常采用诸如检测、分类、识别和辨认这样的名称。必须在一个特定的项目的情境下明确地定义这样的术语(在这一应用中,"分类"是指决策树的一个特定的层级,而不是自动目标识别系统的分类器阶段的整体运行)。对于不同的项目,决策树可能有很大不同。在步兵敌我识别项目中,如果确定他们携带了较大型的武器,而不是 2×4 的木材或农具那样的混淆物,则可认为辨认出了步兵。对于一个用于筛选进入一个军事基地的人员的分类器,辨认可能意味着辨别人员的身份。图 1.13 给出了决策树的 4 个例子。

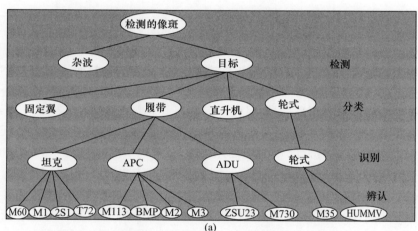

(a)

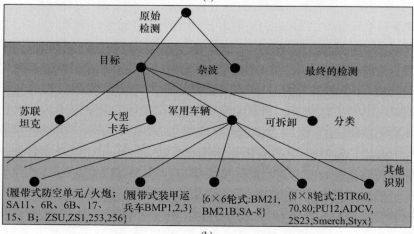

(b)

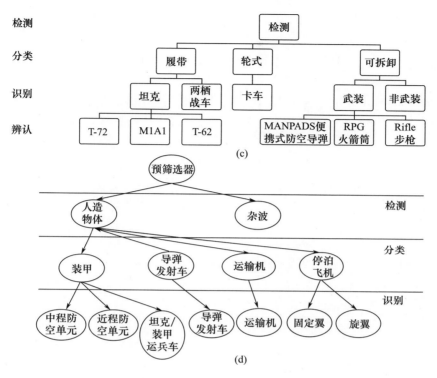

图 1.13   决策树的 4 个例子(图(c)所示源于文献[6])

(3)分类学和决策树:解决模糊性和异常问题。

处于分类学的每一级别的节点仅有一个父节点,如果不满足这一条件时则无法安排分类,也就是说,根据 Venn 图,某些车辆属于多于一组的类别(见图 1.14)。以下是几种模糊性的情况(按照自动目标识别的观点):

(1)友或敌(如敌方 T–72——北约 T–72);

(2)履带或轮式(如履带式 SA–19——轮式 SA–19);

(3)侦察车或防空单元(如 BRDM 侦察车和 SA–9 防空单元武器)。

通常要对资助的那些项目规定感兴趣的目标和它们的分类。然而,资助组织可能不太了解这一问题,通常听到的评论是"采用这些数据试试你的自动目标识别系统,看看会发生什么情况",他们并不理解必须训练自动目标识别系统,才能使之能够按照规定的分类学进行工作。另一个常见的问题是资助组织提供的含有目标的测试数据不适于规定的分类学,他们会抱怨没有报告明显的目标。

一个分类法易于转换为一个决策树。然而,一个特定的自动目标识别系统的决策过程,可能对于分类学的决策树不适用。例如,一个模板匹配器仅能在型号级别上工作,类别是根据型号类型进行归类的;另一种自动目标识别器可以针

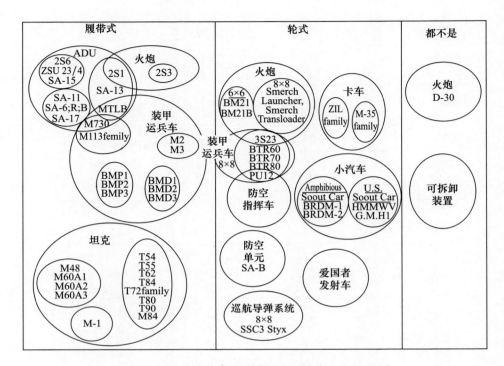

图 1.14　用于某些常见的目标类型的简化的 Venn 图

对分类学的每个级别,采用单独的神经网络分类器,但是这无法确保在类别级上做出的决策,能对应于在型号级上所做的决策归类。自动目标识别器可能接收来自多个传感器的数据,一些数据支持在决策树的一个级别上的决策,而另一些数据支持在其他级别上的决策。对于这种情况,决策制定过程可能比简单的决策树所做出的决策要复杂得多。在跟踪一个目标时,决策可能随时间推移、传感器和自动目标识别模式切换或者接收到外部信息而发生变化。

1.5.2　混淆矩阵

误差矩阵可以量化表征事实和自动目标识别器报告之间的差异性,其中:矩阵的每一列表示所报告的一个类别的例子;每一行表示实际的类别。按照严格的解释,仅有在绝对已知事实时,才能实现对错误的度量。在自动目标识别器的测试中,采用合成生成的数据将会出现这样的情况。

在采用外场采集的数据进行的自动目标识别器测试中,事实更适当地称为专家意见。掌握事实的人对一个基准点或者在一个目标上的像素给出专家意见,并利用可获得的事实数据(测量数据)来帮助确定目标类型和位置。对于所成像的并非专门放在测试场地上的目标(如在计划的测试场地外面的军事基地的车辆),目标标识可能是有错误的,这时应以混淆矩阵(而不是误差矩阵)的形式报告自动目标识别器测试结果。混淆矩阵能够测量一个自动目标识别器从训练数据推广到测试数据的能力(在事实数据的精度范围内)。在这种情境下,训练包括开发用于模板匹配器的模板、存储用于最近邻分类器的向量。自动目标识别系统的分类性能采用混淆矩阵中的数据进行评估。

混淆矩阵能定量表征自动目标识别系统分类器级将类别分配给检测到物体的能力。如果自动目标识别系统有可调整的检测阈值或者其他可调整的内部参数,则混淆矩阵可以处理在这些特定设置下的性能问题。例如,自动目标识别系统的前端检测级可以被设定为仅能检测出非常强的目标,自动目标识别系统的分类器级将比前端检测级限制更少,将更容易为这些强的检测分配类型。

正确分类概率是指正确分类的物体数目除以总的要分类的物体数目。对于表1.2,正确分类概率可以表示为

$$P_c = \frac{a+e+i}{a+b+c+d+e+f+g+h+i}$$

表1.2中的混淆矩阵表明:这一测试仅覆盖已知目标的物体,否则需要另外增加标识为"非目标"的行和列。

表1.2 混淆矩阵的例子(装甲运兵车是履带式装甲运兵车)

		自动目标识别系统报告		
		坦克	卡车	装甲运兵车
真实(专家意见)	坦克	a	b	c
	卡车	d	e	f
	装甲运兵车	g	h	i

与混淆矩阵相关的模糊性和防止误解的说明:

正确地设计和训练自动目标识别系统,不仅需要采用目标类别的先验概率(以及目标—杂波亮斑的先验概率)的假设,还必须做出有关工作条件的假设。但是,这并不是说自动目标识别设计师或测试组织实际上能够全面考虑这些假设。只有当这些假设与测试数据的实际情况相匹配时,自动目标识别系统才能实现最佳性能。对于一个公平的测试,所有的受测方都应对测试集中的每类目标的比例以及测试数据所覆盖的工作条件,有相同的了解。在一个实际的运行条件设定中,必然涉及敌方部队的情报信息,因此对生产前的自动目标识别系统提供这样的信息并非是不合理的。例如,一个实际运行的红外自动目标识别系统需要知道是白天或者夜晚,如果提供的训练数据是夜间的,而测试数据是白天的,那么这就是一个典型的不公平测试。表1.2对应的P_c方程暗含这样的假

设,即:混淆矩阵的行中的单元的累加和是感兴趣的物体的先验知识。而有关先验知识的假设可以通过聚合混淆矩阵的单元来避免,但是这仍然不能解决在训练自动目标识别系统时采用的有关先验知识的假设问题。因此,在训练时所采用的先验假设和对自动目标识别系统的评分,应当和试验结果一起报告。

1.5.2.1　复合混淆矩阵

复合混淆矩阵可以报告决策树的多个决策级别的结果。考虑如图 1.15 所示的例子,这种混淆矩阵表明,自动目标识别系统的后端分类器级是针对目标和含杂波感兴趣区域测试的,基于混淆矩阵的单元给出的性能测试结果。

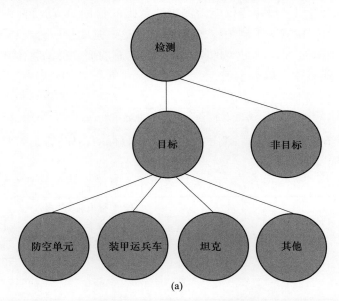

(a)

			自动目标识别系统报告					拒绝检测
			接受检测					
			接受分类				拒绝分类	
			ADU	APC	Tank	其他		
真实性	类别	ADU	S_{11}	S_{12}	S_{13}	S_{14}	S_{15}	S_{16}
		APC	S_{21}	S_{22}	S_{23}	S_{24}	S_{25}	S_{26}
		Tank	S_{31}	S_{32}	S_{33}	S_{34}	S_{35}	S_{36}
		其他	S_{41}	S_{42}	S_{43}	S_{44}	S_{45}	S_{46}
	非目标	杂波	S_{51}	S_{52}	S_{53}	S_{54}	S_{55}	S_{56}

(b)

图 1.15　决策树和对应的组合混淆矩阵

决策树和混淆矩阵可能是非常复杂的,如图 1.16 所示为多级决策树和对应的混淆矩阵例子。

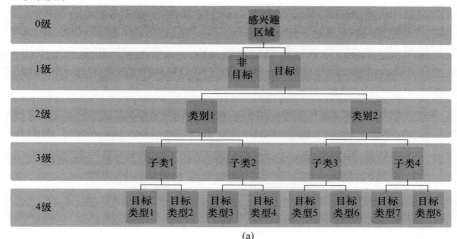

图 1.16　多级决策树和对应的混淆矩阵

1.5.3　概率统计常用术语

让我们回顾某些术语,并引入其他的一些术语。假设自动目标识别系统判定所探测到的目标是一个坦克,评分为 0.8。这一评分可以被看作是有一定约束的概率估计,在一个给定的特异性水平上(称为试验的采样空间),所有可能输出的累加必须为1.0。

在决策树的目标分类级上，自动目标识别系统的输出是一个后验概率估计向量，向量的每个单元对应于一个目标类，但有时仅报告向量的最大单元及其类别标识。这些概率估计假设条件通常是基于所有允许的目标的先验概率是相等的，且训练数据在某种意义上能够代表测试数据。为确保决策结果统计上科学合理，训练数据和测试数据必须是从相同的目标中随机抽取的采样数据。如果训练数据不代表测试数据，则无法明确自动目标识别系统决策结果的准确性。

（1）先验概率：在接收到新的信息（如图像数据）之前的概率估计。先验概率集是先验知识，例如数据库目标类｛坦克，卡车，装甲运兵车｝的先验概率在正常的假设下都是0.333。

（2）置信度：基于一个测量集得到的一个事件的实际值（如目标评分）大于计算值和报告值的概率。术语置信度通常用于对自动目标识别系统的评分中，更准确的定义如下。例如，T - 72 的实际评分大于报告0.8 的评分值的置信度是50%。

（3）置信区间：基于一个测量集得到的一个事件的实际值（如目标评分）在一个规定区间内的概率。例如，实际的 T - 72 评分落在0.7 和0.9 之间的概率可能是80%。注意，置信度界与作为一个概率的自动目标识别系统评分的解释可能是有矛盾的，因为概率必须在[0.0,1.0]的界内，而置信度界通常没有这样的限制。

置信度界也可以放在自动目标识别系统总体性能结果附近。例如，自动目标识别系统的性能 P_{ID} 在(0.7,0.9)区间内的概率是80%。尽管置信度界有时是针对自动目标识别系统性能结果给出的，通常缺乏判断它们所需要的严格的统计模型。此外，这样的界限将仅适用于一个精心设计的闭环试验，而不是无限变化的真实世界。

有几种相互竞争的理论都给出了度量置信度的方法，每种方法有主要的倡导者及其提出的术语与方程。例如，评价可以用称为信任度或可信度的度来表示。

（4）信任度[bel(A)]：事件 A 的信任度是支持事件 A 而不支持其他事件的所有概率质量的累加和。

（5）似真度[pl(A)]：似真度量化了支持事件 A 的总的信任度量，是对可能属于 A 事件（但也可支持其他事件）的支持度。

（6）概率估计的知识不准确性是指 bel(A)和 pl(A)这两个量经常被解释为对事件 A 的一个未知概率测度 P 的上下限，pl(A)与 bel(A)之间的差值是对

$P(A)$ 的知识不准确性的测度。

（7）Pignistic（赌博）概率（Bet P）是将一个组信任度量化为决策过程的最终形式，Pignistic 概率值落在信任度和似真度之间。

1.6　试验设计

试验设计是测试自动目标识别系统并得到验证结论的程序蓝图。一个好的试验设计对于理解自动目标识别系统在可能遇到的所有条件下的性能是非常关键的。如果得到了一个不受外部因素影响的公平测试，试验设计就是内部有效的。如果得到了充分的设计，测试结果可以推广到所有的工作条件，那么试验设计就是外部有效的。

对竞争性的自动目标识别测试的内部有效性有不利影响的因素包括：

（1）不能同等地得到训练数据；

（2）不能平等地得到试验设计信息，或者能够协调或更改试验设计的能力不平等；

（3）不能平等地得到有关目标类型的先验概率或工作条件；

（4）不能平等地得到测试数据、与测试数据非常类似的数据，或者对相同的数据进行的测试次数不同；

（5）对于某些参与测试的组织，盲测试数据不是 100% 看不到。

从科学观点来看，对所有的竞争性自动目标识别系统测试进行公平测试是好的。从商业视角来看，所有参与测试的参与者都在寻求优势。

内部有效性是从测试中得到的所有因果推理的中心。如果能够确定某些运行使用条件对于某些输出的重要性，则具有强的内部有效性是重要的。实质上，目标是评估"如果 X 则 Y"的命题。例如，如果对于某一运行使用条件给自动目标识别系统提供的数据是 X，则输出为 Y。

然而，这不能充分地证明：在采用某一运行使用条件下的数据测试自动目标识别系统时，会产生特定的输出。这可能是由于除工作条件之外的许多其他的原因造成的。为了说明有一个因果关系，必须涉及到两个命题：①如果 X 则 Y；②如果非 X 则非 Y。

作为一个例子，X 可以是指白天图像而非 X 是指夜间图像，这些命题的证据帮助隔离开影响输出的所有其他可能的原因。结论可能是"当存在太阳辐射时，会出现输出 Y；当不存在太阳辐射时，不出现输出 Y"。这仅仅是第一步。为了更好地理解这种效应，可以在有无云层时每个小时的运行使用条件下，对自动目标识别系统进行测试。

对自动目标识别系统的外部有效性或推广能力不利的影响因素包括：

① 测试数据不能代表真实的传感器数据（如没有考虑在红外传感器前窗上死的昆虫，没有考虑平台的振动或运动）；

② 非常有限的训练和测试数据集；

③ 不合理的硬件尺寸、重量、功耗或成本需求；

④ 忽略敌方改变战术、对抗措施和诱饵的可能性；

⑤ 为测试提供的辅助信息（元数据）与相关的作战系统将能得到的元数据不匹配（类型、更新率或精度）。

如果测试集能表征任务和场景与所有的自由度（如距离、目标类型、方位角、天气条件、杂波环境、平台和目标运动），则在足够数量且有代表性的工作条件下测量得到的性能，并得到适当的解释时，将能代表期望的任务性能。

1.6.1 测试计划

测试计划明确地描述一个试验设计，这样整个集成产品团队（政府、工业界，有时还有大学）可以致力于相同的目标。应当精心地制定测试计划，并得到所有的利益相关方的认可。它应当涵盖诸如坦克毁坏地面后怎样使测试场地恢复、怎样隔离数据、由谁来隔离，以及飞机适航认证等事项，一个测试计划可能有100页长。一个好的测试计划对于外场试验的成功和平稳的运行是非常关键的。它应当预计到装备的故障，并给出补救措施。作者曾经看到过一个试验测试，就是由于一台设备的部件故障而导致来自不同组织的数十个参与者回家等待。以下是测试计划的主要组成：

（1）所要测试的产品的技术规范；

（2）测试的范围；

（3）安全性问题以及有关保密、知识产权、伦理、环境等方面的问题；

（4）测试牵头人/经理和团队负责人；

（5）进入和退出准则；

（6）测试的项目和特征的描述，以及没有测试的项目和特征的列表；

（7）适用的需求和需求可追溯性，以及关键性能参数；

（8）测试过程和指南；

（9）测试进度（注意：策划一个在具体的行动中有士兵参加的测试需要很精密的计划）；

（10）明确测试资源的责任人、人员和训练要求；

（11）测试和分析（过程中的测试后分析和报告指南，测试通过/失败的准则，与重新测试相关的事项）。

当在重型装备(如直升机或坦克)附近工作时,必须考虑安全性因素,采用实弹弹药进行的测试显然更危险。测试通常是在危险的位置进行的,如夏天在加利福尼亚进行测试有山火的危险,冬天在尤马沙漠或阿拉斯加进行测试有轮胎损坏的危险。

1.6.2　自动目标识别和人员客观测试

一个可行的做法是将自动目标识别性能和人员客观测试的性能进行比较。人员也可以当做测试目标。当采用人员进行测试时,首先要考虑是否需要得到独立机构的评审委员会的认可,独立机构的评审委员会用来认可、监督和评审涉及对人员的研究,其职能是保护研究对象的权利和福利。当涉及人员测试时,政府合同通常需要独立机构的评审委员会。人员测试可能是无害的,如测试对象观察监视器或瞄准目标并记录性能的情况。但有人员参与的测试,也有可能涉及到实弹弹药或主动式传感器等危险条件。是否需要一个独立机构的评审委员会,取决于在合同中是否写明、测试的准确的特性、受试人员和进行测试的组织之间的关系,以及试验场所。有关对独立机构的评审委员会的需求的规则是变化的。

独立机构的评审委员会至少有5个成员,成员必须有足够的经验、实践和差异性,从而能对研究是否道德、披露的内容是否充分,以及是否采取了适当的安全措施作出判断。

独立机构的评审委员会要评价研究协议和相关的材料(例如,披露内容的文件)。独立机构的评审委员会对研究协议的评审的主要目标是评估研究及其方法的道德性,促使参与测试的人员对象能够得到全部信息并且是自愿的,保证参与测试的人员对象的安全性能够得到最大的保障。

与独立机构的评审委员会签订合同、提交研究协议和其他书面文件并获得认可,可能要用1年时间。在策划一个涉及到人员测试对象的测试时,必须记住这点! 如果一项测试要在不同场所进行(如在不同的军事基地进行),每个场所都需要一个不同的独立机构的评审委员会。一个涉及政府、工业界和大学的项目可能需要有多个独立机构参与的评审委员会,并需要有一个独立机构负责牵头。

在与人员对象测试相关的自动目标识别中可能会产生以下一些问题。

(1) **安全性**:作为目标的个体周围是否有实弹弹药、试验飞机、危险品或机动的车辆? 是否使用诸如激光、激光雷达、雷达或太赫兹摄像机那样的主动传感器?

(2) **隐私性**:人脸在数据库中是否是可以辨别的? 在数据采集中是否不适当地捕获了次要的图像? 传感器是否可以透过衣服采集数据? 是否遵从试验所

在州的隐私法？

（3）**强迫**：受试人员对象是否与自动目标识别系统存在竞争关系？受试人员对象是否被强迫引导到特定结果的方向？

（4）**经济报酬**：受试人员对象是否得到经济报酬，如由于参加外

场试验安排到夏威夷的旅行？

与自动目标识别系统测试相比，人员对象的测试的试验设计必须考虑不同的项目，例如：

（1）受试人员对象需要多长时间才能做出决策并做出记录？

（2）涉及不同类型的显示器的多个显示问题，如显示器尺寸、到显示器的距离、室内光照、受试人员对象调整显示器参数的能力等？

（3）疲劳是一个问题吗？

（4）是否有噪声和其他干扰因素？

（5）试验设置是逼真（例如，采用飞行模拟器或地面站）还是不太逼真（如采用受试人员对象本身的计算机）？

除非另外编程处理，一个典型的自动目标识别系统的软件会忘记已经被测试的数据集。而受试人员对象在测试中会情不自禁地学习特定数据集的特性，因此在将来遇到具有类似特性的数据的，能得到更好的性能。

1.7　自动目标识别系统硬件/软件特性

一个自动目标识别硬件/软件系统的关键性能参数如下：

（1）尺寸；

（2）重量；

（3）功率需求；

（4）延迟；

（5）成本；

（6）平均无故障工作时间；

（7）安全等级；

（8）源代码行数。

自动目标识别系统开发的主要成本通常是采集足够完备的训练和测试数据集所涉到的成本。空—地数据采集成本是采用飞行时数衡量的，相应成本包括燃料、机组成员和设备。构建一个地面车辆阵列的成本可能包括租用地面测试场、租用外国军用车辆、车辆驾驶员薪金，以及保持地面人员在位。类似地，水下数据采集和测试等涉及到大量的费用。只有在有完成这些数据采集的预算的

条件下,才能采办并部署一个自动目标识别系统。在自动目标识别系统部署后,有与勤务保障相关的成本。如果自动目标识别系统使用与平台或平台系列相同的电路板,勤务保障成本是低的。另一个考虑是自动目标识别系统的芯片和其他组件在数年内是可以获得的,某些芯片和板卡的制造商保证 7 年内是可以获得的,如果要与诸如 B - 52 轰炸机那样的时间较久的平台相比较,常见的做法是提前购买可能需要的备件。保证系统中没有仿造的零部件、使用过的零部件和较低质量的零部件是关键的问题。另一个问题是当目标集、交战规则、传感器输入或计算机操作系统变化时自动目标识别系统的维护成本。在自动目标识别系统交付后,谁将针对新的目标类型进行训练,有哪些预算能用于这一训练? 必须对软件进行配置管理。假定自动目标识别系统软件报告有错误,需要一个维护计划和升级计划,以解决这些错误。当操作系统不再支持或者当原有的开发团队解散后,应该对软件进行怎样的更改? 这些问题中有许多不是自动目标识别特有的,政府和国防合同商非常了解。

参 考 文 献

1. T. D. Ross, L. A. Westerkamp, R. L. Dilsavor, and J. C. Mossing, "Performance measures for summarizing confusion matrices: the AFRL COMPASE approach," *Proc. SPIE* **4727**, 310–321 (2002) [doi: 10.1117/12.478692].

2. S. G. Alsing, "The Evaluation of Competing Classifiers," Ph.D. dissertation, Air Force Institute of Technology, Wright-Patterson AFB, Ohio (2000).

3. C. B. Bassham, "Automatic Target Recognition Classification System Evaluation Methodology," Ph.D. dissertation, Air Force Institute of Technology, Wright-Patterson AFB, Ohio (2002).

4. A. Mahalanobis, S. R. F. Sims, and A. Van Nevel, "Signal-to-clutter measure for measuring automatic target recognition performance using complimentary eigenvalue distribution analysis," *Opt. Eng.* **42**(4), 1144–1151 (2003) [doi: 10.1117/1.1556012].

5. K. Fukunaga and W. L. G. Koontz, "Representation of random processes using the finite Karhunen–Loeve transform," *J. Opt. Soc. Am.* **72**(5), 556–564 (1982).

6. M. Self, B. Miller, and D. Dixon, "Acquisition Level Definitions and Observables for Human Targets, Urban Operations, and the Global

War on Terrorism," Technical Report No: AMSRD-CER-NV-TR-235, RDECOM CERDEC (2005).

7. A. L. Magnus and M. E. Oxley, "Theory of confusion," Proc. SPIE **4479**, 105–116 (2001) [doi: 10.1117/12.448337].

第 2 章　目标检测策略

2.1　引言

一个自动(或辅助)目标识别器包括检测和识别两个必要的阶段。本章讨论用于最基本的(字面意义上的)图像和地面目标的检测算法,但没有涉及其他大量的情况。对于其他类型的传感器(如振动测量计、高距离分辨率雷达、地面传透雷达、激光雷达、声呐、磁力计等)和其他类型的目标(如埋藏的地雷、弹道导弹、飞机、地下设施、隐藏的核材料等),需要有针对性的检测算法。然而,这里所涉及的基本的检测策略仍然适用。

通过针对长波前视红外、中波前视红外、Ku 波段合成孔径雷达、X 波段雷达等类型的数万幅图像对算法进行测试,评估了数百种目标检测算法。还设计和测试了多种更复杂的算法。这里简要描述了每种算法,并注明了对前视红外图像有最佳的性能的算法。本章还分享了对用于合成孔径雷达图像的目标检测算法的认识。

具有更深哲学意义的目标检测方法称为总范式,本章评述了 8 类检测范式。在自动目标识别发展初期,关于一种范式相对于另一种范式(如模式识别—人工智能、基于模型—神经网络、信号处理—场景分析等)的优势,有很大的争议。研究经费重点流向了其倡导者可以引起人们最大兴趣的范式。现在能引起人们较大兴趣的范式包括基于多尺度结构的方法、受生物启发的设计和量子成像。每种新颖的范式都有其优点。在某种新的技术途径的研究热度消退后,这种技术途径或者其组成部分,就会成为自动目标识别系统设计师的工具箱中新增的工具。

2.1.1　目标检测定义

图 2.1(a)所示为最流行的自动目标识别结构。第一级是(前端)目标检测器,它依次访问每个像素,通过检测算法计算一个检测统计 T,将 T 平面图像(显著图,即显示每个像素的独特性的图像)的 m 个局部最大点报告为 m 个最可能的目标的位置。具体地说,对于前视红外图像,目标强度随着日照条件、距离、目

标工作历史、太阳角等变化，m 通常保持不变，这样的检测器工作在对每幅图像具有恒定虚警率的方式，固定值 m 对处理资源的需求进行了限定。第二级是识别器，它对 m 个假设目标位置附近的感兴趣区域进行处理，将检测出的物体分类为目标/杂波以及类型。通过这样的两级处理，完成了检测过程。

图 2.1　某些简化的自动目标识别结构

在过去的许多年里，也出现了其他自动目标识别结构。20 世纪 80 年代，有多个公司出售称为 AutoQ－Ⅰ、AutoQ－Ⅱ、GVS－41 和 Optivision 的流行的处理器盒，其结构如图 2.1（b）所示。第一级采用专门硬件，通过跟踪围绕亮斑边界的强边缘（直到形成闭合）来得到连接的组件。第二级是一个检测级，采用各种特征和规则，将连接的组件分类为像目标物体和杂波。第三级是分类器。

图 2.1（c）所示的结构设计完全省略检测级，采用一组精心调谐的数字/光学滤波器对整个图像进行相关处理，这种滑窗式分类器对图像中每个像素区域进行处理可以推广到采用任何类型特征任何类型的分类器。图 2.1（c）的结构在机器或动物视觉中都没有取得最终的胜利。

2.1.2　检测方案

采用目标检测级的主要原因是通过前端的检测器完成预筛选或注意力聚焦的功能，降低分类器级的工作负荷。两种流行的目标检测方法是异常检测和相关。

异常检测是目标检测的一种方法。目标相对于其背景或整个图像而言显得异常，一般是由于其强的对比度、边缘强度、亮斑、异常的纹理或高的偏差造成的，而这些正是表征目标存在的线索。所有这些线索（也就是检测器），可以从单波段推广到多波段图像。

相关是第二种目标检测方法，它假设目标得到良好描述，先将这些目标描述转换成模板，再将一组特征模板与图像的每个区域进行匹配，匹配过程要考虑距离或比例尺。相关是采用原始灰度水平或在空间域（或某些变换域）提取的特征实现的。每年都会有新型相关器发明出现，这些相关器统称为先进的相关滤波器。

除了上述两种目标检测方案，还存在其他的检测方案。例如，可以通过训练或发掘过程来开发一个检测算法。现在，流行的是遗传算法和人工神经网络，可以将一个训练的神经网络滑过一幅灰度或特征图像，在每个像素处计算与目标的相似度，但对神经网络怎么做出决策可能是不清楚的。检测方案有时可以采用金字塔结构那样的多尺度图像表示来实现,流行的结构有 Gaussian、拉普拉斯、Haar 和更一般的小波金字塔结构,可控金字塔结构可看作是过完备的小波变换,它们提供了一种多尺度、多方向的图像分解(类似于视觉注意力的方式)。另一种流行的方法是采用有向梯度直方图特征,这种方法产生图像区域内的梯度方向的直方图,并将这一直方图反馈给经过训练的分类器。与大多数检测方案一样,这种方法也可采用多尺度表示来实现。

数学形态学是 20 世纪 90 年代初期开始流行的,促进了滚球算法和形态小波变换等方法的出现,其中滚球算法将图像当作一个三维表面,目标是滚球落下时在图像中上压出的凹坑。

运动目标检测需要不同的策略,需要多帧图像来检测被动传感器图像中目标的运动。雷达采用运动目标显示模式(而不是合成孔径雷达成像模式)来检测运动目标。当目标运动时,它与雷达系统之间的距离不断变化,这一过程中辐射的信号被反射回来,而反射信号频率的变化与运动物体的速度相关,这种频移称为多普勒效应。本章将重点讨论静止目标指示。

在用于目标检测的信号处理方法中经常宣称最优性,但仅有在某些确切定义的和限制的条件下才能实现最优,这一过程中需要确认这些条件。在无限变化的真实世界中,不存在最优检测器,第 2.5 节将进一步讨论这一主题。

对于前视红外传感器,必须考虑存在的不同类型的缺陷和噪声,随着前视红外传感器的老化,图像的噪声日益增大,直到最终必须修理或更换。热场景的变化范围很大,与当前的天气条件和日照条件、过去的天气条件、太阳载荷、气象区、背景杂波、距离、仰角和对抗措施有关。热场景也与目标类型及其维护、操纵、方位角和运行历史有关。自动目标识别系统开发者尽其最大的努力来获得完备的开发数据集、开放的测试数据集,以及最重要的盲测试数据集。如果其测试数据集与未来的工作位置、条件和目标集相匹配,那么采用盲测试数据集得到的性能结果,可以较好地预测未来的工作性能。与精心调谐的算法相比,简单的检测算法需要较少的测试。

2.1.3　尺度

所有的红外目标检测算法需要空间尺度信息,理论上像观察远距离目标的生物视觉系统那样放大尺度是可行的,但这一技术属于研究类别。如果没有尺度信息,检测器不知道到底是要搜索小于单像素的目标、大于整个图像的目标,还是要搜索介于两者之间的目标。

合成孔径雷达自动目标识别系统接收预先进行尺度变换的数据。尺度变换对于合成孔径雷达不是一个显著的问题,但不应当假设每个合成孔径雷达传感器都能产生完美的尺度变换图像。此外，合成孔径雷达图像可能是在斜平面、地面平面和其他专门的几何条件下形成的。

一个自动目标识别系统需要高质量的尺度信息以处理被动传感器图像。检测器算法的几何参数是根据距离数据、传感器视场和所要搜索的目标的大小和形状计算出来的，在某些情况下，可以采用简单的几何参数或假设来计算距离。在大仰角下，可以根据传感器瞄准角、高于地面的距离和数字标高地图（或者假设地球是平坦的），来计算到地面交点的距离。然而，当传感器位于地面车辆或贴地飞行的飞机上时，传感器实际上沿着与地面平行的方向观察，这样纯粹依靠几何关系求解距离将产生很大的误差。假设感兴趣的目标是地面车辆，高于天际线的距离被看作无穷大，实际需要的是到车轮或履带与地面的接触点处的距离，这与沿着通过车辆中心的观察线到地表面的距离是不同的。到空中目标的距离是另一个问题。

对于采用被动传感器的自动目标识别系统，距离分辨率和距离数据源是关键的系统设计问题，这表明自动目标识别是一个系统设计问题，而不是一个算法设计问题。

2.1.4 极性、阴影和图像形式

在红外图像中不一定知道目标的极性。下面分别考虑处于工作状态的目标和非工作状态的目标。在白热前视红外数据中，一个处于工作状态的目标的最热的部分（如飞机发动机和喷管），比背景要亮得多（更热），车辆的其他的部分可能比背景要暗。考虑诸如主战坦克那样的重装甲车辆，金属车身在夜间冷却，在早晨即便在发动机启动后也需要一段时间来预热。一个好的目标检测器对一辆车辆的热的部分会产生响应，即便在车辆的平均灰度水平与背景相匹配的情况下。而一个非工作状态的目标可能比它的背景更热或更冷。一辆发动机关闭的坦克不被看作一个威胁，因此不是一个目标。

当太阳照射时，中波和长波红外图像有显著不同的特性。长波红外图像是由辐射的能量形成的，中波红外图像包括反射的阳光加上辐射的能量。在长波红外波段，目标外观更加稳定。在中波红外波段，根据太阳的相对位置，太阳照射的亮区和自身的阴影会出现在目标上的不同位置，太阳照射的亮区有时可以帮助目标检测。更常见的是，太阳的能量会加大杂波，有时场景中到处都是明亮的噪扰物体的场景。有一些有潜力的途径可解决这一问题，如在中波波段采用一个或更多的子波段，或者精心地控制传感器的瞄准角。然而，这些解决方案有相关的成本和风险。

在合成孔径雷达图像中，目标比它们的背景更亮（具有更高的灰度）。采用

合成孔径雷达成像,当目标位于干草坪上时,它们的阴影是尖锐的,且明显比背景要暗。由于传感器是照射器,阴影的方向是已知的。对于长时间停放的车辆,在长波红外图像中会有太阳阴影,但当车辆开始运动时,阴影并不会运动。在中波红外图像中,如果知道经度、纬度、时间、日期和传感器 – 场景几何关系,则可以知道阴影位置。然而,在中波红外图像中,是否存在目标阴影取决于车辆是否受云、树或建筑物的遮蔽。

考虑在图像形成链中对图像进行处理的位置。在叠加目标标注之前,目标检测器对前视红外图像进行处理,并对图像的每个像素所占的位数进行压缩,从而能进行显示。对于目标检测器设计,合成孔径雷达图像的形成过程是重要的,检测器可以应用于复图像、幅度图像、对数幅度图像、平方根图像、线性 – 对数图像或幅度平方图像。DeGraaf 已经证明:合成孔径雷达图像形成过程对于前端检测算法的性能具有数量级的影响。在合成孔径雷达图像的 10 多种形成方式中,现代谱估计方法对于降低散斑、提高检测性能尤其显著,这些谱估计(也称为超分辨率)方法(如最小方差方法),能产生具有高斯统计的图像,提高了基于高斯假设的检测算法的性能。

2.1.5　用于算法评估的方法学

以下讨论基于大量的测试,测试数据包括目标和含杂波亮斑的感兴趣图像区域,以及全尺寸图像,目标是轮式车辆和履带式车辆。对于长波红外和中波红外测试,都要采用大约 30 000 个感兴趣区域。感兴趣区域的空间尺度大致恒定,并考虑了典型的距离误差。采用在军用直升机和无人机上使用的高端前视红外传感器获取数据。长波红外图像包括第二代扫描型传感器产生的图像和凝视传感器产生的图像。中波红外数据是采用凝视传感器形成的,仰角范围 0 ~ 60°,主要的数据是在低仰角条件下得到的。

算法评估分为多个步骤完成,可采用参数和非参数的两个同等权重的评估准则。

我们记录了每个检测器对目标 t 和杂波物体 c 的响应,采用简单的 T 检验来测量两个响应之间的距离,即

$$T = \frac{\bar{X}_t - \bar{X}_c}{\sqrt{\sigma_t^2 + \sigma_c^2}} \tag{2.1}$$

式中:$\bar{X}_t - \bar{X}_c$ 为目标和杂波评分均值的差;$\sigma_t^2 + \sigma_c^2$ 为评分方差之和。

我们也分析了两种分布的尾部,以检测到 90% 的目标的条件下通过的杂波亮斑的百分比为准则。在全帧图像上对经过初筛选保留下来的检测算法进行了

测试。最终的评价准则是检测到90%的目标所需的列表的长度。

现在的问题是无法采集足够的数据，来针对各种可能的多样性的目标和场景对算法进行测试。更加有建设性的是报告哪种算法能有更好的性能，而不是挑选出最优秀的算法。在本书中，用方框框起的算法是针对前视红外数据得到充分测试的。

2.1.5.1　系统产品的评估准则

算法性能仅是系统产品选择算法时考虑的诸多因素之一。一个算法的软件成本，通常是由实现它所需的源代码行数决定的，按照 SEI Level 5 等编码标准进行编码（或者在现场可编程门阵列上实现）并编写代码文档，成本是非常昂贵的。因此，人们倾向于较简单的算法。还必须考虑原来的开发者退休或转到其他公司后自动目标识别系统的可支持性。当一个自动目标识别系统进入生产阶段后，可能没有合同来要求保持原有设计团队的完整性。由于需要年复一年地分析自动目标识别系统的性能，解决出现的问题，并使设计适应于新的情况，这也希望采用相对简单且更加透明的算法。另一个重要的因素是算法的处理要求，处理器的选择通常不是由算法设计师所控制的，一种算法必须很好地映射到一个特定的处理器结构、计算机语言和并行化方案。必须考虑算法对自动目标识别系统保密等级的影响，应使用真实模板的算法，会使自动目标识别系统成为保密设备，这将显著提高保障成本和难度。

2.1.5.2　目标检测：机器与人的比较

对机器和人实施的检测进行比较，如同"比较苹果与橘子"。一个前视红外自动目标识别系统通常接收每个像素14bit 的数据，一个飞行员通常在座舱内的一个非常小的显示器上观察8bit 像素的视频。自动目标识别系统不会受到迷惑或疲劳，它可以在步进凝视传感器模式下每秒处理30 个不同的场景，而人不能这样做。但在较长的时间周期内感知场景方面，如检测一个安放路边炸弹的人员，人表现得比自动目标识别系统要好。一个自动目标识别系统接收精确的元数据，如传感器瞄准角、姿态、飞机速度、坏像素列表和某种形式的距离数据。人从"场景要点"中感知目标的尺寸，并与场景中的其他物体进行比较。人根据过去的经验、无线电联络等得到额外的信息，而当前的自动目标识别系统缺乏这样的较高层级的理解。比人—机对比测试更有用的是，对得到机器提示的操作人员和没有得到机器提示的操作人员的评估。

2.2　简单的检测算法

本节介绍 8 类简单的检测器，说明了它们的相对性能。

2.2.1　三窗口滤波器

许多检测器是采用两个组元定义的,即统计检验和完成检验算法的几何区域。几何区域通常是采用假设的光斑区域及其邻域的形式,可以采用双窗口或者更可取的三窗口滤波器的构型(见图2.2)。

图 2.2　滤波器几何构型

(a)双窗口滤波器;(b)三窗口滤波器。

对于一个三窗口滤波器,考虑到比例尺(即每英尺的像素数),矩形的内窗口被设定为比所搜寻的最小的目标略小,矩形的外窗口的周长略大于最大的目标。当检测器的中心位于目标上时,目标的大部分边界落在围绕内窗口的中间窗口中。对于矩形的检测窗口没有特别的要求,窗口并不一定是对称的或同心的。如果处理能力和设计复杂度允许,可以构建更好的或自适应的几何构型并且可以使用多统计特征。然而,当一个检测算法变得太复杂时,它看起来会更像是一个分类算法,这违背了常规的自动目标识别系统设计理念,即采用一个有效的预筛选器处理每个像素,然后采用一个分类器来对选择的图像区域进行处理。像急诊室的分流护士一样,检测器给需要进一步评估和处理的图像区域分配优先级。

统计检验通常是基于对两类物体之间的差异进行的标准检验,我们评估了标准检验的变体以及专为杂波抑制设计的方法。

2.2.2　应用于图像的假设检验

假设检验可用于确定是否接受对两类物体的某些描述,其中一种恰当的描述是:滑动的内窗口瞬间覆盖的像素,具有与周围的外窗口覆盖的像素类似的特性。

定义1:统计假设是对一个或两个随机变量的分布的推断。

定义2:统计假设检验是一个规则,当用于一个图像区域时将判定接受或拒绝有关图像区域的假设。

定义3:统计是一个或多个不取决于任何未知的参数的随机变量的函数。

定义4：检验统计是用于帮助在假设检验中作出决策的一个统计。

定义5：参数统计检验是指其模型规定着有关图像区域中的样本参数的某些条件的检验。

最强有力的检验是那些具有最强的和最广泛的假设的检验，例如，T-检验具有各种有关其应用的强假设，当满足其假设时，这种检验是最好的。当有关一个检验的假设与真实的情况相差较远时，难以知道检验的性能有多好。在某些情况下，可能需要采用图像特性假设尽可能少的检验。

定义6：非参数统计检验是指其模型没有规定有关在图像区域中的样本参数的条件的检验。

尽管非参数检验比参数检验的假设要弱，对于真实的图像，即便非参数检验也不能有效。例如，这些简单的检测在用于图像数据时，没有考虑相邻像素之间的空间相关性、与距离有关的大气衰减以及敌方所采取的对抗措施。在最后的分析中，目标检测器必须在非常大量和多样化的数据集上进行测试，而不是纯粹根据理论进行选择。

尽管某些检测器是按照假设检验进行建模的，但在这里所描述的工作中，我们实际上不进行假设检验；反之，我们采用检验统计的局部最大值来指出目标的相对强度和位置。也就是说，检测器从不试图抑制一个假设（除非检测统计值非常低）。由于我们通常将每个物体上的像素数放在方程的外面，这里给出的检验统计不是教科书上严格意义的统计。

本章所使用的表示法在本章附录2.1中给出。

2.2.3 两类由经验确定的均值的比较：T 检验的变形

T 检验：数据由两个独立的样本组成，一个是来自内窗口的大小为 n_1 的样本，另一个是来自外窗口的大小为 n_2 的样本，外窗口的大小被设定为 $n_1 = n_2$。对于目标检测用途，外窗口略大于内窗口，但如果它过大，就可能包括一个临近的目标、天际线、具有显著不同的统计特性的区域或者图像的边缘。三个额定的假设是：

（1）内窗口和外窗口样本是来自各自的组分的独立的随机样本。

（2）两个样本是相互独立的。

（3）内窗口像素满足正态分布 $N(\mu_1, \sigma_1^2)$，外窗口像素满足正态分布 $N(\mu_2, \sigma_2^2)$，均值 μ_1, μ_2 和方差是未知的。

对于单侧检验和双侧检验，简单的 T 检验统计分别如下。它们测量内窗口和外窗口的样本均值之间的差值，并通过内窗口和外窗口的样本的方差之和的平方根进行归一化，即

$$T_1 = \frac{\overline{X}_1 - \overline{X}_2}{\sqrt{s_1^2 + s_2^2}}, \quad T_2 = \frac{|\overline{X}_1 - \overline{X}_2|}{\sqrt{s_1^2 + s_2^2}}$$

这一检验对于相对于正态的偏离是比较稳健的,检验统计相对于灰度的线性变换是不变的。如果内窗口和外窗口的均值有一个大的量差,则检验值是大的。然而,如果样本方差非常小,检验的值也是大的,如果背景是清淡的(如前视红外中的天空),s_2 会发生这样的情况。发生这些情况,并不一定意味着存在一个目标(抑制零假设),因此需要采用 T 检验的两种变形:一种变形是在分母上使用的标准差上增加一个小的常数;另一种变形是使标准差固定为一个典型值,该值可从大的图像集得到,只要标准差小于这一典型值,就用典型值代替分母中的标准差。这三种检验的最佳做法将是在分母中使用方差的每个检测器报告的评分。

T 检验是一种非常强大的统计检测。因此,为什么不选择它作为检验统计并进行分析? 一个原因是内窗口的高(不是低的)方差有时表明存在目标。此外,正如前面所阐述的那样,图像数据与 T 检验的严格假设不匹配。

再次说明,在附录 2.1 中给出了对这一表示法的解释。

在描述了一个检验统计后,我们也测试了检验的几种变形,但没有宣称这些检验的任何一种变形具有强的统计系谱。例如,考虑

$$T_3 = \frac{\overline{X}_1 - \overline{X}_2}{(k_1 + k_2)^{1/4}}, \quad T_4 = \frac{|\overline{X}_1 - \overline{X}_2|}{(k_1 + k_2)^{1/4}}$$

内窗口方差可能没有携载是否存在一个目标的信息,因此可以忽略,以得到在常规的恒虚警检测器中采用的两个常用的统计(见 2.5 节),即

$$\boxed{T_5 = \frac{\overline{X}_1 - \overline{X}_2}{s_2}}, \quad T_6 = \frac{|\overline{X}_1 - \overline{X}_2|}{s_2}$$

在本章中围有方框的检测对于前视红外图像有很好的性能。类似地,有

$$T_7 = \frac{\overline{X}_1 - \overline{X}_1}{k_2^{1/4}}, \quad T_8 = \frac{|\overline{X}_1 - \overline{X}_1|}{k_2^{1/4}}, \quad T_9 = \frac{\overline{X}_1 - \overline{X}_1}{s_i}$$

假设下标 i 表示全帧图像统计。但是,在检测算法中采用全局图像统计时要做出一些说明,以防止误解。对于前视图像和地面目标,在计算全局图像统计时,可以忽略天空像素。在宽视场的图像中,如果检测器附近区域的统计小于整个图像作为一个整体的统计,那么应当用来替代全局图像统计。区域的宽度应

该比高度要大,因为背景统计是随着距离变化的,即

$$T_{10} = \frac{|\bar{X}_1 - \bar{X}_2|}{s_i}, \quad T_{11} = \frac{\bar{X}_1 - \bar{X}_2}{MD_2}, \quad T_{12} = \frac{|\bar{X}_1 - \bar{X}_2|}{MD_2}$$

$$T_{13} = \frac{\bar{X}_1 - \bar{X}_2}{k_2}, \quad \boxed{T_{14} = \frac{\bar{X}_1 - \bar{X}_i}{\sqrt{S_1^2 + S_i^2}}}, \quad T_{15} = \frac{\bar{X}_1 - \bar{X}_2}{s_1}$$

$$T_{16} = \frac{|\bar{X}_1 - \bar{X}_2|}{k_2}, \quad T_{17} = \frac{\bar{X}_1 - \max(\bar{X}_2, \bar{X}_i)}{\sqrt{s_1^2 + \max(s_2^2, s_i^2)}}, \quad T_{18} = \left| \frac{\bar{X}_1 - \max(\bar{X}_2, \bar{X}_i)}{\sqrt{s_1^2 + \max(s_2^2, s_i^2)}} \right|$$

$$T_{19} = \frac{|\bar{X}_1 - \bar{X}_2|}{s_1}, \quad T_{20} = \frac{(\bar{X}_1 - \bar{X}_i) s_1^2}{\max(s_2^2, s_i^2)}, \quad T_{21} = \left| \frac{(\bar{X}_1 - \bar{X}_i) s_1^2}{\max(s_2^2, s_i^2)} \right|$$

为了减少计算量,基于样本均值设计了简单的检测。在前视红外中,这种简单检测称为温差检测,下面给出了两个这类的检测及其变形。注意,如果测试数据库中在较温暖的背景中较冷目标占较高比例,那么检测 T_{22} 不能得到最高的性能。必须从运行使用的角度来考量检测结果。一个冷的车辆是目标吗？因此,在这一测试集上,检测 T_{23} 的性能尽管比 T_{22} 要差,但它对目标对比度极性的变化更加稳健,如果从运行使用角度来考虑,应当考虑采用 T_{23}。还应注意,二维高斯差分滤波器或二维对称 Gabor 滤波器,可以看作是三窗口滤波器 T_{22} 的平滑版,即

$$\boxed{T_{22} = \bar{X}_1 - \bar{X}_2}, \quad T_{23} = |\bar{X}_1 - \bar{X}_2|, \quad T_{24} = \frac{(\bar{X}_1 - \bar{X}_2)}{\bar{X}_i}, \quad T_{25} = \frac{|\bar{X}_1 - \bar{X}_2|}{\bar{X}_i}$$

$$T_{26} = \frac{\bar{X}_1 - \bar{X}_2}{\bar{X}_1}, \quad T_{27} = \frac{(\bar{X}_1 - \bar{X}_i)}{S_i^2}, \quad T_{28} = \frac{|\bar{X}_1 - \bar{X}_2|}{\bar{X}_1}$$

为了比较两个相同样本量的独立样本的中心部分的特性,可将算术均值的差分别与内窗口和外窗口灰度范围 R_1 和 R_2 相除,并给出了类似于 T 检验的两个检测统计,这应当归功于 F. M. Lord(见文献[7])。我们也给出了 4 种变形,即

$$T_{29} = \frac{\bar{X}_1 - \bar{X}_2}{R_1 + R_2}, \quad T_{30} = \frac{|\bar{X}_i - \bar{X}_2|}{R_1 + R_2}, \quad T_{31} = \frac{\bar{X}_1 - \bar{X}_2}{R_2}$$

$$T_{32} = \frac{|\bar{X}_1 - \bar{X}_2|}{R_2}, \quad T_{33} = \frac{|\bar{X}_1 - \max(\bar{X}_2, \bar{X}_i)| s_1^2}{\max(s_2^2, s_i^2)}$$

$$T_{34} = \left| \frac{\left[\bar{X}_1 - \max(\bar{X}_2, \bar{X}_i) \right] s_1^2}{\max(s_2^2, s_i^2)} \right|$$

2.2.4 涉及到方差、变异和离差的检测

假设内窗口和外窗口像素是从一个相同的正态分布的总体中提取的两个近似相同样本量的独立随机样本,采用 F 检验来检测内部和外部窗口样本的方差。与 T 检验相反,F 检验对于相对于正态分布的偏差非常敏感,F 检验有 5 种变形,即

$$T_{35} = \frac{s_1^2}{s_2^2}, \quad T_{36} = \frac{k_1}{k_2}, \quad T_{37} = \frac{MD_1}{MD_2}$$

$$T_{38} = \frac{q_1}{q_2}, \quad T_{39} = \frac{d_1}{d_2}, \quad T_{40} = \frac{s_1^2}{s_i^2}$$

Cacoullos(见文献[7])给出了这一检验的另一种变形,用 T_{41} 给出。Sachs 给出了这种检验的另一种适用于样本量非常大的形式(见文献[7]),用 T_{42} 表示。这些检验还有 10 种变形,即

$$T_{41} = \frac{s_1^2 - s_2^2}{s_1^2 s_2^2}, \quad \boxed{T_{42} = \frac{s_1^2 - s_2^2}{\sqrt{s_1^2 + s_2^2}}}, \quad T_{43} = \frac{|s_1^2 - s_2^2|}{s_1^2 s_2^2}$$

$$T_{44} = \frac{s_1^2}{\max(s_2^2, s_i^2)}, \quad T_{45} = \frac{s_1}{\sqrt{s_1^2 + s_2^2}}, \quad T_{46} = \frac{s_1 - s_2}{\sqrt{s_1^2 + \max(s_2^2, s_i^2)}}$$

$$T_{47} = \frac{|s_1 - s_2|}{\sqrt{s_1^2 + s_2^2}}, \quad T_{48} = \frac{|MD_1 - MD_2|}{\sqrt{MD_1^2 + MD_1^2}}, \quad T_{49} = \frac{|d_1 - d_2|}{\sqrt{d_1^2 + d_2^2}}$$

$$T_{50} = \frac{|q_1 - q_2|}{(q_1 + q_2)^{1/3}}, \quad T_{51} = \frac{|k_1 - k_2|}{(k_1 + k_2)^{1/3}}, \quad T_{52} = \frac{s_1 - s_2}{s_1^2 + s_2^2}$$

目标方差的最简单测度是内窗口的样本方差,这一检验有 9 种变形,即

$$T_{53} = s_1^2, \quad T_{54} = q_1, \quad T_{55} = q_2, \quad T_{56} = \frac{s_1}{s_2}, \quad T_{57} = \frac{s_1}{s_i},$$

$$T_{58} = \bar{X}_1, \quad T_{59} = \bar{X}_2, \quad T_{60} = s_2^2, \quad T_{61} = k_2, \quad T_{62} = k_1$$

离差和变异测度特性类似于方差,两个独立样本的离差可以通过灰度范围 R_1 和 R_2 来比较。类似于 F 检验,采用灰度范围比(见文献[7])。这一检验有 14 种变形。尽管 T_{63} 的性能很好,但它对于噪声(如坏像素)是不稳健的。这 14

种变形分别为

$$\boxed{T_{63} = R_1 - R_2}, T_{64} = R_1 - R_2, T_{65} = \frac{R_1 - R_2}{s_2}, T_{66} = \frac{R_1 - R_2}{s_i},$$

$$T_{67} = \frac{K_1 - K_2}{s_i}, \quad T_{68} = \frac{(K_1 - K_2)s_1}{s_i}, \quad T_{69} = \frac{(R_1 - R_2)s_1}{s_i}, \quad T_{70} = \frac{(R_1 - R_2)s_1}{s_2},$$

$$T_{71} = \frac{d_1}{d_2}, \quad T_{72} = \frac{I_1}{I_2}, \quad T_{73} = d_1 - d_2, \quad T_{74} = \frac{|d_1 - d_2|}{\sqrt{s_1^2 + s_2^2}},$$

$$T_{75} = I_1 - I_2, \quad T_{76} = \frac{d_1 - d_2}{s_2}, \quad T_{77} = \frac{(d_1 - d_2)s_1}{s_2}$$

标准差与均值之比称为变异系数,有时也称为变异性系数,用 V 来表示。变异性系数是一个无量纲的相对离差测度(均值作为 1)。Sachs 给出了用于比较两个变异性系数的检验统计(见文献[7])这一检验有 4 种变形。令

$$V = \frac{s}{\overline{X}} \tag{2.2}$$

$$W = \frac{MD}{\overline{X}} \tag{2.3}$$

$$T_{78} = \frac{|V_1 - V_2|}{\sqrt{V_1^2 + V_2^2}}, \quad T_{79} = \frac{V_1 - V_2}{\sqrt{V_1^2 + V_2^2}}, \quad T_{80} = \frac{MD_1 - MD_2}{\sqrt{MD_1^2 + MD_1^2}},$$

$$T_{81} = \frac{W_1 - W_2}{\sqrt{W_1^2 + W_2^2}}, \quad T_{82} = \frac{d_1 - d_2}{\sqrt{d_1^2 + d_2^2}}$$

2.2.5 热斑的显著性检验

在一个典型的场景中,什么比一个工作着的发动机或喷管更热?在某些条件下,在目标上的"最热的"点可能是在一幅前视红外图像中的最亮的点。在其他情况下,目标的最热的斑,比在目标上或局部背景中的其他点要热得多。但由于大气效应、目标方位角和场景中的其他人造物体,并不总是这样的情况(当对合成孔径雷达进行检测时,用最强的散射体来代替最热的斑的概念)。

检验可以设计为检测小的热斑。如果在均值一侧的概率质量显著大于在另一侧的概率质量,则单峰分布是不对称的。在目标上的一个非常热的热斑会导致分布函数的非对称。另一种检测热斑的显著性的方式是比较内窗口中的最热的点 $\hat{X}_1$ 和外窗口的均值 $\overline{X}_2$ 之间的差。在这些检测中,偶尔采用总体最小值 $\hat{\hat{X}}$。

尽管偏度可以由矩确定,基于样本均值和中值之差的简单测度,有时也可以给出满意的结果,即

$$\text{Skewness}: \frac{\overline{X} - \tilde{X}}{s} \qquad (2.4)$$

由此我们可以采用外窗口标准差导出以下检验统计,这一检检有 4 种变形,即

$$T_{83} = \frac{\overline{X}_1 - \tilde{X}_1}{s_2}, \quad T_{84} = \frac{|\overline{X}_1 - \tilde{X}_1|}{s_2}, \quad T_{85} = \frac{\overline{X}_1 - \tilde{X}_1}{s_1},$$

$$T_{86} = \frac{\overline{X}_1 - \tilde{X}_1}{s_i}, \quad T_{87} = \frac{|\overline{X}_1 - \tilde{X}_1|}{s_i}$$

为了确定热斑的显著性,我们还可采用多种检验及其变形对内窗口的最大灰度级与外窗口的平均灰度级进行比较。尽管这些检验中有一些性能很好,但它们对于传感器噪声(如坏像素)不是稳健的。这些检验和变形在本章附录 2.2 中给出。

2.2.6　非参数检验

比较两个总体均值的一种合乎逻辑的方法是采用它们的分布函数 F。度量两个分布函数之间差异的最简单方法是这两个分布图之间的最大垂直距离。Kolmogorov - Smirnoff 检验统计由 Conover 给出(见文献[8]),即

$$T_{124} = \sup_x |F_1(x) - F_2(x)|$$

Cramer - von Mises 检验统计与在离散灰度值内累加的两个分布图之间的面积有关,有 6 种变形(见文献[8]),即

$$T_{125} = \sum [F_1(x) - F_2(x)]^2, \quad T_{126} = \sum |F_1(x) - F_2(x)|,$$

$$T_{127} = \sum |f_1(x) - f_2(x)|, \quad T_{128} = E_1, \quad T_{129} = \sum |F_1(x) - F_2(x)|^4,$$

$$T_{130} = \sum |F_1(x) - F_2(x)|^2, \quad T_{131} = |E_1 - E_2|$$

Mann - Whitney 那样的检验可采用秩(见文献[7])。首先,基于灰度级,给感兴趣区域中的每个像素分配一个秩。接着,采用一个三窗口滤波器对感兴趣区域进行划分。检验统计是在内窗口内的像素上秩 $r(x)$ 的累加。采用多个内窗口,并选择最大的检验统计值,这一最佳的内窗口大小定义了光斑周围的一个最适合的框 b,即

$$T_{132} = \sum_{innerwindow} r(x)$$

一种流行的合成孔径雷达检验采用物体周围的最佳拟合框盒内的标准差（用下标 b 来表示），这一检测也可用于前视红外数据，且有4种变形，即

$$T_{133} = s_b, \quad T_{134} = \sum_{innerwindow} r^2(x), \quad T_{135} = \frac{s_b}{s_i},$$

$$T_{136} = \frac{\bar{X}_b s_b}{s_i}, \quad \boxed{T_{137} = \frac{\bar{X}_b}{s_i}}$$

2.2.6.1 亮度百分比检测

加权秩填充比可以度量在一个物体中最亮的像素所包含的能量所占的百分比。在我们的实现方案中，它是在内窗口最亮（最热的）的 k 个像素的灰度值之和，该灰度值由三窗口滤波器覆盖区域内的灰度值之和进行归一化而得。在整个滤波器下的最亮的像素被相应地标记为对应于1%或2%的水平。T_{140} 和 T_{143} 百分比亮度统计分别处于1%和2%的水平。T_{138} 和 T_{139} 简单地计算标记为处于1%水平的亮度的内窗口中的像素的百分比。

对于在滤波器区域内的处于1%的水平的最亮像素所对应的 k，有

$$T_{138} = \frac{\sum\limits_{kbrightestpixels} n_{1i}}{n}, \quad T_{139} = \frac{\sum\limits_{kbrightestpixels} n_{1iT}}{n_1},$$

$$\boxed{T_{140} = \frac{\sum\limits_{kbrightestpixels} x_{1i}}{\sum\limits_{ROT} x_i}}$$

对于在滤波器区域内的处于2%的水平的最亮像素所对应的 k，我们得到了相同类型的方程，分别是 T_{141}、T_{142} 和 T_{143}。类似地，有

$$T_{144} = \frac{(1/k) \sum\limits_{kbrightestpixels} x_{1i} - \bar{X}_2}{s_2}, \quad T_{145} = \frac{(1/k) \sum\limits_{kbrightestpixels} x_{1i} - \bar{X}_2}{(s_2/s_1)}$$

2.2.7 涉及到纹理和分形的检验

除了树干、建筑物和电线杆外，从低掠射角观察的一个前视红外场景中的大部分边缘是水平的。由第二代（扫描型）前视红外的敏感单元所产生的图像中的行与行之间的不连续性，会导致水平（而不是垂直）噪声边缘。隔行扫描的凝视传感器有相同的问题，非隔行扫描的凝视型前视红外传感器的电路可能产生

水平条纹、垂直条纹或两者都有。有时可以采用强的垂直边缘来检测目标。我们基于总的变化量测试了一组检测器,结果在本章附录 2.3 中给出。类似地,也可以利用窗口内的平均梯度值得到检测 $\bar{G}$,结果在本章附录 2.4 中给出,几个基于总的变化量和梯度的检测器的性能良好,将角特征代替梯度也能得到很好的性能。

分形维有时采用以下的形式,即

$$T_{223} = \frac{\log[M_1] - \log[M_2]}{\log[2]}$$

式中:M_1 为覆盖一个超出阈值的图像斑所需要的 1×1 像素方框的数目;M_2 为覆盖超出阈值的图像斑所需要的 2×2 像素方框的数目。

2.2.8　涉及到像斑边缘强度的检验

构建一个三窗口滤波器(见图 2.3),内窗口比所要搜寻的最小的目标要小,外窗口的内周长略大于所要搜寻的最大目标。因此,如果一个目标位于滤波器的中心,它的大部分边缘将落在中间的窗口中。基本的轮辐式滤波方法的工作原理如下:从中心到外窗口构建 8 个轮辐,并计算跨每个轮辐的最强的 Sobel 边缘的绝对值的对数,这是针对中间窗口和外窗口分别计算的(经典的 Minor 和 Sklansky 轮辐滤波器的精制品)。

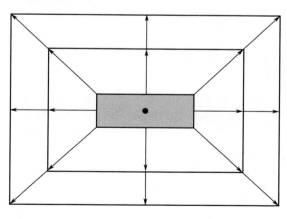

图 2.3　轮辐几何#1

令 $\bar{e}_1$ 表示在中间窗口中垂直于 8 个轮辐的最大的绝对边缘强度对数的平均值,$\bar{e}_2$ 表示外窗口的对应的值,σ_1 和 σ_2 分别表示边缘强度的对应的样本标准差。边缘强度的检测类似于前面描述的灰度级检测。结果在本章附录 2.5 中给出,但是这些类型的检测性能表现得不好。

在 8 号轮辐滤波器中有一半轮辐在对角线方向。从低掠射角观察，军用车辆的外观是矩形，对角线边缘的数量较少，强度较弱。使用图 2.4 所示的其他滤波器几何构型，并重复进行轮辐滤波器测试。每种滤波器都采用了与 8 号轮辐滤波器相同的检测统计进行测试。因此，测试了 $27 \times 12 = 324$ 个变化量。假设 α 表示采用图 2.4(2～13 号)所示的轮辐几何，令 β 表示统计检测，则采用 $T_{\alpha,\beta}$ 表示的性能最好的检测器是

$$T_{5,229}, T_{5,230}, T_{5,228}, T_{8,230}, T_{8,228}, T_{8,61}, T_{9,228},$$

$$T_{9,229}, T_{9,230}, T_{10,224}, T_{10,225}, T_{13,224}, T_{13,230}, T_{13,238}$$

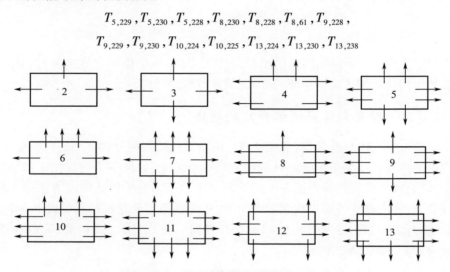

图 2.4 其他 12 种轮辐滤波器几何

重复进行轮辐测试，并对边缘强度进行累加，在不使用对数时，累加结果是类似的。通常情况下，对于前视红外图像中的车辆检测，矩形轮辐几何的性能最好。与顶部边缘和侧部边缘相比，底部边缘不是那么重要，这是因为当从低掠射角观察时，目标的底部通常会被草地、灌木和地形遮掩。对于白天的长波红外和中波红外图像，最好的轮辐滤波器的性能优于其他简单的检测器。在夜间前视红外图像中，轮辐滤波器用于热区域的各种检测测试的性能是最好的。

2.2.9 混合检测

我们测试了大量的采用两种类型联合统计的检测器，混合检测器的性能与构成混合检测器的两种类型检测器的性能是高度相关的。混合检测器的性能并不突出，其检测结果在附录 2.6 中列出。

2.2.10 采用多个内窗口几何形状的三窗口滤波器

采用三窗口滤波器的一个问题是：对于所要搜寻的目标集，单一的内窗口不

能很好地匹配于处于每个方位角下的每个目标的形状。例如,对于前视图像中一辆带长拖车的卡车,从侧面观察看起来是短且宽的,从前面观察看起来是短且窄的。对于一个防空单元,当从前面观察时比卡车更高、更宽,但从侧面观察时则比带长拖车的卡车更窄。对于这一检测,我们对每个像素采用 4 个三窗口滤波器,滤波器的差别仅在内窗口的形状上。注意,这一检测只有在内窗口面积大致相同时才能有好的性能。

对每个滤波器位置,所报告的检测统计值是 4 个值中的最大值。对于这种变体,重复得到了 13 个较好的检测。在几乎所有的情况下,有多个内窗口的检测器性能更好。我们也试图改变外窗口的形状以适合于内窗口,但这没有什么作用。能够采用一个八角形的内窗口收缩或扩张这一检测器的另一种变体,以适应于假设的像斑区域,它的性能类似于具有 4 个矩形内窗口的版本。

2.3　更复杂的检测器

随着处理能力的提高,现在可以考虑采用在过去看起来过于复杂的检测算法,下面介绍其中的 3 种算法。

2.3.1　神经网络检测器

我们测试了多种类型的神经网络检测算法,考虑一种对合成孔径雷达和下视红外图像都具有非常好的性能的检测算法。这种检测器包括 16 个部分,每个部分包括一个将特征馈送给一个单独的神经网络的 5 窗口滤波器。对每个部分进行调谐,使之适应于不同的目标方位角(相隔 22.5°)。每个部分的几何构形包括一个中心矩形和一组同心的矩形,所有的矩形都在一个较大的圆形区域内(见图 2.5)。当检测器访问每个像素时,对 5 个区域都计算 1~4 阶统计。所有这些特征馈送到采用类似的数据训练的神经网络,对 16 个方位角分别采用一个单独的网络。在测试模式下,由每个像素的 16 个网络评分的最大值构建 T 平面图。

这一神经网络检测器的优点是从特征到检测评分的非线性映射。主要缺点是训练需求大,而且检测器是针对一个特定的目标类型和训练数据的。

2.3.2　判决函数

当测试简单的检测器时,我们计算了每个检测器的响应之间的相关性,这并不奇怪。采用类似设计的检测器具有高度相关的输出,我们的目标是组合最不相关的好的检测器,可以组合任何类型的分类器,将检测器输出当作特征来处理。令人满意的可选检测器方案是对每幅图像单独应用多个性能较好的检测

图 2.5　神经网络检测器几何(示出了滤波器的旋转)

器,并选择多个最强的、不冗余的检测点。

可以根据相应场景选择一组检测器。例如,可以观察以下情况:

- 目标有强的边缘;
- 目标与它们的背景有对比度;
- 目标有时包括小的亮斑。

然后根据这些情况选择一组性能较好的检测器,以对观测建模。

一个简单的检测器的组合比单一的检测器的性能更好,但是很快会达到收益递减点。两个检测器的组合能得到显著的改进,三个检测器的组合会略有改进,但增加第 4 个检测器几乎没有什么改进效果。

2.3.3　可变形模板

对前端检测器,即基于边缘向量的模板匹配器,进行测试。模板匹配器是为了对前视红外图像实现稳健性能而专门设计的。模板可根据比例尺自动调整,也可轻微变形,使其与所检测的物体的大小和形状匹配。在计算模板匹配时,每个模板的区域是非等权的,因为在以低掠射角观察时目标的底部通常会被草地、灌木和地形遮掩。

这种模板匹配器比性能最好的简单检测器具有更好的性能。缺点是处理需求、模板集设计成本,而且模板仅适用于特定目标集。

2.4 总范式

迄今所介绍的目标检测器是非常基本的,在实现上是简单的。具有较深的哲学基础的检测方法称为总范式。在自动目标识别发展初期,对一种范式相对于另一种范式(模式识别—人工智能、基于模型—神经网络、信号处理—场景分析、光学—数字实现等)的优势有很大的争论。当前的争论焦点包括开源解决方案—专有算法、可感受性—表现主义、本地处理—"云端处理"。新范式的流行通常遵循图 2.6 所示的演变规律。随着对负有盛名的新范式的炒作,经费被投向这方面的研发,最终炒作降温,新范式仅成为工程师的工具箱中的另一种工具。如果在每种范式上投入等量的人才和工作量,在真实世界条件下某种方法论是否远优于其他方法是值得质疑的。然而,现在仍然存在这样的情况。如果仅仅是观察问题的方式不同,每种新范式仅能提供某些优势。新范式能提供新的工具。要组合采用工具箱中的各种工具,以构建一个满足特定的需求的系统。正如 Laveen Kanal 教授所说的那样,在自动目标识别工程师的智慧锦囊中实质上有相同的技巧,从智慧锦囊中取出适当的技巧,并对它们进行组合是重要的。以下描述 8 种总范式。

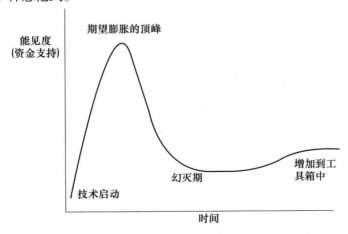

图 2.6 自动目标识别(和检测器级)范式的流行和资助经费通常遵从 Hype 周期,Hype 周期是指新技术的引入通常遵循过热到后续的失望的周期(采自文献[12])

2.4.1　几何关系和地形情报

为了最大程度地利用场景几何关系,必须准确地知道传感器的位置和瞄准角。通常可以得到激光雷达、激光或雷达距离数据。地面是采用数字地形标高数据建模的,可以从"地貌"数据库得到或者可以由激光雷达数据确定大的人造和自然物体(如建筑物、道路和树木线)的位置。当场景几何关系准确可知时,要针对目标尺寸和预期的大气效应调整检测器。检测器要利用位置、时间和日期,说明太阳角位置以及天气条件和阴影位置。气候区是由经度和纬度决定的,将暗示着预期的杂波和目标条件。在可见光波长,气候区将指示目标涂料的色彩,如沙漠米黄色、森林绿色或雪白色。

智能化搜索需要考虑任务使命和作战使用方案。目标是一个具有军事意义的物体。兵力结构是指按照一定的准则或地面环境,依据作战、使命和任务组织军事人员、武器和装备。一个训练有素的图像分析师将充分利用关联信息和兵力结构,检测在一个可能的位置处(桥梁旁边、路旁、在树木线中,或者路过一座山)的一个目标。算法将借助于数字地形和地貌数据来运用这种类型的信息。地形和地貌信息用于限制对某些目标的搜索区域。一辆坦克不可能出现在一个湖的中间,或者在一个陡坡上,或者在一个大的工业建筑的屋顶上。根据已有的战法,车辆是成对行驶的。

这种方法的最有名的应用是半自动图像情报处理(SAIP)系统。SAIP 采用了这种类型的多种抑制虚警的方法,包括数字地形分析和区域划分、地貌杂波辨别和兵力结构(如机动营)识别。

2.4.2　仿神经系统范式

仿生学是研究自然界的最好的思路并模拟它们的设计和过程来解决困难问题的一门学科,这启发了人们模仿生物的目标检测过程。最近,由于人类 f－MRI 脑成像实验以及对猴类采取的侵入性技术研究,视觉信息处理过程建模领域取得了新进展。如果没有在视觉皮层背侧流的预筛选(检测),识别是不可能的。与在杂波场景中将注意力从一个区域转到另一个区域相比,这种隐蔽的集中注意力可以加快识别过程。因此,人的视觉系统采用图 2.1(a)所示的模型将检测与识别分开,这实质上是由于视觉—大脑的有限处理能力和快速决策的演化生存必要的快速决策所决定的。

视觉目标预筛选是一个并行的处理过程,尤其是对于大体上处于相同距离的目标。注意力不是一个纯粹的自下而上的形成显著图的过程,而是从反馈和竞争机制中产生的。注意力是目标导向的,需要采用场景关联信息和更高层次的知识。源于背侧流通路的初步的分类猜测和三维定位,被反馈并综合到沿着视觉皮层较慢的腹侧神经通道进行的自下而上的分析。物体识别是在注意力集中的位置沿着腹侧神经通道串行地进行的。

自动目标识别的目标检测和识别阶段可以模拟生物视觉系统,在这一方面有很多的文献,见文献[15,16]。这种仿生学策略的一个优点是:通过理解生物视觉系统,可以稳定地推动自动目标识别技术的发展。

2.4.3　即时学习

即时学习范式将人在回路中和机器紧密耦合起来,机器完成检测,而人接收或抑制每个检测到的物体。在由机器检测出的物体的感兴趣区域,将显示给人员用于最终的决策,相应的每个决策被反馈到机器,以调整对检测/杂波抑制算法的训练。这样,在一项任务中,算法(可能还有特征集)可以适应当前的当地条件和目标集。这可以组合两个世界中的最好的方法:采用电子系统降低工作负荷;由有经验的人员做出有洞察性的决策。

然而,正如大量的测试所表明的那样,这种似乎完美的人和机器的组合仍存在缺点,具体如下:

(1)人在回路中不能基于算法采用的相同的像素或特征集做出决策。

(2)人在回路中能比算法更宽泛地使用关联信息、过去的经验和任务执行前的简明信息,对算法的决策反馈不仅基于由算法所处理的像素的信息内容。

(3)硬件/软件系统必须满足所有的关键性能参数,所交付的系统在交付时将具有相同的性能。在即时训练的过程中,每个系统的性能将以不可预测的方式偏离原来的设计,甚至不能知道一个系统是否仍满足其最低性能要求。一个注意力涣散的人在回路中所造成的错误可能导致性能变差。

2.4.4　感知和处理一体化

让我们考虑与目标检测相关的某些研究主题。计算成像技术涉及到影响计算在图像形成过程中发挥重要作用的各种技术。计算成像技术认为图像不只是用于观察的,而是作为目标和背景的数学表征,将像目标检测那样的信号处理目的纳入传感器系统设计中。我们采用计算成像这一术语来区别于形成图像的图像处理方法。合成孔径雷达系统可以说是执行计算成像来形成图像。用于形成合成孔径雷达图像的检测器不进行计算成像。检测算法可嵌入在图像形成过程中进行计算成像,其中成像和检测是联合优化的。

无透镜成像系统采用多个编码孔径掩膜来形成图像分量,并通过图像处理进行解码。这种方法不仅对于没有透镜和反射镜的 X 射线和 γ 射线成像特别有用,也可用于前视红外和可见光成像。一个系统可以设计为仅产生用于目标检测的图像分量。

压缩成像系统采用编码孔径来直接构建一幅压缩的图像,而不需要首先形成一个常规的强度值阵列。事实上,由于大多数自然图像可以 10∶1 或者以更大的压缩比进行压缩,并以较小的失真度重建,这促进了压缩成像的发展,对于红外图像更是如此。在压缩空间中目标相对于自然背景是非正常值。图像解压对于进行目标检测来说是不必要的。目标检测可以直接在低维空间完成。尽管压缩感知通常发掘空间相关性,但在光谱和时间域也存在相关性。现在,压缩感知思想开始用于目标检测。

自伽利略利用望远镜探测到木星卫星以来,传感器辅助检测这种情况没有太大的变化。在最基本的层级上,光电/红外成像传感器和目标检测采用相同的模型。但是由于现在在量子力学(用于理解光的本质特性)方面取得的进展,能够在传感器设计和目标检测方面取得革命性的突破。由于技术的进展,可能需要放弃 400 年前的范式。

光子是光的基本单元,具有波粒二象性。像所有的基本粒子一样,光子可以采用量子力学来很好地解释。多数研究是针对量子光学、量子计算机、量子隐形传态、非线性光学处理、量子密码、鬼成像、量子通信、量子激光器、圆偏振光检测等光子应用的。光子最初被看作一个具有特定的波长的波。对于常规的摄像机,目标检测不能完全利用光子的信息内容。光子携载着频率、偏振、纠缠、相位、到达时间、轨道角动量、线性矩等信息。对于目标检测,可采用多波段传感器来利用光谱。偏振分集很少用于辅助目标检测。在目标检测中还没有发掘光子的其他性质。

在设计新型传感器、感知与处理一体化以及发掘光子特性方面,仍然有许多研究领域有待探索。

2.4.5 贝叶斯意外

设想一个士兵拿着双目望远镜来扫描战场,没有发生太多的事情,没有太大的变化,突然他警觉地发现出现了一辆敌方的车辆。

在不满足预期时,就会使人感到意外。图像中的空间或时间异常可以称作"意外",意外处于由 Baldi 和 Itti 构想的贝叶斯框架中。在模型空间内的先验概率分布可以用于捕捉背景信息,即

$$\{P(M)\}_{M \in \mathbf{M}} \tag{2.5}$$

新数据是指当扫描一幅单独的图像所遇到的一个新的图像区域,或者一个特定的图像区域(在稳定的视频中)的一帧新的数据。借助于贝叶斯理论,一组

新数据 D 将模型空间中的所有模型的先验分布变为后验分布 $\{P(M,D)\}$，即

$$\forall M \in M, P(M|D) = \frac{P(D|M)}{P(D)}P(M) \tag{2.6}$$

如果置信度不受影响，则新数据 D 没有携带异常的信息，也就是说，它看起来像已有数据一样。如果由观测 D 所导致的后验分布与先验分布显著不同，则 D 是有意外的。意外性 S 可以量化为后验分布和先验分布之间的距离，即

$$S(D,M) = \mathrm{dist}[P(M), P(M|D)] \tag{2.7}$$

这一距离可以采用 Kullback – Leibler(KL)离散性来计算，即

$$S(D,M) = KL[P(M|D), P(M)] = \int_M P(M|D)\lg\frac{P(M|D)}{P(M)}\mathrm{d}M \tag{2.8}$$

这一范例采用了局部对比度、边缘方向和运动等标准特征，已经得到了应用。

2.4.6　建模与仿真

可以从热建模的视角来解决红外目标检测问题。NVTherm（现已更新为 NVThermIP）是美国陆军夜视实验室和电子传感器部的基于软件的热成像系统模型，已经采用实验室测量和外场试验对这一模型进行了大量的验证、校核工作。这一验证、校核的重点是预测人的识别性能而不是自动搜索性能。NVTherm 所采用的目标对比度指标称为平方和根（RSS）。RSS 是由目标和背景的一阶和二阶统计决定的。双窗口设计的外窗口被设计为目标尺寸（最大宽度和高度）的 $\sqrt{2}$ 倍，即

$$\mathrm{RSS} = [(\mu_{\mathrm{tgt}} - \mu_{\mathrm{bkg}})^2 + \sigma_{\mathrm{tgt}}^2]^{1/2} \tag{2.9}$$

它的一种变体是

$$C_{\mathrm{tgt}} = \frac{[(\mu_{\mathrm{tgt}} - \mu_{\mathrm{bkg}})^2 + \sigma_{\mathrm{tgt}}^2]^{1/2}}{2\mu_{\mathrm{scene}}} \tag{2.10}$$

式中：μ_{scene} 为目标周围的样本的均值。这两个公式可以用作双窗口和三窗口滤波器的一个测度。

Xpatch 是一组用于利用三维目标模型来预测和仿真雷达特征的预测代码和分析工具。Xpatch 可以集成在一个基于模型的自动目标识别系统中。

当由于成本原因或者由于难以获取某些类型的目标或条件的数据，不能获取足够的实际数据时，建模和仿真对于算法的开发、训练和测试是有用的。对整个图像形成链进行建模，有助于设计用于不利的大气条件（如尘、雪、雾、湍流和雨等）的检测器。

2.4.7 SIFT 和 SURF

Lowes 的尺度不变特征变换（SIFT）专利算法在目标检测、识别和图像配准方面是非常流行的。一种类似的方法是加速的稳健特征（SURF）。

假设 $I(x)$ 表示输入图像。高斯 G 尺度图像和 DoG D 尺度图像分别为

$$G(x,\sigma) = g_\sigma(x) * I(x) \tag{2.11}$$

$$D[x,\sigma(s,i)] = G[x,\omega(s+1,i)] - G[x,\omega(s,i)] \tag{2.12}$$

式中：g_σ 为宽度为 σ 的高斯核；i 为 10 倍程尺度指数；$s = 1,2,\cdots,S$。

$$\sigma = \sigma_0 2^{\frac{i+s/S}{s}}, \sigma_0 = (1.6) \cdot 2^{\frac{1}{s}}$$

SIFT 的关键点 (x,σ) 取在尺度金字塔的多个尺度上的 D 图像的局部最大/最小点，D 图像中的每个像素与它在这一金字塔级的 8 个近邻以及在高于这一层级和低于这一层级的 9 个对应的邻近像素相比较。如果像素是在尺度空间中的 26 个邻近像素中的最大的或最小的，它就是一个候选的关键点，弱的关键点被剔除掉，剩下的每个关键点被分配一个主导方向，并进一步由一个 $8 \times 4 \times 4 = 128$ 元特征向量（表示一个 4×4 的邻域，每个邻域点与一个 8 元梯度方向直方图相关）描述。基于类似数据训练的支持向量机通常用于将一组 SIFT 关键点分类为目标或者非目标。

2.4.8 设计用于作战使用场景的检测器

把目标检测仅仅当作计算机视觉中的问题，会脱离具体的应用场景，如神经形态学、统计学或热建模领域。另一种选择是在贴近作战使用场景的范式下开发和评估目标检测器，目标是实现完全自动化的检测过程，以降低工作负荷。在初始的目标检测时，一个传感器可以工作于宽视场、广域搜索模式。在发现一个潜在的目标后，传感器系统切换到一个窄的视场，这将是一个聚焦或跟随物体的模式。然后由人、机器或者人机结合识别目标并抑制杂波。人在回路可能不在同一个平台上，甚至和传感器一样不在同一个国家内。在抑制了虚警检测后，系统不再采用聚焦模式，重新进入广域搜索模式。只有在一系列的虚警之后，才能判断是否发现一个目标，继续进行虚警抑制。对这种方案进行适应性的变化是普遍的，传感器也可以有一个非常窄的视场用于最后的目标确认。用于检测和确认的传感器不一定是相同的类型，甚至可以布置在不同的平台上。

由于会影响到目标检测算法，对于这种作战使用场景，需要注意几个问题，在接近于零的空间频率上信噪比较高，但在较高的空间频率上信噪比低的一个亮的目标，可以被检测到，但不能被识别出来；对于不能采用人在回路中根据交

战规则确认的真实目标的检测而言,不应给一个目标检测算法赋予过高的置信度级,不能确认的检测过多会浪费操作人员的时间;在前视红外图像中,算法通常要处理的像素为14bit,但人在显示器上仅能看到像素的8bit,如果目标周围的局部场景的动态范围小于8bit,则这一差别是无关紧要的;对于目标区域的较大的动态范围,一个高度偏斜的分布函数可能不会影响到检测,但是会影响到人识别目标的能力。

尺寸、重量和功耗总是关键的系统设计参数。虽然处理芯片技术在迅猛地发展,但现在军事应用方面对硬件有尺寸更小、重量更轻、能耗更少、成本更低的要求。当检测到不能采用交战规则按照严格的指南确认的目标时,对人和机器的工作负荷都有更高的需求。这表明在自动目标识别的检测阶段,需要采用简化的算法,这需要较少的硬件来实现。

2.5　常规合成孔径雷达和超光谱目标检测

在大容量的图像中发现一个目标,就像是在干草堆中找到一枚针一样困难。Thomas Edison 和 Nikola Tesla 阐述了解决这一问题的两种方法。

"如果爱迪生要在干草堆中找到一枚针,他将立刻像勤劳的蜜蜂一样不停地在干草堆中搜寻,直到找到为止。见证到这样的事我很遗憾,因为我知道只需要简单的理论和计算就可以节省他 90% 的工作"

——Nikola Tesla

在本章前面所给出的检测算法中采用了 Edison 的做法,对每件事项都加以尝试,并看看会发生什么情况。为什么不? 检测算法是易于编码的,计算机的时间也是低成本的。然而,正如 Tesla 所建议的那样,采用"一些理论"来指导人们寻找最佳解决方案并没有错误。许多有关合成孔径雷达和超光谱图像中目标检测的技术论文对所涉及到的理论进行了深入的探讨。然而,在变化无穷的现实世界中,理论判断只能做到这样。在限定的时间和经费条件下,同大规模的测试相比,在理论上下多大功夫是不明确的。作者更倾向于测试。然而,正如下面讨论的那样,更理论化的目标检测方法仍然是流行的。

2.5.1　合成孔径雷达图像中的目标检测

合成孔径雷达系统用于在飞机或航天器上远距离探测和识别目标。雷达发射和接收连续的无线电波脉冲。雷达的飞行路线模拟了大的天线孔径。在经过处理后,所接收到的回波形成了目标和背景的图像。图像分辨率可能与目标的距离无关,因此可以用1ft分辨率合成孔径雷达或10ft分辨率合成孔径雷达来定量描述。一个平滑的表面像一个平面镜一样反射入射的雷达脉冲。角反射体在图像中产生非常亮的亮斑。目标和像目标那样的物体以镜像的点散射体为主，而自然背景以散射回波为主。由于散射体的相干叠加产生的散斑噪声在一个像素内随机分布。对于高分辨率合成孔径雷达图像(1ft 或更高分辨率)，目标和杂波统计特性是与场景相关的，难以建模。当对数百种检测算法进行测试时，赢者通常不是理论模型所预测的，甚至不清楚为什么它们可以工作，如神经网络。然而，按照 Tesla 的观点，某些算法的测试应当是基于合理的物理模型和统计模型上的。

合成孔径雷达目标检测的信号处理方法强调仅对杂波（正如最简单的异常检测器那样）或目标和杂波的概率密度函数进行建模。对于检测响应选择一个能得到恒定虚警概率的阈值，这样就得到了通常所称的 CFAR 检测器。相反，本章前面所描述的方法没有采用硬的阈值，而是简单地将每幅图像的 m 个最强的检测馈送到分类器后端。

常规的合成孔径雷达检测方法是基于标准的滑动三窗口滤波器的 ［图 2.2(b)］。对于低分辨率合成孔径雷达，中心窗口包括单个像素。对于高分辨率合成孔径雷达图像，中心窗口包括总尺寸与所要寻找的最小目标的尺寸相当的一组像素。基本的单参数 CFAR 检测判定检测到目标的条件是满足

$$\frac{\bar{X}_1}{\bar{X}_2} > \tau \tag{2.13}$$

式中：$\bar{X}_1$ 为内窗口中的像素均值；$\bar{X}_2$ 为外窗口的像素均值；τ 为一个硬检测阈值；像素为幅度域的。因此，当检测器依次访问每个图像像素时，如果内窗口的均值大于外窗口均值的常数倍数，则判定图像上的该斑点是目标造成的。

基本的双参数 CFAR 检测可表示为

$$\frac{\bar{X}_1 - \bar{X}_2}{\sigma_2} \tag{2.14}$$

式中：σ_2 为外窗口中的像素的样本标准差。

采用更复杂的假设可以得到这种类型的更复杂的算法。尽管常规的合成孔径雷达目标检测采用信号处理或贝叶斯范式，最终的算法看起来非常像前面所讨论的那些算法。El - Darymli 等撰写的一篇综述文章[28]涉及到在幅度域($A = \sqrt{I^2 + Q^2}$)、功率域($P = A^2$)和对数域($L = \lg(A^2)$)的合成孔径雷达图像 CFAR 检测的推导和变形，其中复值的合成孔径雷达图像中的像素用 $I + jQ$，$j = \sqrt{-1}$ 来表示。

对于高分辨率合成孔径雷达目标,与目标检测的信号处理方法相关的问题通常是:①包括大小、形状和强度变化的目标的目标集;②杂波像素不是独立且同分布的;③目标是稀少的,难以抑制的杂波是常见的,而且像是目标;④由于部分遮掩或者伪装导致的弱目标;⑤目标和杂波的先验概率是未知的;⑥虚警率是用词不当的,因为我们并不知道有关真实世界的概率的任何事情。

2.5.2　在超光谱图像中的目标检测

超光谱传感器产生的图像的每个像素都是一个超光谱向量,向量的每个元素表示一个不同的谱段。超光谱成像不同于多光谱成像和可见光彩色成像,因为超光谱图像通常由多个谱段组成,而每个谱段只能覆盖非常窄的光谱片断。当超光谱传感器覆盖光谱的很大部分时(如,从可见光到长波红外),很难针对超光谱传感器采取对抗措施。尽管超光谱图像有非常高的光谱分辨率,但它通常有非常低的空间分辨率。换言之,需要对空间分辨率和光谱分辨率进行权衡。

考虑一个大小大约为 1Pixel 的目标。超光谱异常检测器通常采用标准的三窗口滤波器[见图 1.2(b)],其中中心窗口通常覆盖一个单一的像素。背景通常采用平均向量和协方差矩阵来建模。当滤波器访问每个像素时,像素的光谱特征的异常性是由假设的目标和背景之间的 Mahalonobis 距离给出的。判断检测到目标的条件为

$$(X_1 - \bar{X}_2) \sum_2^{-1} (X_1 - \bar{X}_2) > \tau \qquad (2.15)$$

式中:X_1 为在中心像素所观察到的谱;X_2 为在外窗口中的像素的平均向量;$\sum_2^{-1}$ 为在外窗口中的像素的协方差。这一方程是基准 Reed – Xialo(RX)算法的基础。相同的方程可以用于较高分辨率的多光谱传感器,但是将中心像素谱用内窗口的平均向量来代替。此外,也有寻找亚像素大小的目标的方法。

超光谱图像一般比前视红外或三波段彩色图像有较低的空间分辨率。RX算法的一个问题是三窗口滤波器的外窗口覆盖的像素太少,不足以可靠地估计落在窗口内的像素的平均向量和协方差矩阵。在某些实现中,滤波器的外窗口被看作是覆盖内窗口和中间窗口之外的整个图像,这一方法被称为全局 RX,给出了更多的像素供处理。这样,这个问题就变成了外窗口覆盖具有不同特性的不同区域,因此有不同的统计。基于分割的方法将图像分割成 N 个区域,并对每个区域采用 RX 算法时使用区域的背景统计。

阴影给 RX 算法的实现带来了另一个问题,尤其在可见光和近红外波段。

这一问题有时采用像素值的平方根来应对,以减小动态范围,并使均匀的含噪声的区域更加高斯化。

另外,如果目标的超光谱特征是已知的,可以采用光谱匹配方法,将未知的光谱特征与储存在库中的目标特征进行匹配。

任何一种用于单波段图像的检测算法,包括可训练的二元分类器检测算法,都可以用于超光谱图像。人们已经开发了许多 RX 算法的替代方法,而且每年都在发展。某些算法是非常复杂的。在一篇"这是一种最佳的超光谱检测算法吗?"的特邀会议论文[29]中,Manolakis 等在论文结束时提出以下建议:

"……更复杂的检测器所获得的任何小的性能改进对于实际的应用是无关紧要的,因为将要部署的检测器在许多方面有局限性和不确定性。"[29]

2.6 结论和未来方向

本章描述了各种简单的目标检测算法。基于不同类型的传感器所产生的数千幅红外图像,对每种算法进行了测试。我们指出了对于中波红外长前视红外图像具有良好性能的算法,并描述了一些更复杂的算法,这些复杂算法比较简单的算法具有更好的性能,但实现更加复杂,而且稳健性较差。

尽管针对非常大的数据库进行了测试,但此数据库不够大,变化范围也不够宽泛,不足以确定绝对赢家。性能结果永远不是确定的,因为性能总是与很多因素有关的,尤其是传感器的图像,以及在无限变化的真实世界中目标集和条件的差异性。

许多研究项目正在回答与物理学、生物学和成像相关的基本的问题,例如:

• 光的本质是什么?

• 生物视觉系统怎么工作?

• 可以怎样建模热图像和合成孔径雷达成像,以预测检测和识别性能?

• 人和机器怎样最好地协同工作? 由于目标检测是一个非常重要的问题,它通常用于技术发展的资金需求和测试案例。本章描述了 8 种与目标检测器设计相关的"总范式",每种范式都有深刻的哲学基础。

本章的一般性结论是:简单的三窗口滤波器型目标检测器。可采用标准的检测统计和标准的图像处理特征的变体来设计。对于大多数自动目标识别系统,两种或三种简单的检测器的组合是足够的。由于多种原因,采用简单的检测器是合理的。为实现更好的性能,可以设计更复杂的检测器,但代价是尺寸、重量、功耗、成本、复杂性和稳健性。8 种范式提供了观察问题的不同方式,以及实现解决方案的不同工具。从长远来看,说哪种方法更好还为时过早。

附录 1　用于内窗口(窗口 1)和外窗口(窗口 2)的样本统计

样本均值:	$\overline{X}_1 = \dfrac{1}{n_1}\displaystyle\sum_{i=1}^{n_1} x_{1i}$	$\overline{X}_2 = \dfrac{1}{n_2}\displaystyle\sum_{i=1}^{n_2} x_{2i}$	(2.16)
样本方差:	$s_1^2 = (X_1^2) - (\overline{X}_1)^2$	$s_2^2 = (\overline{X}_2^2) - (\overline{X}_2)^2$	(2.17)
平均绝对偏差:	$MD_1 = \dfrac{1}{n_1}\displaystyle\sum_{i=1}^{n_1} |x_{1i} - \overline{X}_1|$	$MD_2 = \dfrac{1}{n_2}\displaystyle\sum_{i=1}^{n_2} |x_{2i} - \overline{X}_2|$	(2.18)
三阶统计:	$q_1 = \dfrac{1}{n_1}\displaystyle\sum_{i=1}^{n_1} (x_{1i} - \overline{X}_1)^3$	$q_2 = \dfrac{1}{n_2}\displaystyle\sum_{i=1}^{n_2} (x_{2i} - \overline{X}_2)^3$	(2.19)
四阶统计:	$k_1 = \dfrac{1}{n_1}\displaystyle\sum_{i=1}^{n_1} (x_{1i} - \overline{X}_1)^4$	$k_2 = \dfrac{1}{n_2}\displaystyle\sum_{i=1}^{n_2} (x_{2i} - \overline{X}_2)^4$	(2.20)
距一个正态分布的峰度的平均偏差:	$d_1 = \left| \dfrac{MD_1}{s_1} - 0.7979 \right|$	$d_2 = \left| \dfrac{MD_2}{s_2} - 0.7979 \right|$	(2.21)
简单的灰度范围:	$R_1 = \max_i(x_{1i}) - \min_i(x_{1i})$	$R_2 = \max_i(x_{2i}) - \min_i(x_{2i})$	(2.22)
水平方向总的偏差:	$HTV_1 = \displaystyle\sum_{\text{inner window}} |x_{i,j} - x_{i,j+1}|$	$HTV_2 = \displaystyle\sum_{\text{outer window}} |x_{i,j} - x_{i,j+1}|$	(2.23)
垂直方向的总的偏差:	$VTV_1 = \displaystyle\sum_{\text{inner window}} |x_{i,j} - x_{i+1,j}|$	$VTV_2 = \displaystyle\sum_{\text{ouer window}} |x_{i,j} - x_{i+1,j}|$	(2.24)
十分位间距(80%)——种离散趋势度量	$I = DZ9 \sim DZ_1$		(2.25)

在上表中,DZ1 和 DZ9 分别是第 1 个和第 9 个十分位数,因此,$I = I80$ 包括 80% 的样本分布。

令 $\text{Image}_i 1$ 到 $\text{Image}_i 9$ 表示分别以 1 到 9 的十分位数为二值化阈值得到的 i 个图像区域;$i = 1,2,\cdots,4$。令:

经十分位二值化阈值处理的图像在水平方向的最大的总的偏差	$HTV\_MAX = \max\{HTV(\text{Image }1),\ \cdots,HTV(\text{Image }9)\}$	(2.26)
经平均灰度阈值处理的图像区域的垂直方向的总的偏差	$HTV\_AVG = HTV(\text{Image}5)$	(2.27)

对于 HTV_MAX_1 和 HTV_MAX_2,分别对内部和外部窗口计算十分位数,并进行阈值处理。对于 HTV_MAX_3 和 HTV_MAX_4,分别应用滤波器对整个区域计算十分位数,并进行阈值处理,其中下标 3 和 4 分别指在内窗口和外窗口测量的总的变动。HTV_MIN、VTV_MAX、VTV_AVG 和 VTV_MIN 可类似地定义。

熵:	$E = -\displaystyle\sum_i f_i \log(f_i)$ 或 $E \approx -\displaystyle\sum_i f_i \log(f_i + 1)$	(2.28)
样本大小:	$n_1 = $ 内窗口的像素数目 $\approx n_2 = $ 外窗口的像素数目	(2.29)

对于这一样本大小的假设,窗口内的像素数通常在方程外面。使像素的大小在方程之外的另一个原因是,避免当随着到目标的距离接近时检测

器的大小变化时,检测器在一幅图像的顶部和底部的偏差。我们偶尔采用 n 来表述内部加中部加外窗口的像素的数目,也就是三窗口滤波器所计及的总的像素。

附录 2　其他用于一个样本的最大值的显著性的检测

$$T_{88} = \frac{\hat{X}_1 - \bar{X}_2}{s_2} \qquad T_{89} = \frac{\hat{X}_1 - \bar{X}_2}{s_2} \qquad T_{90} = \hat{X}_1 - \bar{X}_2$$

$$T_{91} = \hat{X}_1 \qquad T_{92} = \frac{\hat{X}_1 - X_2}{s_2} \qquad T_{93} = \frac{\hat{X}_1 - \bar{X}_2}{K_2}$$

$$T_{94} = \frac{\hat{X}_1 - \bar{X}_i}{s_i} \qquad T_{95} = \frac{\hat{X}_1 - \bar{X}_2}{s_i} \qquad T_{96} = \hat{X}_1 - \bar{X}_i$$

$$T_{97} = \frac{\hat{X}_1 - X_2}{s_i} \qquad T_{98} = \hat{X}_1 - \hat{\hat{X}}_2$$

$$T_{99} = \max(\hat{X}_1, \hat{X}_2) - \min(\hat{\hat{X}}_1 - \hat{\hat{X}}_2) \qquad T_{100} = \frac{\hat{X}}{s_i}$$

$$T_{102} = \hat{X}_2 \qquad T_{103} = \hat{\hat{X}}_1 \qquad T_{104} = \hat{\hat{X}}_2$$

以及变形:

$$T_{105} = \frac{\hat{X}_1 - \bar{X}_2}{s_2} \qquad T_{106} = \frac{(n/n-1)\bar{X}_1 - (n/n-1)\hat{X}_1 - \bar{X}_2}{s_2}$$

$$T_{107} = \frac{|(n/n-1)\bar{X}_1 - (n/n-1)\hat{X}_1 - \bar{X}_2|}{s_2} \qquad T_{108} = \frac{\bar{X}_1 - \hat{X}_1 - 2\bar{X}_2}{s_2}$$

$$T_{109} = \frac{\bar{X}_1 - \hat{X}_1 - 2\bar{X}_2}{s_i} \qquad T_{110} = \frac{\hat{X}_1 - \bar{X}_1 - s_2\sqrt{n_2/4}}{s_i}$$

$$T_{111} = \frac{\hat{X}_1 - \bar{X}_1 - s_2\sqrt{n_2/4}}{k_2} \qquad T_{112} = \frac{n}{n-1}\left(\frac{\bar{X}_1 - \hat{X}_1}{s_i}\right)$$

$$T_{113} = \frac{\left|\frac{n}{n-1}\left(\frac{\bar{X}_1 - \hat{X}_1}{s_i}\right)\right|}{s_i} \qquad T_{114} = \frac{\bar{X}_1 + \hat{X}_1 - 2\bar{X}_2}{s_2}$$

$$T_{115} = \frac{\bar{X}_1 + \hat{X}_1 - 2\bar{X}_2}{k_2} \qquad T_{116} = \frac{\bar{X}_1 + \hat{X}_1 - 2\bar{X}_2}{s_i}$$

$$T_{117} = \frac{\bar{X}_1 + \hat{X}_1 - \bar{X}_2 - \bar{X}_i}{s_i}$$

$$T_{118} = \frac{\bar{X}_1 + \hat{X}_1 - \bar{X}_2 - \bar{X}_i}{s_2 + s_i}$$

$$T_{119} = \frac{\bar{X}_1 + \hat{X}_1 - \bar{X}_2 - \bar{X}_i}{s_2}$$

$$T_{120} = \frac{\bar{X}_1 + \hat{X}_1 - \bar{X}_2 - \bar{X}_i}{k_2}$$

$$T_{121} = \frac{(\bar{X}_1 + \hat{X}_1 - \bar{X}_2 - \bar{X}_i)s_1}{k_2}$$

$$T_{122} = \frac{(\bar{X}_1 + \hat{X}_1 - \bar{X}_2 - \bar{X}_i)s_1}{s_2}$$

$$T_{123} = \frac{(\bar{X}_1 + \hat{X}_1 - \bar{X}_2 - \bar{X}_i)s_1}{s_i}$$

附录 3   基于总的差异的检测

$$T_{146} = \frac{|HTV_1 + HTV_2|}{\sqrt{(HTV_1)^2 + (HTV_2)^2}}$$

$$T_{147} = \frac{HTV_1}{VTV_1}$$

$$T_{148} = HTV_1$$

$$T_{149} = \frac{HTV_1 + VTV_1}{HTV_2 + VTV_2}$$

$$T_{150} = \frac{HTV\_MAX_1 - HTV\_MAX_2}{HTV\_MAX_1^2 + HTV\_MAX_2^2}$$

$$T_{151} = \frac{|HTV_1 - HTV_2|}{s_2}$$

$$T_{152} = \frac{|HTV_1 - HTV_2|}{\sqrt{(HTV_1)^2 + (HTV_2)^2}}$$

$$T_{153} = \frac{HTV\_MAX_3 - HTV\_MAX_4}{HTV\_MAX_3^2 + HTV\_MAX_4^2}$$

$$T_{154} = \frac{|HTV_1 - HTV_2|}{s_i}$$

$$T_{155} = \frac{|HTV_1 - VTV_1|}{\sqrt{(VTV_1)^2 + (VTV_2)^2}}$$

$$T_{156} = \frac{HTV\_MAX_1 + VTV\_MAX_1}{HTV\_MAX_2 + VTV\_MAX_2}$$

$$T_{157} = \frac{|HTV_1 - HTV_2|}{k_2}$$

$$T_{158} = \frac{VTV_1 + |HTV_1 - HTV_2|}{\sqrt{(HTV_1)^2 + (HTV_2)^2}}$$

$$T_{159} = \frac{HTV\_MIN_1 + VTV\_MIN_1}{HTV\_MIN_2 + VTV\_MIN_2}$$

$$T_{160} = \frac{HTV_1 + VTV}{k_2}$$

$$T_{161} = \frac{|VTV_1 - HTV_2|}{\sqrt{(VTV_1)^2 + (VTV_1)^2}}$$

$$T_{162} = \frac{HTV\_MAX_3 + VTV\_MAX_3}{HTV\_MAX_4 + VTV\_MAX_4}$$

$$T_{163} = \frac{HTV_1 + VTV_1}{s_2}$$

$$T_{164} = \frac{(HTV_1 - HTV_2)}{VTV_2} \qquad T_{165} = \frac{HTV\_MIN_3 + VTV\_MIN_3}{HTV\_MIN_4 + VTV\_MIN_4}$$

$$T_{166} = \frac{HTV_1 + VTV}{s_i} \qquad T_{167} = \frac{(HTV_1)(\bar{X}_1 - \bar{X}_2)}{s_2}$$

$$T_{168} = \frac{(HTV_1)(\bar{X}_1 - \bar{X}_2)(\bar{G}_1 - \bar{G}_2)}{s_2}$$

$$T_{169} = \frac{HTV_1}{VTV_2} \qquad T_{170} = \frac{(HTV_1)(\bar{X}_1 - \bar{X}_2)}{k_2}$$

$$T_{171} = \frac{(HTV\_MAX_1 - HTV\_MAX_2)}{VTV\_MAX_2}$$

$$T_{172} = \frac{|VTV_1 - VTV_2|}{s_2} \qquad T_{173} = \frac{(HTV_1)(\bar{X}_1 - \bar{X}_2)}{\bar{G}_2}$$

$$T_{174} = \frac{(HTV\_MAX_3 - HTV\_MAX_4)}{VTV\_MAX_4} \qquad T_{175} = \frac{HTV_1(\bar{X}_1 - \bar{X}_2)}{S_i}$$

$$T_{176} = \frac{|HTV_1 + VTV_1|}{\sqrt{(HTV_1)^2 + (HTV_2)^2}}$$

$$T_{177} = \frac{(HTV_1)(\bar{X}_1 - \bar{X}_2)(\bar{G}_1 - \bar{G}_2)}{s_i}$$

$$T_{178} = \frac{|VTV_1 - VTV_2|}{s_i}$$

$$T_{179} = \frac{HTV_1 + |VTV_1 - VTV_2|}{\sqrt{(HTV_1)^2 + (HTV_2)^2}} \qquad \boxed{T_{180} = \frac{HTV_1 + VTV_1}{HTV_1 + VTV_1 + HTV_2 + VTV_2}}$$

$$T_{181} = VTV_1 \qquad \boxed{T_{182} = \frac{|HTV_1 + VTV_1|}{\sqrt{(HTV_2)^2 + (BTV_2)^2}}}$$

$$T_{183} = HTV\_MAX_1 - HTV\_MIN_1 \qquad T_{184} = \frac{VTV_1}{HTV_2}$$

$$T_{185} = \frac{|HTV_1 + VTV_1|}{\sqrt{(VTV_2)^2 + (VTV_1)^2}} \qquad T_{186} = VTV\_MAX_1 - VTV\_MIN_1$$

$$T_{187} = \frac{HTV_1 + VTV_1}{VTV_2} \qquad\qquad T_{188} = \frac{VTV_1}{\sqrt{(VTV_2)^2 + (VTV_1)^2}}$$

$$T_{189} = HTV\_MAX_3 - HTV\_MIN_3 \qquad T_{190} = \frac{HTV_1}{s_i}$$

$$T_{191} = \frac{|HTV\_MAX_1 - HTV\_MAX_2|}{\sqrt{(HTV\_MAX_1)^2 + (HTV\_MAX_2)^2}}$$

$$T_{192} = HTV\_MAX_1 \qquad\qquad T_{193} = VTV\_MAX_1$$

$$T_{194} = \frac{|HTV\_MAX_1 + HTV\_MAX_2|}{\sqrt{(VTV\_MAX_1)^2 + (VTV\_MAX_2)^2}}$$

$$T_{195} = HTV\_MIN_1 \qquad\qquad T_{196} = VTV\_MIN_1$$

$$T_{197} = \frac{|HTV\_MAX_3 + HTV\_MAX_4|}{\sqrt{(VTV\_MAX_3)^2 + (VTV\_MAX_4)^2}}$$

$$T_{198} = HTV\_AVG_1 \qquad\qquad T_{199} = VTV\_AVG_1$$

$$T_{200} = \frac{|HTV\_MIN_1 + VTV\_MIN_1|}{\sqrt{(VTV\_MIN_1)^2 + (VTV\_MIN_2)^2}}$$

$$T_{201} = HTV\_MAX_3 \qquad\qquad T_{202} = VTV\_MAX_3$$

$$T_{203} = \frac{|HTV\_MAX_1 + VTV\_MAX_1|}{\sqrt{(VTV\_MAX_1)^2 + (VTV\_MAX_2)^2}}$$

$$T_{204} = HTV\_MIN_3 \qquad\qquad T_{205} = VTV\_MIN_3$$

$$T_{206} = \frac{|HTV\_MAX_3 + VTV\_MAX_3|}{\sqrt{(HTV\_MAX_3)^2 + (HTV\_MAX_4)^2}}$$

$$T_{207} = HTV\_AVG_3 \qquad\qquad T_{208} = VTV\_AVG_3$$

$$T_{209} = \frac{|HTV\_MIN_3 + VTV\_MIN_3|}{\sqrt{(VTV\_MIN_3)^2 + (VTV\_MIN_4)^2}}$$

$$T_{210} = VTV\_MAX_3 - VTV\_MIN_3$$

附录 4　基于梯度的检测

$$T_{211} = \bar{G}_1 - \bar{G}_2 \qquad T_{212} = \bar{G}_1 \qquad T_{213} = \frac{\bar{G}_1 - \bar{G}_2}{s_2}$$

$$T_{214} = \frac{\bar{G}_1 - \bar{G}_2}{s_i} \qquad T_{215} = \frac{\bar{G}_1 - \bar{G}_2}{k_2} \qquad \boxed{T_{216} = \frac{(\bar{G}_1 - \bar{G}_2)}{\sqrt{s_1^2 + s_2^2}}}$$

$$T_{217} = \frac{(\bar{G}_1 - \bar{G}_2)(\bar{X}_1 - \bar{X}_2)}{\sqrt{s_1^2 + s_2^2}} \qquad T_{218} = (\bar{G}_1 - \bar{G}_2)(\bar{X}_1 - \bar{X}_2)$$

$$T_{219} = (\bar{G}_1 / \bar{G}_2)(\bar{X}_1 - \bar{X}_2) \qquad T_{220} = \frac{|\bar{G}_1 - \bar{G}_2|}{s_i}$$

$$T_{221} = \frac{\bar{G}_1 - \bar{G}_2}{\sqrt{s_1^2 + \max(s_2^2, s_i^2)}} \qquad T_{222} = \bar{G}_1 / s_i$$

附录 5　涉及到光斑的边缘强度的检测

$$T_{224} = \frac{\bar{e}_1 - \bar{e}_2}{\sqrt{\sigma_1^2 + \sigma_2^2}} \qquad T_{225} = \frac{|\bar{e}_1 - \bar{e}_2|}{\sqrt{\sigma_1^2 + \sigma_2^2}} \qquad T_{226} = \frac{\bar{e}_1 - \bar{e}_2}{\sigma_2} \qquad T_{227} = \frac{|\bar{e}_1 - \bar{e}_2|}{\sigma_2}$$

$$T_{228} = \frac{\bar{e}_1}{\bar{e}_2} \qquad T_{229} = |\bar{e}_1 - \bar{e}_2| \qquad T_{230} = \bar{e}_1 - \bar{e}_2 \qquad T_{231} = \frac{\bar{e}_1 - \bar{e}_2}{R_2}$$

$$T_{232} = \frac{|\bar{e}_1 - \bar{e}_2|}{R_2} \qquad T_{233} = \bar{e}_1 \qquad T_{234} = \frac{\sigma_1 - \sigma_2}{\sqrt{\sigma_1^2 + \sigma_2^2}} \qquad T_{235} = \frac{\hat{e}_1 - \bar{e}_2}{\sqrt{\sigma_1^2 + \sigma_2^2}}$$

$$T_{236} = \hat{e}_1 - \bar{e}_2 \qquad T_{237} = |\bar{e}_1 - \bar{e}_2|^2 \qquad T_{238} = \bar{e}_1 \bar{e}_2 \qquad T_{239} = \frac{\bar{e}_1 - \bar{e}_2}{\sqrt{s_1^2 + s_2^2}}$$

$$T_{240} = \frac{\bar{e}_1 - \bar{e}_2}{(k_1 + k_2)^{1/4}} \quad T_{241} = \frac{(\bar{e}_1 - \bar{e}_2)k_1}{k_2} \quad T_{242} = \frac{(\bar{e}_1 - \bar{e}_2)k_1}{s_i k_2} \quad T_{243} = \bar{e}_1 / s_2$$

$$T_{244} = \frac{(\bar{e}_1 - \bar{e}_2)}{\bar{G}_2} \qquad T_{245} = \bar{e}_1 / k_2 \qquad T_{246} = \bar{e}_1 / s_i$$

附录 6　混合检测

$$T_{247} = \frac{(\bar{X}_1 - \bar{X}_2)(s_1 - s_2)}{s_1^2 + s_2^2} \qquad T_{248} = \frac{(\bar{X}_1 - \bar{X}_2)(s_1 - s_2)}{\sqrt{s_1^2 + s_2^2}} \qquad T_{249} = \frac{(\bar{X}_1 - \bar{X}_2)s_1}{s_2}$$

$$T_{250} = \frac{(\bar{X}_1 - \bar{X}_2)s_1}{s_2^4} \qquad T_{251} = \frac{(R_1 - R_2)(s_1 - s_2)}{\sqrt{s_1^2 + s_2^2}}$$

$$T_{252} = \frac{(\bar{X}_1 - \bar{X}_2)(\bar{e}_1 - \bar{e}_2)}{s_2} \qquad T_{253} = \frac{(\bar{X}_1 - \bar{X}_2)s_1}{s_i} \qquad T_{254} = \frac{(\bar{X}_1 - \bar{X}_2)s_1}{s_i^2}$$

$$T_{255} = \frac{(\bar{X}_1 - \bar{X}_2)(k_1 - k_2)}{(k_1 + k_2)^{1/4}} \qquad T_{256} = \frac{(V_1 - V_2)(s_1 - s_2)}{V_1^2 + V_2^2} \qquad T_{257} = \frac{(\bar{X}_1 - \bar{X}_2)s_1}{s_2^8}$$

$$T_{258} = \frac{(\bar{X}_1 - \bar{X}_1)s_1}{\sqrt{s_i}} \qquad T_{259} = \frac{(\bar{X}_1 - \bar{X}_1)(K_1 - K_2)}{k_1 + k_2}$$

$$T_{260} = \frac{(V_1 - V_2)(k_1 - k_2)}{V_1^2 + V_2^2} \qquad T_{261} = \frac{(\bar{X}_1 - \bar{X}_2)^2 s_1}{s_2^8} \qquad T_{262} = \frac{(\bar{X}_1 - \bar{X}_2)^2 s_1}{s_i^2}$$

$$T_{263} = \frac{(\bar{X}_1 - \bar{X}_2)(\bar{e}_1 - \bar{e}_2)s_1}{s_2} \qquad T_{264} = \frac{(\bar{X}_1 - \bar{X}_2)(\bar{e}_1 - \bar{e}_2)}{s_i}$$

$$T_{265} = \frac{(\bar{X}_1 - \bar{X}_2)^2 k_1 s_1}{s_2^8} \qquad T_{266} = \frac{(\bar{X}_1 - \bar{X}_2)^2 k_1 s_1}{s_i^2}$$

$$T_{267} = \frac{(\bar{X}_1 - \bar{X}_2)(\bar{e}_1 - \bar{e}_2)s_1}{s_i}$$

参 考 文 献

1. B. J. Schachter, "A survey and evaluation of FLIR target detection/ segmentation algorithms," *Proc. of Image Understanding Workshop*, 49–57 (Sept. 1982).

2. E. P. Simoncelli and W. T. Freeman, "The steerable pyramid: A flexible architecture for multi-scale derivative computation," *Second IEEE Int. Conf. on Image Processing*, Washington, D.C., 444–447 (Oct. 1995).

3. N. Dalal and B. Triggs, "Histogram of oriented gradients for human detection," *IEEE Computer Science Conference on Computer Vision and Pattern Recognition*, 886–893 (2005).

4. ATRWG Technology Committee, "Mathematical Morphology in ATR Algorithm Development," Joint U.S. Department of Defense-Industry Working Group (Oct. 27, 1992; revised June 1993).

5. A. Ye and D. Casasent, "Morphological and wavelet transforms for object detection and image processing," *Applied Optics* **33**(35), 8226–8239 (1994).

6. S. R. DeGraaf and B. J. Schachter, "Adaptive SAR imaging and its impact on ATD/R and image exploitation," *Tri Service Radar Symposium* (June 1998).

7. L. Sachs, *Applied Statistics: A Handbook of Techniques, Second Edition,*

Springer Verlag, New York (1984).

8. W. J. Conover, *Practical Nonparametric Statistics, Third Edition*, John Wiley & Sons, New York (1999).

9. L. M. Novak, G. J. Owirka, and C. M. Netishen, "Performance of a high-resolution polarimetric SAR automatic target recognition system," *Lincoln Lab Journal—Special Issue on Automatic Target Recognition* **6**(1), 11–23 (1993).

10. N. Ahuja and B. Schachter, *Pattern Models*, John Wiley & Sons, New York (1983).

11. L. G. Minor and J. Sklansky, "The detection and segmentation of blobs in infrared images," *IEEE Trans. Sys. Man, and Cyber.* **11**(3), 194–201 (1981).

12. Gartner Group, Hype Cycle Research Methodology, WWW.gartner.com/technology/research/methodologies/hype-cycle.jsp, 2012, (accessed 20

13. L. M. Novak, G. J. Owirka, W. S. Brower, and A. L. Weaver, "The automatic target-recognition system in SAIP," *Lincoln Lab Journal* **10**(2), 187–202 (1997).

14. B. J. Schachter, "Closed-loop neuromorphic target cuer," *Aerospace and Electronic Systems Magazine* **28**(8), 10–17 (2013).

15. R. Miikkulainen, R. Bednar, J. A. Choe, and J. Sirosh, *Computational Maps in the Visual Cortex*, Springer, New York (2005).

16. J. Braun, C. Koch, and J. L. Davis, Eds., *Visual Attention and Cortical Circuits*, The MIT Press, Cambridge, Massachusetts (2001).

17. J. Ke, "Architectures for Compressive Imaging with Applications in Sensor Networks, Adaptive Object Recognition and Motion Detection," Ph.D. thesis, The Univ. of Arizona (2010).

18. K. Krishnamurthy, R. Willett, and M. Raginsky, "Target detection performance bounds in compressive imaging," *EURASIP Journal on Advances in Signal Processing* **1**, 1–19 (2012).

19. C. F. Hester and K. K. Dobson, "Using compressive imaging as a fast class formation method in automatic target acquisition," *Proc. SPIE* **7696**, 76960P (2010) [doi: 10.1117/12.849717].

20. P. Baldi and L. Itti, "Of bits and wows: A Bayesian theory of surprise with applications to attention," *Neural Networks* **23**, 649–656 (2010).

21. L. Itti and P. Baldi, "Bayesian surprise attracts human attention," *Vision Research* **49**(10), 1295–1306 (2009).

22. *Night Vision Thermal Imaging Systems Performance Model: User's Manual and Reference Guide*, U.S. Army Night Vision and Electronics Sensors Directorate, Fort Belvoir, Virginia (2001).

23. R. H. Vollmerhausen, E. Jacobs, and R. G. Driggers, "New metric for predicting target acquisition performance," *Optical Eng.* **43**(11), 2806–2818 (2004).

24. R. H. Vollmerhausen, E. Jacobs, J. Hixson, and M. Friedman, "The targeting task performance (TTP) metric: A new model for predicting

target acquistion performance," U.S. Army CERDEC, Night Vision and Electronic Sensors Directorate, Tech Report AMSEL-NV-TR-230 (Jan. 2006).

25. D. Lowe, "Distinctive image features from scale-invariant keypoints," *International Journal of Computer Vision* **60**(2), 91–110 (2004).

26. H. Bay, T. Tuytelaars, and L. V. Gool, "SURF: Speeded up robust features," *Proc. of the Ninth European Conference of Computer Vision*, 404–417 (May 2006).

27. S. Sahli, Y. Quyang, Y. Sheng, and D. A. Lavigne, "Robust vehicle detection in low-resolution aerial imagery," *Proc. SPIE* **7668**, 76680G (2010) [doi: 10.1117/12.850387].

28. K. El-Darymil, P. McGuire, D. Power, and C. Moloney, "Target detection in synthetic aperture radar imagery: a state-of-the-art survey," *Journal of Appl. Remote Sensing* **7**(1), 071598 (2013) [doi: 10.1117/1.JRS.7.071798].

29. D. Manolakis, R. Lockwood, T. Cooley, and J. Jacobson, "Is there a best hyperspectral detection algorithm?" *Proc. SPIE* **7334**, 733402 (2009) [doi: 10.1117/12/816917].

30. D. Manolakis, D. Mardin, and G. A. Shaw, "Hyperspectral image processing for automatic target detection application," *Lincoln Laboratory Journal* **14**(1), 79–116 (2003).

31. D. Manolakis, E. Truslow, M. Pieper, T. Cooley, and M. Brueggeman, "Detection algorithms in hyperspectral imaging systems," *IEEE Signal Processing Magazine* **31**(1), 24–33 (2014).

32. I. S. Reed and X. Yu, "Adaptive multi-band CFAR detection of an optical pattern with unknown spectral distribution," *IEEE Trans. On Acoustics, Speech and Signal Processing* **38**, 1760–1770 (1990).

33. D. Borghys, I. Kasen, V. Archard, and C. Perneel, "Hyperspectral anomaly detection: comparative evaluation in scenes with diverse complexity," *Journal of Electrical and Computer Engineering* **5**, 1–16 (2012).

第3章　目标分类器策略

3.1　引言

目标分类器接收一个检测点周围的图像或信号数据,并根据这些数据推测物体的类别。分类决策可以利用其他可获得的信息,而且信息越多越好。

自动目标识别通常涉及到客户—合同商之间的关系。合同商要为用户提供质量合格的产品。然而,有时是以幼稚方式来看待目标分类的,用户将数据投过"篱笆",要求合同商对"目标"分类,但是很少思考问题的宽度和范围。一般的"解决方案"涉及到向用户证明所青睐的分类器的性能优于其他备选方案。

然而,目标分类问题的真正本质更加复杂。讽刺的是,分类范式的选择可能是目标分类中最不重要的方面。我们将概括目标分类中所涉及到的问题,然后评价一系列不同类型的分类器。

3.1.1　寓言和悖论

如果没有对分类问题的确切性质做出先验假设,那么是否有优于其他分类器的合理的分类器? 根据"没有免费午餐"理论,答案是没有。事先或通过有限的测试选择一个优选的分类器,而没有深入地理解问题并制订经过严格审查的测试计划,只会得到自欺欺人的结果。

在没有具体的假设时,是否有最好的一组特征用于目标分类? 根据"丑小鸭"理论,答案是没有。只有理解问题的真正本质,才能得到一组好的特征,而特征的选择总是偏向分类器的决策。

最好的模型是否总是对训练的或验证的数据具有最好的性能? 根据 Occam 的剃刀理论(见图 3.1),答案是没有。当没有在统计意义上对问题进行良好的定义时,Occam 的剃刀优选简单的解决方案而不是更复杂的。我们应当继续使用简单的模型进行处理,除非需要牺牲简单性来换取更大的解释力。然而,要说满足性能需求的最简单的模型总是最好的,并不是那么容易。此外,有各种简单性的思维:

（1）模型采用较简单的方程描述；

（2）模型具有最少的假设；

（3）模型具有最简单的结构；

（4）模型需要最少的代码行；

（5）模型需要最小的处理能力；

（6）模型最容易分析、解释和修复；

（7）模型需要最少的训练数据；

（8）模型最容易映射到实时硬件（如 FPGA）；

（9）模型受传感器和总体态势的未来可能变化的影响最小。

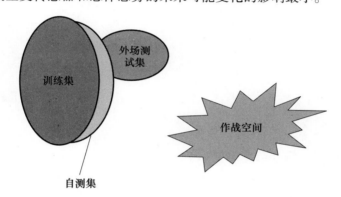

图 3.1　在战场中遇到的条件可能与训练数据、
实验室盲测试数据或外场测试数据完全不同（见彩图）

没有免费午餐定理——D. H. Wolpert 和 W. G. Macready

"不可能有一个普适的通用最优化策略，一种策略超越另一种策略的性能的唯一的方式是针对所考虑的具体问题有特定的结构"。没有一个白箱分类器对所有的问题都有最好的性能。基于在小的测试数据集上的性能选择一个分类算法是危险的。重要的是在设计一个自动目标识别的分类级时加入针对具体问题的知识，包括对传感器、元数据源、平台和运行使用方案的深度理解。必须针对足够全面的测试集，采用精心策划的测试计划对分类器进行测试。

丑小鸭定律——s. Watanabe

可能的分类特征是无限的。两个物体是相似的一定是因为它们有相似的特征，某些特征被判断为突出的。只要表征物体的所有可能的特征被描述为具有相同的关联性，丑小鸭将与任何一只正常的小鸭是类似的，因为两只鸭子是彼此类似的。必须考虑特定的特征来评定一只特定的鸭子是丑的。

71

Occam 的剃刀（William of Occam，14 世纪 1300 年）的现代解释

给定数据的两个模型，如果其他事情是相同的，优选较简单的模型。在预测性能同样好的竞争性的假设中，具有最少的假设是优选的。简单性和完备性是它们的目标。较简单的模型在实现上也较不昂贵，这并不意味着最简单的模型将有最好的推广性或者更高的精度。有无限数目的可能和更复杂的模型，对这些复杂的模型进行验证工作量很大。在一个特定的情境下，通过大量的测试和精心的调谐，更复杂的模型可能比较简单的模型有更好的预测性能。

可以把从训练数据样本中抽取的特征向量构想为在一个高维的特征空间中的点，每个点有一个相关的类别标签。训练通常涉及到将特征空间划分成区域，并给每个区域分配一个由该区域内多数点所确定的类别标签。推理涉及到确定一个未标上类别标签的特征向量所在区域。在训练集范围内，复杂的类间边界总比一个简单的类间边界的性能更好。这是因为一个具有复杂的边界的区域可以包括一个单一类的更高百分比的点。当一次又一次地使用现有的试验数据时，它就变成了训练数据。在技术文献和会议上报道的结果，通常是针对一个测试集经过反复测试和调节的算法的最终结果。

当选择"最佳"的分类器时，我们需要知道现有的训练数据与将来的战场数据的匹配性如何。如果一个分类器对已知的数据集能得到好的性能，但在不可预见的条件下性能不佳，就可以认为分类器对于训练数据过于拟合（见图 3.1）。但是，我们怎样知道在过去避免过于拟合的任何方法能够防止对未来数据的不匹配？没有什么盟约能够阻止敌方和中立方改变"规则"，最好的做法是尝试更好地理解工程问题，合理地选择分类器用于评估，在可以承受的情况下建立足够完备的训练集，对看似性能最好的分类器进行盲测试或"外场"测试，并期望一旦自动目标识别器进入生产阶段，分类问题的特性不会变化。模型较简单，分析越容易，因为有更多的机会来发现设计中的缺陷（这些缺陷可能导致灾难性的预测失效）。

3.2　目标分类需要考虑的主要问题

自动目标识别是一个系统设计问题，而不是一个算法设计问题。必须清晰地理解整个系统的运行过程，这一理解必须覆盖整个集成产品团队（包括用户、主承包商、传感器供应商、处理器供应商、主集成商、自动目标识别算法/软件供应商和最终用户界）。自动目标识别器设计师必须参与到传感器设计、研制和试验中，而不是由于传感器要在自动目标识别器完成研制并交付后才能完成，而针对一个具有不确定特性的传感器进行自动目标识别器设计，这样才能实现最

好的自动目标识别器设计。

　　自动目标识别是一个多学科的问题。如果自动目标识别器要搭载在直升机上,算法设计师应该在相同类型的直升机上飞行,感受飞行员在风向变化的条件下跟踪机动地面目标有多难。算法设计师需要与处理器编程人员交流讨论,了解对算法微小更改以降低将算法映射到处理器的难度,因为对延迟所做的假设在选择硬件时可能无法实现。算法设计师需要与在数据采集中使用外国军用车辆的驾驶员交流,了解车辆可以被开关、旋转、或增减的部件(如前灯、空调、加热器、转塔、燃料箱),以及这些部件状态变化对目标特征会产生的影响机理。算法设计师需要与传感器设计师交流,确定可以调整的传感器功能和参数,并开关这些传感器,了解这些调整会对数字场景产生的影响,进而确定自动目标识别器是否能控制所有这些设置。算法设计师需要与政府实验室的领域专家交流,了解他们的观点,并确定现有的数据库及其数据获取计划。借助其他人已有的数据,进行数据获取工作,要更加容易和便宜。算法设计师需要与终端用户交流,了解什么能真正帮助他们更好地完成工作。算法设计师需要与其他相关的专家交流,如统计学家、系统设计师、人类感知实验室和仿真器的专家,以及在政府、工业界或学术界设计过类似系统的专家。算法设计师需要与业务开发团队密切合作,了解有什么样的预算? 特定平台的升级周期多长? 是否与用户有好的工作关系? 项目有多大的可能生存下去? 对于那些已经投入大量经费但没能生存下去的项目(如科曼奇直升机和未来作战系统),相应的自动目标识别技术是否能转移到其他平台上?

　　通过密切地关注下面列出的项目,可以获得成功。通过全面分析、风险降低策略和大量的测试,可以应对各种复杂性。

3.2.1　问题1:运行使用概念方案

　　运行使用概念方案是从系统用户的角度描述系统特性的文件,这一文件用于将有关系统的定性和定量信息传达给所有的利益相关方。运行使用概念方案是从如何采用一组能力实现一组军事目标的愿景演进而来的。

　　一个运行使用概念方案文件包括如下内容:

　　(1)对系统的目标和目的的陈述;

　　(2)影响系统的策略、政策和约束;

　　(3)组织架构、权利、责任和与利益相关方之间的交互作用;

　　(4)系统的运用过程;

　　(5)关键性能参数(KPP)。

由运行使用概念方案可得到正确的自动目标识别系统设计流。没有运行使用概念方案,自动目标识别系统设计是没有约束的,不清楚利益相关方及其期望,没有明确的运行使用概念方案,关于目标分类的期望是绝对无约束的。用户总是会问,为什么只有在专门针对自动目标识别系统设计的那些数据上,自动目标识别系统才能获得好的性能。

3.2.2 问题2：输入和输出

自动目标识别器可以被看作一个将其输入转换为所希望的输出的黑箱。输入包括从工作于一个或更多模式的一个或多个传感器得到的数据,也包括各种形式的元数据、与任务相关的数据和由其他平台传送的信息。元数据提供分类问题的上下文,包括某种类型的距离信息、数字地图标高数据、坏像素列表、传感器仰角和瞄准角、经度、纬度和平台运动。元数据必须有时间戳或与图像数据同步。系统能够获取附加的元数据或特征数据,以解决分类模糊性问题,但附加信息的获取会有相关的代价。

对于每次探测,自动目标识别器通常产生一个在某一决策级上的目标类表单,并给每个类分配一个概率估计。自动目标识别器可以对决策树的每一级输出其决策和概率估计。自动目标识别器的输出可以包括其他信息,如攻击目标的行动,还可以包括每个高概率目标类型的感兴趣区域或视频片段。自动目标识别器的输出通常采用航迹文件的形式,即便所探测到的目标处于静态亦是如此。

如果目标分类器得到适当的设计,那它将能够从对分类过程有辅助作用的附加统计信息中获益。如果已知先验的类概率(即便是近似的),应将这一信息提供给自动目标识别器。例如,已知敌方 T-62 坦克比 T-72 坦克多 10 倍,这样区分 T-62 与 T-72 就可能是重要的。或者,如果坦克到底是 T-62 还是 T-72 无关紧要,这样,两类就可以融合为一类。

风险是所有军事行动的基础。不能正确分类高价值目标的风险,必须与错误分类成高价值目标的风险相平衡。应当为自动目标识别器提供与每类分类错误相关的代价或风险。错误分类"飞毛腿"发射车的代价,可能是错误分类油罐车代价的 100 倍。

必须理解怎样处理自动目标识别器的输出。高概率目标的感兴趣区域的图像是否显示给机组成员用于视觉分析和行动? 是分类器仅给出目标类别的建议,而由观察人员做出行动决策,还是基于分类器的输出自动采取行动。在与人在回路中的交互作用中,自动目标识别器发挥着什么作用? 这些人员是和自动目标识别器在同一架飞机上,还是坐在同一个国家的地面站中? 数据到底是传送到云中用于后续的行动,还是将数据堆积在某些海量存储数据库中,而大部分数据从来都不会被应用？

3.2.3　问题 3：目标类

目标类型和类别覆盖宽泛的可能性。传统的目标是军事平台，包括地面车辆、潜艇潜望镜、飞机等。另一类目标是敌方士兵和非正规部队，仅有携带大型武器的人员才被看做目标。目标还可以包括地雷、简易爆炸装置、来袭导弹或弹药、火箭发射装置、携载大型火炮的卡车、隧道、携载核材料的集装箱，或其他具有军事意义的目标。目标也可以是与营救行动相关的，如在水上漂浮的救生衣、小型救生船、照明弹、坠落的飞机等。有许多视频分析、国土安全和商用视频分析问题与自动目标识别问题类似，如从飞机上定位冰山或森林火灾、机场安防以及人脸识别。

目标分类器在某一分类等级将一类目标与其他类别区分开来，分类等级包括对所探测的目标的探测、分类、识别、辨认、敌我识别或身份鉴别等。

要对所探测物体做出如下判定：

（1）目标还是杂波；

（2）坦克还是卡车及装甲运兵车；

（3）T - 72 还是 T - 82 坦克，M - 60 还是 M - 1 坦克；

（4）友方的 T - 72 坦克还是敌方的 T - 72 坦克；

（5）敌方的发动机工作着的 T - 72 坦克还是敌方未启动的坦克；

（6）被炸毁的敌方 T - 72 坦克还是敌方完好的 T - 72 坦克；

（7）T - 72 坦克真目标还是 T - 72 坦克诱饵。

一个重要的问题是采用给定的输入数据是否能够实现所需要的分类等级。采用现有数据，可能无法区分友方的 T - 72 坦克和敌方的 T - 72 坦克。是否有其他类型的数据或系统能帮助做出决策，如根据蓝军跟踪系统或情报信息？

另一个非常重要的问题是：在设计自动目标识别系统时，是否实际了解目标类，而且目标类在将来仍然保持不变；更可能的是，目标类是否与国家和任务相关。那么问题就是：当任务随着时间的推移而发生变化时，在基于与任务相关的类上训练分类器会有什么样的性能？不大可能由战区工程师来重新训练或验核自动目标识别系统，必须建立一个为自动目标识别提供感兴趣目标列表的机制。自动目标识别的分类器必须对在其设计范围内的目标列表做出响应。那么当飞行员通过电台得到指令去搜索不同类型的目标时会发生什么？

3.2.4　问题 4：目标的变化

许多军事平台都有铰接部件（见图 3.2）。一辆坦克的转塔和炮可以运动，舱口可能在打开或关闭的位置上，士兵可以将头伸出舱口。草地、灌木丛、护坡和地形会遮掩车辆的底部，车辆可以有燃料筒、传动链或黏在上面的物体等附着物，敞篷车可以携载各种类型的货物。车辆可以故意放置在陷凹中，沿着林木线或者沿着建筑物。对于某种类型的传感器，随着俯视角、方位角、距离、太阳角度、不同的天气条件和光照条件的变化，目标的表观会发生变化。超光谱传感器可以根据特种军用涂料的光谱反射来探测车辆，那么是否可以确切地知道坦克乘员不会采用民用漆重新油漆锈蚀的？

军用车辆通常采用其他类似车辆的组件，有时甚至采用完全不同的车辆的组件。某些类型的车辆采用相同的顶部结构，但底盘完全不同（如履带式和轮式）。更常见的是，车辆的底盘是相同的，但顶部结构不同。在这些情况下，如果只能观察到车辆的通用部分时，就不可能区分出车辆的类型。某些军用飞机也有对应的商用型飞机。

图3.2　许多类型目标有铰接部件，自动目标识别系统必须在目标的
各种变化条件下识别目标，这里所示的"飞毛腿"发射车在导弹
处于发射位置时是最危险的（照片来自 defense. gov）

在光谱的热红外部分，车辆的各个部分可能看起来非常不同，这取决于哪些部件是工作的或最近使用的，如发动机、排气管、承重轮、传动轴、内部加热器或车灯。

采用光电/红外图像对目标进行分类的一个关键的问题是比例尺，由于没有精确的比例尺信号，不知道目标是小于单像素还是大于整个图像。它到底是一只蜂鸟还是一架无人机？比例尺或者等效距离信息的来源是什么？

分类器必须对不同条件下的目标变化和表观变化是稳健的。需要理解的是：在某些条件和方位角下,某些类型的车辆是不能彼此区分开来的(见图3.3)。

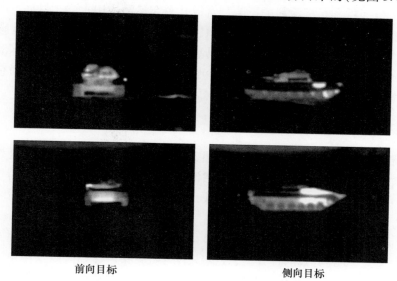

前向目标　　　　　　　　　　侧向目标

图3.3　从侧面和直接过顶观察更容易识别目标类型,从前部、后部和对角线方向观察不容易识别(前视红外图像来自 rdl. train. army. mil)

3.2.5　问题5：平台问题

自动目标识别平台的性质影响着目标分类问题。平台振动是一个主要问题,可以采用传感器系统来抑制振动,但总有残余的振动。在某些情况下,振动可能会非常严重,如在导弹发射后。前向速度会引起运动视差,使得难以将一个光电/红外图像与下一个进行配准。平台的运动会引起场景旋转,需要用惯性测量单元进行数据校正。根据传感器安装方式和瞄准方向,平台的一部分可能会出现在图像中。对于直升机桅杆安装了红外传感器的直升机,旋桨可能在背景视频中旋转。对于一个采用可见光传感器的遥控水下平台,机器臂和平台本体的阴影可能会出现在图像中。

3.2.6　问题6：传感器提供有用的数据的条件

显然,可见光传感器在白天比晚上更有用,但是即便在白天,低反射率的伪装漆和图案、太阳强光、阴影、隐蔽和诱饵都会造成识别困难。在目标出现在图像中与太阳相邻的位置时,可见光传感器是不太有效的。在晴朗的天气条件下观察热的活动目标时,红外传感器更加有用,但在雨后和雨中、在沙尘暴中或者充满烟雾和战火的战场条件下,红外传感器对冷目标则不太有效。远距离激光照射距离选通短波红外传感器会受到大气湍流的严重影响。可见光超光谱传感器受到大气条件和目标涂料的影响。合成孔径雷达最适用于静止目标。高距离分辨率(HRR)雷达模式对于运动目标具有良好的性能。水下可见光传感器会受到海上雪的影响和红带的衰减。声传感器受噪声影响较大。如果在探测区域中存在无人机和其他噪声源,声传感器就会失效。为避免被敌方探测到它们的发射位置,雷达和激光雷达等主动传感器可能需要关机。

3.2.7　问题7：传感器问题

是否有足够的信息来分类目标？通常情况下,在自动目标识别系统设计和测试时,相关的传感器可能正在设计中,因此还不能确定传感器的具体特性。或者自动目标识别系统可能会交付用于集成在某个平台上,传感器多年后才会有变化。

下面考虑红外传感器。在红外图像中有十几种可能的缺陷,包括坏像素、非均匀性、离焦、受到剪裁的直方图、数据线上周期性噪声、闪烁,以及昆虫、尘土、水滴、光学像差和透镜或传感器前面的窗口的划痕等。某些前视红外传感器是隔行扫描的,每一帧包括相继两场图像,如果平台或目标是运动的,两场可能不能很好地拼合。红外摄像机需要同时使用延时积分扫描和隔行扫描,由此会导致许多几何不均匀性问题。红外摄像机或摄像机前窗的杂散光反射或温度变化,可能会使图像变差,这称为冷反射现象。前视红外摄像机可能有十多年的寿命周期,到接近寿命结束时图像会逐渐变差。

模拟体制的彩色 NTSC 摄像机仍然可用于军事用途,实际上大多数是采用模拟输出的数字化摄像机,在形成模拟信号的时候会损失大部分彩色信息。交织、渐晕、过饱和和欠饱和以及图像赝像是常见的。

图像数据有时以压缩的形式存储或送到自动目标识别器。即便最先进的编码,也会在高压缩比时引入图像赝像,这可能表现为亮斑周围的环形或周期性的块状结构。注解和图形有时嵌入在图像中,而不是作为单独的叠加部分存储。

3.2.8　问题8：处理器

某些军用平台已经运行多年,而在研的新型有人驾驶飞机不多。军用系统不能像蜂窝电话型号那样经常更新。在现有的平台上增加一个自动目标识别系统,意味着要使用该平台上的不够丰富的处理资源,即便有可用的板槽,在现有的平台上增加一个新的处理机板,可能也是勤务保障、背板设计、重量或功耗限制所不允许的。如果不能保证在未来的若干年内仍然可以得到芯片,也不允许增加一种独特的处理器芯片。

随着处理器变得越来越小、越来越强大,自动目标识别器可能不被当做一个单独的处理器模块,而是当做传感器的另一种模式。也就是说,可能销售内置图像发掘功能的军用传感器,就像是手持的和蜂窝电话的摄像机一样。从原理上讲,采用商用摄像机探测一个人与探测一个军用目标是相同的问题。

3.2.9 问题 9:将分类结果传送到有人参与的回路

尽管在流行出版物中对智能机器变成人类的最高统治者提出了灾难性的警告,但是在需要判断、灵活性、常识、创造性、理解人类文化和场景要点的任务中,训练有素的人类远远超过机器分类。除了完全自主的系统,如巡航导弹,通常情况下人在回路中做出对目标类别的最后决策,并由人来决定要采取的行动。自动目标识别只是降低了操作人员的工作负荷。设计考虑因素应包括理解人在解释自动目标识别结论中的作用。人的视觉在做出决策所需要的时间和在疲劳之前可以做出的决策数目方面具有局限性。这表明必须保持非常低的虚警率,必须以可以理解的形式,将目标探测和分类概率传送给操作人员。这可以以报告的形式给出,但更可能的是借助图形用户接口传递,在一幅图像中圈出目标,用颜色代码表示概率。然而,难以在不损失目标细节的前提下在一个大动态范围的图像中显示一个嵌入的小动态范围的目标,一种解决方案是将目标显示为一个与较大的图像分开的感兴趣区域,感兴趣区域可以有较小的动态范围,使它较易映射到 8bit 显示器上。操作人员是否应当被赋予调整每个感兴趣物体的对比度和亮度或者切换到伪彩色的能力? 应该给操作人员传递什么样的附加的信息,如目标距离或目标在一个地图上的位置? 超光谱、复值合成孔径雷达、三维激光雷达或高距离分辨率雷达信号怎样显示给操作人员?

自动目标识别系统的结论怎样显示给操作人员? 假设自动目标识别系统的推论是:

(1) 95% 的概率是履带式车辆;

(2) 90% 的概率是坦克;

(3) 35% 的概率是 T – 72,36% 的概率是 M – 1,7% 的概率是 T – 62,12% 的概率是未知类型的坦克。

那么现在的问题是:应当给一个时间压力很大的操作人员显示具体到什么级别的结论? 应当将这些混合的推论用图形、数字、颜色代码或合成语音的形式传递? 在目标被跟踪时,如果自动目标识别系统的结论每帧都在变化,那么应该怎么办?

操作人员需要附加的控制以与自动目标识别系统互动,他应当能够指向一个检测,说明不要给他显示像这样的检测,并指向另一个检测,并告诉自动目标识别系统给他显示更多的像这样的检测。操作人员可能想要减少检测的数目,或者仅显示具有最高概率的检测(考虑到任务和交战规则)。工作负荷过重的飞行员最害怕的是虚警,他们也害怕不确定性,一个出错多的机器将会被关掉或者被忽视(即使人也会产生这样的错误)。

一个具有显示器的座舱被称作玻璃座舱。并非所有的军用座舱都有显示器,有显示器的座舱通常也只有非常小的显示器,飞行员有时可能戴着夜视镜并且仅能看到简单的单色显示。头盔显示器正变得更加普遍,但头盔显示器具有严格的设计约束,当采用头盔显示器将自动目标识别结果展现给操作人员时,需要理解这样的约束。有的头盔显示器仅给飞行员的一只眼睛显示传感器图像,这使飞行员的另一只眼睛能观察座舱的窗口。

3.2.10　问题10：可行性

目标分类可能覆盖涵泛的传感器、平台、目标类型、俯视角和性能需求。问题的难度不断变化,难度最小的是采用高分辨率图像在较简单的背景中识别单一的目标类型,难度最大的是在低分辨率成像的复杂的、高度杂乱的城市景像中识别大量的不够清晰的目标类型,这些目标中有些是运动的,有些是静止的,有些是受到部分遮掩的。分类问题可以采用宽泛的机理和工具来解决,包括模式识别、信号处理、神经网络、人工智能、仿生学和演化算法。在没有对每种机理进行全面测试的条件下,我们应该怎样确定哪种机理是最好的? 我们怎样确定一个特定的目标分类问题是不是可解的? 可解性是指满足合同规定的关键性能需求。

下面考虑硬的证据。对于实际的图像,如果一个训练有素的图像分析师可以识别目标,这将证明在理论上问题是可解的。但我们不能下载分析师的神经代码。因此,这不能保证可以编制出解决问题的算法。对于一个观察人员,如果具有特征的图像比原始数据更容易识别出目标,则特征图像可能对自动目标识别是有用的。如果一个项目是长期的、能够得到足够的经费支持、有数十个工程师参与这一项目、在现场有一组用于数据获取和试验的飞机,并且能够进行在各种条件下的大量的政府试验和评估,那么这个项目是可行的。其中,获得1亿美元以上的经费支持的项目是重大项目。如果只是一个大学或小公司利用有限的自我测试数据,且训练和测试数据的关系不明确,即使获得了令人振奋的目标识别性能,也不能太当真。

商业公司发布的在人工智能、计算机视觉和量子计算机方面取得了"突破"的新闻没有硬的证据。

可重复性是在类似的条件下复现整个试验的能力,这是科学方法的基础之一。然而,重复其他人所进行的试验,不能保证研究者在专业性强的期刊上发表论文或得到一个大的研究合同,一项最终的结果是失败的研究工作是不大可能发表的,我们的文化是奖励正面的数据,创新性和宣称取得突破将得到高度的补偿,而且不是很谨慎。近年来,在生物医学研究和心理学研究方面,大多数是不能重复的,在工程文献上报道的自动目标识别结果通常是不可重复的,它们不能推广到各种目标类型、条件、观测几何和任务集合,许多已发表的有关目标分类的论文,都是针对测试数据调整过的优选的分类器的结果,而对与之竞争的分类器和测试仅进行了微小的调整。

需要认真考虑在生产的、并在战场上获得验证的、满足所有性能需求的自动目标识别系统。例如:

(1) AN/APG-78 火控雷达系统使 Apache 攻击直升机能够全天时、在恶劣天气条件下和受到遮掩的条件下探测、分类地面目标,并进行优先级排序;

(2) 敌我识别系统被用于应答式地识别友方部队,这属于合作识别的方式,这样的系统自 20 世纪 40 年代起已经得到了成功的应用;以色列 Iron Dome 防空系统已经成功地拦截和摧毁了近程火箭和炮弹,雷达系统探测火箭的发射并跟踪其弹道,导弹发射单元发射装备光电传感器的拦截弹,拦截弹识别真正的威胁和不会落在指定的区域的目标;Northrop Grumman 公司的机载激光探雷系统(ALMDS)安装在 MH-60S 直升机上,该系统在海上飞行,采用脉冲激光和条纹管接收机对近海面的目标进行昼夜三维成像,以探测和定位鱼雷那样的目标;

海军空战武器部(中国湖)的研究人员开发了用于直升机载自动雷达潜望镜探测和识别(ARPDD)系统的算法/软件,该系统在 2013 年实现了初始作战能力;联合监视和攻击雷达系统(Joint STARS)是美国空军所使用的一种先进的机载指挥、控制、情报、监视和侦察系统,能全天候提供运动和静止目标监视和瞄准。

实际情况是在这些系统成功部署之后,有关目标识别的文献通常就不再讨论这些系统了。

在对问题的分析中需要引入某些现实主义。假定分类问题是确定被探测到的人员到底是一个拿着耙子/锄头的农民,还是一个拿着步枪的恐怖分子,那么是否有足够的分辨率来解决这个问题? 假定问题是被深埋在地下数年的地雷(金属的、塑料的和陶瓷的),而在这一区域已经长满了草和灌木,那么是否有传感器组合能提供足够的信噪比来解决这个问题? 如果受到训练的狗(见图 3.4)或猪能够解决这个问题,这就意味着可以采用人工鼻等方法来解决这个问题。但是,可能需要进行 100 年的研究来发展一个像警犬的鼻子那样的电子鼻。假设问题是采用在无人机上的视频速率的吉像素级传感器来发现可疑的行动，那么是否有足够的处理能力在无人机上解决这个问题，或者是否有足够的带宽将数据发送到地面？假设问题是在拥挤的市场中搜寻带有爆炸装置的人，那么是否杂波－目标比太高以至于无法解决问题？也就是说，市场中有太多的人、太多的运动、太宽的区域、太弱的信号？假定问题是发现在地下50m的隧道，那么是否有引力测绘装置或其他已知的传感器具有探测隧道的灵敏度？

图3.4　如果一只经过训练的狗可以发现简易爆炸装置，这意味着或许可以采用一个电子器件来解决问题。然而，人工鼻仍然达不到可与狗相比的嗅觉。照片是 Pfc John Casey 和他的伙伴在阿富汗的 Sharana 前沿作战基地（照片来自 Sgt Morales，来自 army. mil）

　　如果一个自动目标识别系统能够良好地工作，而且敌方的部队正受到打击，那么敌方改变战术的难度如何？敌方会将坦克放在学校、医院、操场、博物馆、宗教建筑、历史古迹旁边，并加以伪装，还是把它们作为易被攻击的目标而曝露在开阔地上？

这个问题是否涉及到太多的不能可靠识别的目标类型（例如，多于 100 种）？正如汽车每年都有型号的变化一样，军用车辆的型号也在变化。但军用车辆一般比汽车具有更长的生产周期。同种目标有不同的类型或变化难以可靠地识别？毕竟在不同的国家会有许多工厂生产相同军用车辆的变型车。在坦克的承重轮上可能会放置裙座，坦克上可能会增加燃料桶，需要利用其他物体遮盖。目标的外观还取决于它周围的环境。当一个车辆停在一个位置时，它喷出的热气会加热地面。在夜间，车辆会将热辐射到空气中，车轮和胎面会留下热迹。风挡和光学系统会反射阳光。当背景是整齐的草坪时，一辆车辆的阴影与在合成孔径雷达图像中的表观是差别很大的。虽然并非绝对不可能，但还是难以将一个高度纹理化的车辆与高度纹理化的背景清晰地分割开来。在热图像中通常有，具有明亮的热斑和不清晰的边界的情况。伪装图案使得在可见光波段分割困难。因此，目标分类通常会由于特征中混合有目标和背景而变得复杂。

假定对小的数据集，一个自动目标识别系统能够获得合理的性能。下一步是对较宽泛的相关数据集进行大量的测试和评估。这通常涉及到外场试验或实验室盲测试。测试和评估需要由独立的组织采用精心制订的试验计划和评估方程来进行，一个好的试验计划应有 100 页的内容。如果没有好的试验计划，那么性能结果就是广告，而不是科学。由多个牵头的竞争者进行的竞争测试设定了一个可以实现的界值。将人的性能与机器的性能比较是非常有趣的，正如在 John Henry 的"钢铁一般的人"的故事。如果目标性能水平是不可实现的，则需要一个更加明智的新思路，或者要求开展更多的开发工作（可能值得开展数十年的研究），或者需要降低所需要的性能水平，或者需要降低所需要的分类级别。

3.3 特征提取

特征提取是目标识别的一个重要步骤。特征提取是指从目标图像（或信号）中提取一组描述子、属性或相关的信息。输入是包括探测到的目标的感兴趣区域，输出是特征向量（或二维或三维的特征图像）。必须慎重地提取特征，使特征集包括尽可能多的相关信息，且不相关的信息或噪声最少。特征提取是从困难的数据中抽取出有用的信息。好的特征要区分出数据中的变化因素。如果输入图像太大或者存在冗余，尤其当与可以得到的训练数据的量相比时，那么特征提取就可以当作维度压缩的一种特殊形式。

可以列出一个好的特征集的若干理想属性，但并不要求一个特征集必须具有所有这些属性。

（1）类内—类间偏差：类内偏差应当是小的，而类间的距离应当是大的。

因此，对于不同的样本，在相同的类中导出的特征集应当是相似的，而从不同的类中导出的特征应当有显著的差异。例如，宽泛的类概念，如｛坦克，卡车，装甲运兵车｝，仅有在认识到一个宽泛的类实际上应当被当作多个子类时才有意义。

（2）对噪声和畸变的稳健性：特征需要对像"不相关的"坏像素那样的图像数据中的噪声、残余的非均匀性、交织、欠饱和或过饱和、光学畸变、电子噪声、尘、湍流、大气衰减、平台运动等是稳健的；对于主动传感器，对由于距离远造成的弱信号应是稳健的。

（3）计算有效性：应当平衡自动目标识别的各个处理级（包括特征提取）之间的处理需求。处理能力受到尺寸、重量、保障和成本等限制的影响。

（4）可控制的不变性：特征通常需要对于某些变化具有不变性，但仅在一定限度之内。例如，到目标的距离误差通常有已知的界限。

（5）稀疏性与维数：稀疏编码能降低冗余度，对于某些定类型的分类器是必要的。稀疏二进制编码是非常流行的。高维特征向量通常可以映射到一个嵌入的较低维度的流形上，且不损失识别能力。对于一个特征集，原始数据很少是最佳选择，但在深度学习方法中原始数据又再度流行起来。然而，请记住：眼睛不会将原始视频数据馈送给大脑。

当可以采用真实的图像数据验证提取的特征时，特征提取上升到特征检测层级。我们可以讨论虚假的特征、漏失的特征以及特征检测概率——虚警率。特征可以采用适当的测试设备（包括振动、速度、长度、方位角和温度的测量）来验核。

假设目的是识别一个人。眼睛、鼻子、嘴、耳朵和发色是好的特征。然而，由于佩戴太阳镜、护耳、帽子，则会丢失一些特征。自动目标识别器通常面临着得不到一组完整的特征集的情况，这可能是由于距离远、受到遮蔽、天气因素、传感器缺陷、目标速度、目标结构或传感器模式造成的。在糟糕的情况下，由于对手的行动也会丢失特征。一个有挑战性的对手将通过采用伪装、掩蔽、变化或欺骗来消除或改变特征。在某些情况下，缺乏特征可能本身就是一个关键的特征，考虑一下警察检查一排人中没有右手小指的人。

基于各种准则，可以将特征划分成 10 类。

1）像素级、局部、全局特征

（1）像素级：在每个像素上计算的特征，如色调、饱和度、亮度、灰度（然而，对于大部分彩色摄像机，在每个光电二极管上仅采用单色滤光片。一个像素实际上是通过借用邻近像素的颜色信息才被分配了一个三色向量）。

（2）局部特征：在像素周围的一个小的邻域内计算的特征，如边缘和角。通过阈值处理，或者抑制除局部最大值之外的所有特征，才能报告一个稀疏的特征集。

（3）全局特征：在整个图像范围内或者一幅图像的一个子块内计算的特征，如灰度直方图、傅里叶幅度、有向梯度的直方图、光流场或者 n 阶统计。

2）针对应用域或传感器的特征

（1）应用域特征：不同的识别问题（如指纹、虹膜、人脸、乳房 X 射线照片、路网、手写字符或语音识别）采用不同的特征。在军用场景中，对于不同类型的目标（如飞机、埋藏的地雷、水下鱼雷、核材料、地面车辆、舰艇、隧道、来袭导弹、微型无人机或射手等）的识别，可采用不同的特征。例如，根据雷达照射时得到的频谱，可由喷气发动机调制特征来表征一个喷气发动机。

（2）传感器：不同类型的传感器（如激光雷达、前视红外、干涉合成孔径雷达、超光谱、重力计、声学传感器、振动测量计、全极化高距离分辨率雷达、声呐、太赫兹传感器、立体摄像机、地面穿透雷达等）适于采用不同类型的特征。

3）原始数据或预处理数据

（1）原始数据：可以从原始的传感器数据中导出特征，包括直方图、边缘向量和高阶统计。

（2）预处理数据：预处理包括超分辨率处理、颜色校正、视频稳定、基于到目标的距离的比例变换、直方图均衡、图像拼接、雷达自聚焦、锐化和降噪处理。

4）低层特征—高层特征

（1）低层特征通常是从原始的或略微处理的数据中提取的简单的特征，包括边缘、角、雷达截面、光流向量和目标速度。

（2）高层特征是通过组合低层特征形成的，包括目标形状、车轮数量、人的步态或士兵的服装。

5）整体的感兴趣区域或分割出的目标

（1）整体的感兴趣区域：可以检测到目标的矩形感兴趣区域来提取特征。某些特征包括前景目标和背景杂波的混合。如果目标是晴朗天空中的一只鹰，而不是丛林中的一只金钱豹，那么情况还不算太坏。

（2）分割的目标：如果可以从背景中分割出一个目标，则某些特征（如直方图）将仅包含目标数据，其他特征（如目标形状或中心）可能更容易计算。

6）单尺度、多尺度和多视特征等

（1）单尺度特征：特征是直接从单一的图像导出的。

（2）多尺度特征：特征集是根据分层分级的图像表示导出的，这方面的例子有小波特征和金字塔表示中导出的特征。

（3）多视特征：时空特征是根据在连续帧或扫描（最好是从不同的视角得到）的目标表征导出的，可以组合多个二维视，以构建一个相对于视角不变的三维表示。

（4）多传感器特征：由两个或多个传感器的数据得到的特征组合。一个常见的例子是一对立体摄像机，数据也可以是对不同类型的传感器（如前视红外摄像机和高距离分辨率雷达）的数据的组合。在这两个例子中，将能实现对目标的更好的三维描述。

（5）多平台特征：特征是从一个以上的平台上的传感器导出的。

7）有监督—无监督特征提取

（1）有监督的：自动目标识别设计师确定提取的特征类型。当面向特定问题时，这些特征被称为"人工制作的"特征。

（2）非监督的：识别过程对原始数据进行训练，并确定要提取的特征。这是由自动编码器和早期的深度学习算法完成的。

8）数学特征—语义特征—受生物启发的特征

（1）数学特征：具有模糊语义的复杂代码导出的特征。这方面的例子有小波和傅里叶特征。

（2）语义特征：易于被人所理解的特征。可以在监视器上观察具有语义意义的二维特征。例如，边缘图像是可以被观察和理解的，这使自动目标识别开发人员能确定特征提取过程完成的有多好。例如，目标速度和长度就有清晰的意义。

（3）生物启发的特征：这类特征基于对生物传感器及其处理（包括视网膜和视觉皮层）所提取的特征类型的理解。许多不同类型的生物面临生存演化的挑战，人类不一定是最好的模型。常用的生物模型包括苍蝇、虾、鹰、蝙蝠、跳蜘蛛、深海鱼和马蹄蟹。对于水下感知，锤头鲨视觉模型比人的视觉模型更加合适，因为人的视觉是针对在大气中成像"设计"的。

9）基于物理学的特征

基于物理学的特征是利用物理现象或物理定律（如偏振、多普勒、普朗克定律和量子自旋霍尔效应等）的特征。埋藏的地雷和简易爆炸装置（IED）的探测通常是基于深厚的物理学基础实现的。热中子激发（TNA）和四极共振（QR）器件可以直接探测地雷和简易爆炸装置的爆炸特征，其中：TNA 探测爆炸材料中的氮所激发的中子 γ 射线；四极共振器利用根据爆炸物组分调谐的射频磁场脉冲。地面穿透雷达系统探测地面以下的介电不连续性。

某些多波段热成像系统探测在较大的颗粒渗入地面之后在地球表面产生的

微量的石英微粒,这种剩余辐射效应是以 $8.5\mu m$ 和 $8.8\mu m$ 波长为中心的石英双反射特征。此外,植物通常改变周围的地面的颜色。

10) 基于模型的特征

（1）三维模型:要识别的对象来自三维模型库。识别涉及找到使三维特征与三维模型之间具有最大的重叠度的映射,或使二维特征与三维模型的二维投影之间具有最大的重叠度的映射。

（2）目标组成部件:在组件级,特征是目标的组成部件。识别是一个包括基于部件的阶段的真正的分层分级的过程。例如,对于人脸识别,组件是眼睛、鼻子和嘴;对于坦克,组件是炮塔、炮管、车身、轮胎和承重轮。

（3）关联特征:特征是一个实体与其他实体之间的关联,这方面的例子是车辆与道路的距离、车队中车辆之间的距离（见图 3.5）、人的手臂举起之后的射击、发射场所车辆的布置、武器与车身的角度。特征可以是与时间相关的,如观察到的闪光和听到的爆炸声之间相隔的时间。

图 3.5　并非所有的特征都是来自目标的物理特性,诸如车辆之间的距离那样的
　　　　关联特征对于识别一个编队是有用的。照片来自 www. ng. mil。

3.4　特征选择

特征提取过程产生大量可能的特征,这些特征中有些是冗余的、不相关的、不稳定的或有噪声的。特征选择从所提取的特征中选择一个优选的子集,优点是减少分类错误、缩短训练时间、具有更好的推广性、更清晰地解释能实现所需分类性能的原因、降低在线计算负荷。

太多的特征和太少的训练样本会导致"维度灾难"。一个具有几千个或几十万个单元的特征向量,如能够采用适当选择的特征子集实现等价的或更好的性能,就是过度了。然而,如果训练集很小,且运行使用条件与训练数据采集的条件不匹配,那么特征选择过程无法补偿错误构建的统计数据或运行使用概念方案。

如果一个特征与其他特征具有高的互信息,那么这个特征就是冗余的。一个冗余特征不能提供超出等价的原始特征之外的任何补充证据。在一个彩色图像中,冗余特征的一个例子是 $\{Cyan(x), magenta(x), yellow(x)\}$ 和 $\{hue(x), saturation(x), brightness(x)\}$,这里原始特征是 $\{red(x), green(x), blue(x)\}$。然而,分类器不能完美地使用特征中包含的信息,某些冗余是可以容许的。对某些分类任务来说,$\{hue(x), saturation(x), brightness(x)\}$ 比 $\{red(x), green(x) blue(x)\}$ 能更好地区分场景信息。

如果一个特征与目标类有较低的互信息,则这一特征是不相关的。一个不相关的特征不能为分类任务提供有用的信息。例如,对于合成孔径雷达而言,一天中的时间就是一个不相关的特征(但对前视红外而言,则不是一个不相关的特征);当分类任务是字符识别时,颜色是一个不相关的特征;当分类任务是指纹识别时,平均灰度是一个不相关的特征。

含噪声特征的例子包括:傅里叶或小波域中的最高的频率项;从隔行扫描视频、压缩/解压的合成孔径雷达图像中提取的边缘;从非均匀性校正前的前视红外图像中提取的光流向量;在大气闪烁条件下获得的光电/红外特征。

下面考虑以下几个特征选择策略:

（1）滤波器方法是指基于特征相关性（区分能力）选择单个特征或特征组。这些方法是基于特征和目标类之间的互信息,或者采用诸如 T 检测或 F 检测那样的统计检测。采用互信息方法,如果一个特征与一个类是高度相关的,但与其他特征是高度不相关的,则判断该特征是一个好的特征。另一种方法是寻找最小数量的特征,这些特征使不同的类区分开来,并与可用完整特征集的分类保持一致。

（2）Wrapper 方法是采用一种特定的分类算法来确定备选的特征集的相对优点。一个特征集的完美性是根据在采用这些特征时所选择的分类器的性能进行判断的。性能是针对训练集测量的。下面介绍某些 wrapper 方法。

① 交叉验证方法又称为 Jackknife 方法,是将训练数据分解成 N 个子集,$N-1$ 个子集用于训练,第 N 个子集用于测试。这一过程要重复 N 次,每次有不

同的子集用于测试。对 N 个测试子集的特征性能进行平均。对于军事数据而言，这是一种弱方法，尤其是数据都是在相同的时间、相同的地点上对相同的目标获取的情况。

② Bootstrap 方法是采用数据样本的随机选择子集用于训练，其余的数据用于测试。这种方法与 Jackknife 方法的差别在于从一次测试到下一次测试的过程中，训练集是冗余的。

③ Boosting 方法可以解释为贪婪的特征选择过程。组合许多弱分类器构成一个表决机器。在训练阶段，根据训练误差对训练样本进行优先级排序。弱分类器在强分类器之后进行训练，必须聚焦到更困难的训练样本。可以采用 Boosting 方法和信息增益准则进行特征选择。

④ 递归式特征消除方法，如采用支持向量机（SVM）。在训练中，递归地消除在支持向量机解中具有最低的权重幅度的特征。在逐步消除了一些特征后，利用剩余的所有特征对支持向量机重新进行训练。

（3）完全嵌入方法是指将特征选择过程嵌入在一个可训练的分类器中。深度学习算法是这一概念的一个流行的例子[5]。对于具有大量的训练数据，区分能力强，而且对训练和作战数据之间差别具有稳健性的特征类型理解较少的情况，这种方法是有意义的。

洞察力和直觉能便于特征提取和选择。如果特征具有物理意义或语义意义，这将是有所帮助的。如果任务是将 T-72 坦克与 T-62 坦克区别开来，它有助于询问专业图像分析师的做法，并相应地选择特征。图像分析师可以使用目标上一个小的光斑来做出决策。如果能够可靠地获得这些特征，则由目标数据产生的特征比由目标和背景混合数据产生的特征更有用。如果传感器偶尔产生的坏像素具有最大的或最小的值，那么受坏像素影响较大的特征就不是好的选择。如果采用的特征均值受到训练数据中的目标类型分布的扰动，那么这样的特征是没有意义的。例如，如果训练集中的所有类型车辆的发动机是工作的，只有一辆车辆的发动机是坏的，则一个热的发动机不是一个好的红外特征。这是一个非常常见的问题。为了区分一个携带武器的人和一个携带农具的人，知道携载和发射武器的位置和姿态是有用的。

更进一步。特征向量表示高维特征空间中的一个点，它可以很好地映射到嵌入在高维空间中的较低维度的流形。类（或子类）是被流形上的稀疏分布的区域分离开的。可以采用线性或非线性方法来将高维特征向量映射到较低维度的空间，同时保持辨别能力。这种类型的方法中的流行方法包括主分量分析、自组织映射、自动编码器和较新的流形学习方法。一旦形成一个流形，在流形上的一个未知点和一个已知点之间的距离可以沿着流形的表面进行测量，这类似于测量在一个布卷尺上各点之间的距离。

有许多不同的特征提取和选择算法，但并不总是能够建立一个足够完备的训练集，以选择最佳的特征集。对于自动目标识别应用，应当考虑次最优的特征集。对于相同的数据，许多不同类型的特征和子集可能产生类似的性能。在一个条件集下具有良好的性能的特征，可能在不同的条件下具有较差的性能。自动目标识别系统设计团队的经验是最重要的。

3.5　特征类型例子

感兴趣区域通常采用简单算子产生特征图像，将感兴趣区域图像当作一个整体计算概要统计，或将图像分解成重叠的图像块，对每个图像块计算概要统计。图3.6和图3.7给出了几个例子。

图3.6　一辆吉普车的红外图像和一架 Predator–B 无人机的可见光图像的几个特征例子，从左到右的特征类型是原始灰度、边缘图像、经拉普拉斯算子处理的图像、直方图和傅里叶幅度（吉普车图像来自 NVESD. army. mil，无人机图像来自 Grandfork. af. mil）

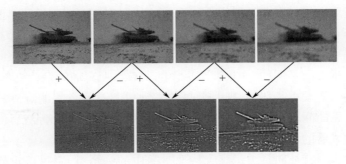

图3.7　高斯差分金字塔（坦克照片由 Sgt. Chad Menegay 拍摄，来自 www. Army. mil. NewsArchives）

最初针对模式识别提出的、由矩组合导出的特征是由 Hu 在 1962 年提出的[6]，对于图像区域或分割出的像斑 $f(x,y)$，$p+q$ 阶的基本的矩 m_{pq} 和中心矩 μ_{pq} 可定义为

$$\begin{cases} m_{pq} = \displaystyle\sum_{x}\sum_{y} x^{p} y^{q} f(x,y) \\ \mu_{pq} = \displaystyle\sum_{x}\sum_{y} (x - \bar{x})^{p}(y - \bar{y})^{q} f(x,y); p,q = 0,1,2,\cdots \end{cases} \tag{3.1}$$

式中：$\bar{x} = \dfrac{m_{10}}{m_{00}}$；$\bar{y} = \dfrac{m_{01}}{m_{00}}$（$\bar{x}$，$\bar{y}$）为图像区域的灰度质心。

可以采用矩的组合来构成特征。某些特征是对平移、旋转和仿射变化不敏感的。人们也提出了其他类型的矩，包括脊波、Zernike、Gaussian – Hermite、Lagendre、傅里叶—梅林、几何和复数矩。

特征可以通过将图像划分成交叠的图像块，并提取每个图像块的局部特征来得到。常用的特征包括单幅图像的有向梯度直方图和视频光流向量直方图。

目标识别常用的描述性特征有 SIFT、SURF、RIFT、PCA – SIFT 和 GLOH 等。这些类型的特征强调不变性，如尺度和照射条件不变性。

不同类型和工作模式的相参成像系统产生不同类型的信息，导致了自动目标识别的不同类型的特征。合成孔径雷达、全息照相和声呐产生本质上是复值的信息。合成孔径雷达图像生成涉及到同相位 I 和正交相位 Q 回波分量的傅里叶变换，并将三维数据投影到一个选择的二维平面，以产生复值的二维图像。因此，复值的合成孔径雷达像素包括幅度部分 $[M = (I^{2} + Q^{2})^{1/2}]$ 和相位部分 $[P = \arctan(Q/I)]$，在显示中忽略了相位部分。合成孔径雷达幅度散射特征构成了一幅表示强散射体（如，来自目标的角）的亮斑图像。复值原始相位历史是指没有进行傅里叶变换且不能看作一幅图像的数据。运动目标是采用一维高距离分辨率雷达轮廓图像来识别的。某些雷达系统具有发射和接收具有不同极化能量的能力。雷达回波信号的频率调制产生的微多普勒特征是由于目标的微小运动而引起的。

3.5.1　有向梯度直方图

第一个搭载在飞机上的自动目标识别系统，称为 AUTO – Q，它采用专门的电路来将视频流转换为梯度图像流，其中检测、分割和识别都是采用梯度向量完成的。梯度向量之所以能够再次流行，主要是因为采用有向梯度直方图的方法，图像被划分成交叠的图像块，每个图像块的梯度向量被映射到一个直方图中。直方图直条对应于梯度方向，将单个直方图联接起来用作特征向量。正如所有这样的方法一样，通常有各种变体。以下进行更详细的阐释，重点是怎样将这种方法应用在自动目标识别中。

步骤 1：以某种方式对一幅图像进行归一化和去噪处理。对于前视图像，天际线以上区域的归一化方式与天际线以下的区域的归一化方式有所不同。

步骤 2：采用相同的检测算法将一个可能的目标从图像中检测出来。

步骤 3：围绕检测点提取一个适当尺寸、形状和尺度的感兴趣区域。感兴趣区域应当与所检测的物体周围尽可能好的拟合。

步骤 4：将感兴趣区域分解成 N 个交叠的块。

步骤 5：将每个块划分成 M 个单元，每个单元由 A 个像素的阵列组成。

步骤 6：在一个单元内的每个像素位置计算梯度向量（具有幅度和方向）。将加权的幅度梯度映射成一个有 H 个直条的直方图。也就是说，每个梯度向量映射到由它的方位角决定的直方图直条，它对直方图的贡献是由其幅度（或者幅度平方，或者经阈值处理的幅度）决定的。每个直条对应于一个梯度方向，如 $\{0°, \pm22.5°, \pm45°, \pm67.5°, \pm90°, \pm112.5°, \pm135°, \pm157.5°, 180°\}$，或者对应于无符号的角度，如 $\{0°, 22.5°, 45°, 67.5°, 90°, 112.5°, 135°, 157.5°, 180°\}$

步骤 7：将一个图像块中的 M 个单元对应的 M 个直方图进行级联，以形成一个单一的直方图，然后当作一个向量 v。

步骤 8：对每个图像块，计算归一化因子 f，并对 v 的单元进行归一化。其中，归一化因子可表示为

$$f = \frac{v}{\sqrt{\|v\|_2^2 + \varepsilon}}$$

步骤 9：将来自 N 个图像块的 N 个归一化直方图进行级联以形成一个单一的特征向量 V。向量 V 馈送给自动目标识别的分类器。

上述步骤中的典型值包括：

（1）空间比例调整的感兴趣区域大小为 64 像素 ×128 像素（如果候选目标是一个可疑人员），128 像素 ×64 像素（如果候选目标是一辆可疑的车辆）。

需要注意的是，对于在一定距离内的军事目标，空间比例调整的感兴趣区域包含的像素数比这一额定值要小得多。

（2）每个感兴趣区域交叠的图像块的数目为 $N = 8×16$（或 $16×8$）$= 128$。

（3）每个图像块的单元的数目为 $M = 4$。

（4）每个单元的像素数目为 $A = 8×8 = 64$。

（5）每个单元的直方图直条的数目为 $H = 8$ 或 16。

（6）最终的特征向量 V 的长度为 8 直条/单元 ×4 单元/图像块 ×8×16 图像块/感兴趣区域 =4096 直条 =4096 个单元（在特征向量中）。

3.5.2　光流特征向量直方图

当采用时空数据时，可以采用时空梯度获得 HOG 特征。光流向量可以用于

代替梯度向量,以构成 HOF 方法。HOG 和 HOF 特征通常可以组合形成 HOG - HOF 特征。这些特征通常是在一个分层分级的尺度上提取的。HOG - HOF 特征有时是在感兴趣时空点(STIP)周围局部提取的,而不是提取稠密覆盖在整个感兴趣区域的那些特征。

3.6　分类器例子

无论采用怎样的方法,目标分类的范式主要是模板匹配、神经网络和统计方法(贝叶斯等)。一般的步骤是:获取加上时间同步戳的元数据的图像(或)信号数据;从数据中探测出潜在的目标,这一目标有时被称为一个亮斑或一个未知物体;采用可以得到的元数据(如距离、滚转、俯仰角),对亮斑图像进行某种形式的变换(如中心变换、空间比例变换、分割变换或旋转变换);将从亮斑图像提取的特征合成为一个特征向量(或特征图像),丢弃不相关的或冗余的特征,采用最终的特征向量 $\mathbf{X}$ 表征一个候选目标;为了知道哪个目标表示 X,需要进一步进行称为分类的处理,接着根据相关的证据,即特征向量 $\mathbf{X} = \{x_1, \cdots, x_d\}$,将候选目标分配到 r 个子类 $\theta_1, \cdots, \theta_r$ 的一个,每个子类是一个更宽泛的类的一个成员,$\theta_i \in \{C_1, C_2, \cdots, C_q\}$。例如,一个子类可以是处于约 45°方位角的 T - 72 坦克,而更宽泛的类是 T - 72 坦克或仅仅是坦克。

有监督的分类器需要输入数据对 $\{\mathbf{X}_i, Y_i\}$,其中 $\mathbf{X}_i$ 是特征向量,Y_i 是特征向量对应的的标签。Y_i 也可采用一个向量 $\mathbf{Y}_i$ 来表示,$\mathbf{Y}_i$ 的第 i 个位置的非零项表示第 i 个类别。无监督的分类器仅需要 $\{\mathbf{X}_i\}$ 集合,它将每个未知的 X 映射到一个聚类,但并不对聚类分配类别标签。分配到一个特定的聚类的样本具有相同的特性。

下面我们将讨论基本的分类算法,但并不判断军事目标分类问题的复杂性。有许多其他的问题:能得到什么元数据,对它进行怎样的处理? 元数据中有哪些误差? 元数据与图像数据同步得多好? 能够得到什么先验信息? 用来获取训练数据的传感器与实际运用的传感器有怎样的关联性? 传感器有什么样的工作模式? 这些模式(如雷达模式,摄像机现场)可以切换吗? 或者可以请求其他传感器在需要时提供附加信息吗? 自动目标识别器可以控制平台或传感器模式以更好地观察目标吗? 分类器和人在回路中的作用是什么? 系统怎样报告其结果? 需要什么样的性能以成功地完成一项任务? 怎样确定是否能满足所需的性能? 怎样将任务目标清单加载到系统中? 系统怎样知道传感器是否正确地工作,以及数据是否会由于天气而降质? 分类器中的数据是否将系统变成了一个保密的军事装备? 如果被敌方得到,怎样保证系统本身的安全?

3.6.1 简单分类器

采用简单分类器没有错。简单分类器对于预计不到的情况是稳健的,且易于设计、测试、实现和维护。只有在简单分类器不能满足性能需求时,才会采用复杂的分类器。即便如此,简单分类器也有助于确定采用更复杂的方法的好处和代价。

3.6.1.1 单类分类器

单类分类器将目标与非目标区分开来。对于一个具体的任务,除了感兴趣的目标,其他物体都被当做干扰物或杂波。单类分类器的假设是:在无限变化的真实世界中,杂波亮斑是不能得到良好描述的,对于高分辨率的而不是点状或噪声型杂波尤其如此。绝大多数的目标检测器是单类分类器,但是单类分类器不能提供目标的后验概率,因为得不到非目标的信息,也不能做出令人信服的假设。自动目标识别开发人员的基本假设是能够采用丰富的特征集,而雷达工程师通常采用有限的目标描述符子低分辨率数据而做出相反的假设。

3.6.1.2 二类线性分类器

线性分类器可以计算一个简单的超平面,将一个类别与其他类别分离开来。假设有一个神奇的远距传感器可以确定动物的高度和重量,假设有 13 只动物,其中 5 只是大象,8 只是长颈鹿。对这 13 只动物产生了一个大小为 $m = 13$ 的训练集;$D = \{(X_1, Y_1), \cdots, (X_{13}, Y_{13})\}, Y_i \in \{\text{elephant}, \text{giraffe}\}$。每个训练样本由一个二元特征向量 $X_i = (w_i, h_i)$ 表示,其中 w 表示动物的重量,h 表示高度。图 3.8(a) 给出了表示为二维特征空间中的点的 13 个向量,这两个类是线性可分的,因为有多个直线可以将它们区分开来,如图 3.8(b) 所示。一个分割线可以表示为 $aw + bh = c$,对于 a、b 和 c 有多种可能的解,每个解都产生了不同的分割线。最佳解取决于所选择的最优化定义。例如,线性回归根据均值和方差定义最优性,采用所有 13 个点获得最佳解。正如后面我们将看到的那样,支持向量机采用不同的最优性的定义。

因此,如果两个点集可以被一条直线完全分开,则这两个点集在二维空间中是线性可分的,且这条直线不必是唯一的。如果两个点集可以被超平面分开,则这两个点集在更高维的特征空间中是线性可分的,超平面是一条直线的多维对应。

假定 X 是一个未知物体的特征向量,权重向量 W 和门限 b 是根据标注的训练数据 D 学习的,函数 f 将两个向量的偏差点积转换为所希望的输出,则分离器的输出评分是

$$\text{out} = f(W \cdot X - b) \tag{3.2}$$

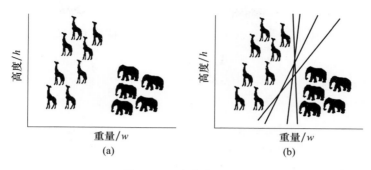

图 3.8 二类分类器示例

(a)每个训练样本可以由特征空间中的一个点来表示(这一例子是针对一个两类问题的,
每个训练向量有两个元素;(b)两个类是采用图中的任何一个直线线性可分的。

    所有大于 0 的输出值被分配到一类,所有小于 0 的值被分配到另一类。当将偏差项 b 移出这一方程时,假设数值为 1 的权重向量的最后一个元素被放置到特征向量的一个附加的元素中。

3.6.1.3 支持向量机

    支持向量机(SVM)构造一个可分离两个线性可分的点类的超平面。这种方法的理论基础是:在构造分离超平面时,并非特征空间中的所有点都是同样重要的,其中最接近于决策面的点集称为支持向量。这些点在图 3.9(a)中用粗体圈出,它们是最难分类的,因为它们是最接近于其他类的点。尽管许多直线可以划分图 3.9(a)中的红点和绿点,但支持向量机使分离超平面周围的边距最大化,如图 3.9(b)所示。决策函数仅取决于支持向量。

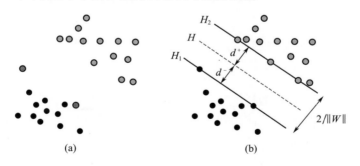

图 3.9 支持向量机示例

(a)来自两个线性可分类的特征向量,其中 5 个支持向量有暗的周长;(b)最好的分离
超平面(按照支持向量机)是具有最大边距的超平面,在图中用虚线表示。(见彩插)

    训练数据集 D 包括 n 个点 $\boldsymbol{X}_i$,有

$$D = \left\{ (\boldsymbol{X}_i, \boldsymbol{Y}_i) \mid \boldsymbol{X}_i \in R^d, \boldsymbol{Y}_i \in \{-1, +1\} \right\} \tag{3.3}$$

式中：Y_i 为 -1 或 $+1$，标明 X_i 的类。

在图 3.9(b) 中，在平面 H_1 和 H_2 上的点是支持向量，H_1 和 H_2 平面可描述为

$$\begin{cases} H_1 : X \cdot W + b = +1 \\ H_2 : X \cdot W + b = -1 \end{cases} \tag{3.4}$$

根据支持向量机方法，超平面 H 提供了两个点集之间的最佳的分离，超平面 H_1 和 H_2 之间的距离是 $1/\parallel W \parallel$，使 $\parallel W \parallel$ 最小将使边距最大。下面增加了一些约束，即

$$\begin{cases} X_i \cdot W + b \geqslant +1 & \text{对于第一类 } Y_i = +1 \text{ 的 } X_i \\ X_i \cdot W + b \leqslant -1 & \text{对于第二类 } Y_i = -1 \text{ 的 } X_i \end{cases} \tag{3.5}$$

两个方程可组合得

$$Y_i(X_i \cdot W + b) \geqslant +1 \text{ 对所有 } i，其中 Y_i \in \{-1, +1\} \tag{3.6}$$

这是一个约束优化问题，可以采用拉格朗日乘子方法求解，目的是通过使 $\parallel W \parallel^2$ 最小，找到使边距最大的超平面，这一分类边界可限定为

在 $Y_i(X_i(W+b)) = +1$ 的约束条件下

$$最小化 \frac{1}{2} \parallel W \parallel^2 \tag{3.7}$$

这个问题还可描述为

在 $\eta_i \geqslant 0$ 和 $\sum_{i=1}^{n} \eta_i Y_i = 0$ 的约束条件下，利用

$$L(\eta) = \sum_{i=1}^{n} \eta_i - \frac{1}{2} \sum_{i,j} \eta_i \eta_j Y_i Y_j X_i^{\mathrm{T}} \cdot X_j \tag{3.8}$$

使 η_i 最大化。

在这一公式中，输入的特征向量仅出现在一个点积中。支持向量机有两种扩展型。其中，非线性支持向量机采用核函数 $k(X_i, X_j) = \phi(X_i) \cdot \phi(X_j)$ 来代替 $X_i \cdot X_j$，修改了训练向量，只要选择好核函数，就可以分开非线性可分离的点。但是，不能保证能够找到这样的核。在核方法中，只要点积是知道的，不一定要知道 $\phi(X)$ 的确切值。表 3.1 列出了常见的内积核。

表 3.1 支持向量机常见的内积核[12]

支持向量机的类型	内积核 $k(X_i, X_j)$	注解
双曲正切(sigmid)	$\tanh(\alpha X_i \cdot X_j + c)$	等价于双层感知机网络

（续）

多项式（均匀）	$(\boldsymbol{X}_i \cdot \boldsymbol{X}_j)^p$	必须选择幂次 p
多项式（非均匀）	$(\boldsymbol{X}_i \cdot \boldsymbol{X}_j + 1)^p$	必须选择幂次 p
高斯型径向基函数（RBF）	$\mathrm{e}^{-\frac{1}{2\sigma^2}\|(X_i - X_j)\|_2}$	必须选择高斯宽度

基本的支持向量机是一种二类 SVM。多类 SVM 通常通过组合多个二类支持向量机来实现，当有大量的类时这是很困难的。

人们经常将 SVM 与人工神经网络（ANN）进行比较。有许多类型的人工神经网络和许多 SVM 的变体。基本的二类 SVM 有很强的优化理论基础，能达到全局最小值，并且每次对相同的数据进行重新训练时不会得到不同性能。支持向量机的代码是容易得到的。支持向量机不会像人工神经网络那样有很多种，一个典型的人工神经网络也具有良好的特征，它通过训练构造一个针对多类的决策平面，对每一类输出一个后验概率估计。它非常适合非常大的训练集，并且对噪声和误标注的训练向量相对不敏感。可以构建能够处理非常大的多类问题（>1000 类）的人工神经网络。现在有数十种类型的人工神经网络，如表 3.1 所列，某些版本的 SVM 很像人工神经网络。总之，哪种方法的性能最好，取决于数据的特性和自动目标识别系统设计者的技能。对于 SVM 和人工神经网络，难以准确地理解分类器怎样和为什么做出其决策。最好是客观地选择分类器范式，通过竞争性地测试多种类型的分类器，而不是选择一种大胆尝试。

在得到数据之前就已经形成理论是一个致命的错误，有人不知不觉地以事实牵强附会地来适应理论，而不是以理论来适应事实。——福尔摩斯探案集（作者：柯南道尔，1888）。

3.6.2　基本分类器

3.6.2.1　单最近邻分类器

最早出现的一类分类器是单最近邻分类器（INN）。训练数据集 D 由数据对组成，即

$$D = \{(\boldsymbol{X}_1, \boldsymbol{Y}_1), (\boldsymbol{X}_2, \boldsymbol{Y}_2), \cdots, (\boldsymbol{X}_m, \boldsymbol{Y}_m)\}$$

式中：$\{\boldsymbol{X}_i, \boldsymbol{Y}_i\}$ 为第 i 个输入特征向量，它的子类标识为 $\boldsymbol{Y}_i \in \{\theta_1, \theta_2, \cdots, \theta_r\}$，$\theta_i \in \{C_1, C_2, \cdots, C_m\}$，$C_i$ 表示更宽泛的类。假设对特征向量的元素适当地归一化，例如，都落在 [0,1] 区间。一个 r 维的特征向量表示在 r 维空间中的一个点。最近邻分类器存储每个标注的训练样本，也就是说，它采用标注的点来构成 r 维特征空间，这是训练的总的范围。对于在线运行，表示一个未知样本的特征向量与存

储的最近邻的样本关联，并分配给其标识。为了完成分类器设计，必须采用距离度量或距离测度的形式，使"最近邻"的定义更加明确化。以下给出了距离测度的几个例子，其中 X 表示从还没有标识的样本抽取的特征向量，即

$d(X,Z) = \| X - Z \|_s^{1/s}$，对于最常用的欧几里得距离，$s = 2$；

$d(X,Z) = 1 - M(X,Z)$，其中 $0 \leqslant M(X,Z) \leqslant 1$，$M$ 表示匹配；

$d(X,Z) =$ 沿着一个流形的正切距离[13]。

单最近邻分类器可以采用图 3.10 所示的联接图表示。

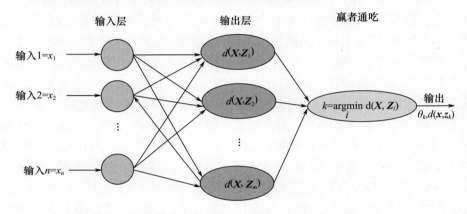

图 3.10 单最近邻分类器的联接图（X 是从未知的物体抽取的特征向量，Z_i 是存储的加以标签的特征向量）

单最近邻分类器将训练集进行完美的分类。然而，这样做并不意味着将产生一个卓越的分类器，是不是好的分类器取决于它能多好地推广到与训练样本不太匹配的数据。

如果训练样本是训练的模板（一维、二维或三维）而不是向量，则距离函数可以写为

$$d(X,Z) = \min_T [X, T(Z)] \tag{3.9}$$

式（3.9）表示 X 和 Z 变换之间的最小距离，其中 T 是一个变换集，如旋转、平移和比例变换。必须对诸如比例尺那样的变换加以限制，以使玩具卡车不被误分类为真正的卡车。注意，模板 Z 当作一把切菜刀，以将嵌入 X 中的目标与它的背景分割出来。如果存储的不是模板，而是各种类型目标的单一的 CAD/CAM 模型，并在需要时在线生成和变换模板，那么最终的自动目标识别属于"基于模型的自动目标识别"类型。

如果每种未知类型的物体必须与每个存储样本进行比较，单最近邻分类器的计算量是巨大的。有多种不同的方法来加速单最近邻分类器。第一种方法是

将每种目标子类的输入特征向量进行聚类,然后仅存储聚类中心(原型),而不是存储每个训练样本。第二种方法是修剪那些不会影响搜索的存储的特征向量,进而减少对最近邻的搜索。第三种方法是以结构化的方式(如采用一个 k 维树)来存储数据。

k 近邻分类器(KNN)将分类决策建立在未知样本的 k 个近邻标识的基础上。这种决策可以是基于多数表决的,或者可以采用 k 个近邻的接近程度对表决进行加权,因此近邻的比远邻的有更强的表决权。

虽然存储容量、处理容量和编程成本的有所增加,简单的最近邻分类器正在成为自动目标识别的合理方法。最近邻分类器易于编程、调试和分析,实现了"一次性学习"的愿望。

3.6.2.2　朴素贝叶斯分类器

一个真正的贝叶斯分类器需要学习和存储十多亿个参数。朴素贝叶斯分类器(NBC)是一种参数要求较少的方法,它假设输入特征是彼此独立的。例如,如果一辆车辆是长的、黄色的而且有很多车窗,那么可以将它分类为一辆校车。NBC 能采用这些特征来提高对校车的分类概率,而不管是否存在其他特征。这可以写为

后验概率　先验概率　似然度

$$p(C \mid, x_1, x_2, \cdots, x_n) = \frac{p(C)p(x_1, x_2, \cdots, x_n \mid C)}{p(x_1, x_2, \cdots, x_n)} \tag{3.10}$$

证据

式中:$C = \{c_1, c_2, \cdots, c_m\}$ 为目标类集;$X = \begin{bmatrix} x_1 & x_2 & \cdots & x_n \end{bmatrix}$ 为一个输入特征向量。

式(3.10)是我们寻找的后验概率。由于对于所有的目标类证据是相同的,方程右边的分子是我们应当关注的,有

$$p(C)p(x_1, x_2, \cdots, x_n \mid C) = \frac{1}{Q}p(C, x_1, x_2, \cdots, x_n) = \frac{1}{Q}p(C)\prod_{i=1}^{n}p(x_i \mid C)$$

$$\tag{3.11}$$

式中:Q 为比例因子。采用以下决策规则将输入特征向量 X 分类为目标类型 c_i,即

$$\underset{k}{\mathrm{argmax}} p(\text{Class} = c_k) \prod_{i=1}^{n} p(x_i \mid \text{Class} = c_k) \qquad (3.12)$$

如果目标类的先验概率是未知的，并假设相等，则可以从式(3.12)中将 $p(C = c_i)$ 删除。

假设特征具有高斯分布，令 μ_k 和 σ_k^2 表示估计的 k 类或子类 c_k 的特征 x 的均值和方差，则有

$$p(x = h \mid c_k) = \frac{1}{\sqrt{2\pi\sigma_k^2}} \exp\left[-(h - \mu_k)^2 / 2\sigma_k^2 \right] \qquad (3.13)$$

朴素贝叶斯分类器可以绘制成连接图的形式。输入特征向量 **X** 的每个元素被反馈到输入层的一个单独节点中，并馈送到输出节点，再由输出节点计算目标子类的概率。输出节点提取这些概率的最强的，并输出对应的目标子类及其概率估计。注意图 3.11 的拓扑结构与图 3.10 相同。

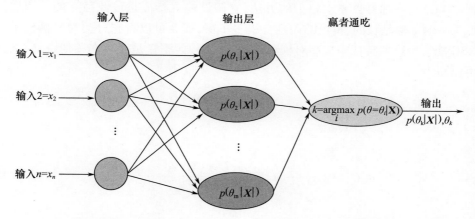

图 3.11　朴素贝叶斯分类器的联接图(**X** 是从未知物体抽取的特征向量，
θ_i 是子类，最终的节点选出最可能的子类)

3.6.2.3　感知机

经典的感知机是一种用于学习二类分类器的监督学习方法。20 世纪 50 年代在美国海军研究基金的支持下，感知机模型被设计到硬件中。其中：单节点感知机是一种二类线性分类器，对于线性可分的两类问题，它具有良好的性能。在训练过程中，误差被反向传播到神经元以调整其权重。有很多种重要的训练方法，其中分组训练算法是迄今为止最佳的解决方案。感知机训练也可以用来寻找两类之间的最大的分离界限。这一"最佳稳定性的感知机"与核方法结合，可以作为支持向量机的基础。

感知机采用一个特征向量 **X** 与学习加权向量 **W** 的偏置的点积来做出决

策。如果该函数是一个阶跃函数,感知机节点输出一个二元的结论,即 sign $(W \cdot X - b)$,这样的感知机称为离散感知机。如果感应机采用的函数是一个较平滑的反曲函数 S,节点输出一个较平缓的响应,即 $S(W \cdot X - b)$,这样的感知机称为连续感知机。偏置项 b 通常被排除在方程之外,只需将它当做另一个权重,并在输入向量中增加另一个值为 1 的元素。一个所谓的单层感知机对每个类具有一个感知节点,但没有隐藏节点(见图 3.12)。

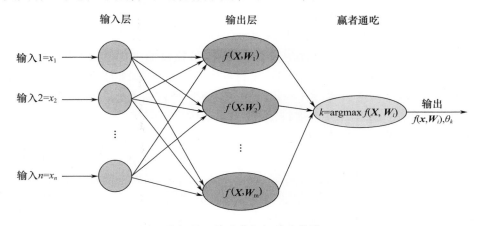

图 3.12　单层感知机的连接图

假设在某一特定的方位角的完美配准的、比例变换的一个目标(子类)图像(或梯度图像)上对一个单节点连续感知机进行训练,在训练之后,它的加权向量 W 将是目标的空间域模板。单节点感知机将计算 $S(W \cdot X) = M(W \cdot X)$,其中 $0 \leqslant M(W \cdot X) \leqslant 1$。一组 m 个这样的节点(每个子类一组)将构成一个模板组。采用这种方法,每个权重向量都是一幅图像,能够可视化和可理解。

在历史上,具有一个输入层和一个输出层的感知机称为单层感知网络(见图 3.12),这一术语源于一个事实:输入层不执行任何计算,在输入层和输出层之间仅有 1 个连接层。可以彼此独立地训练输出节点,以形成一组二元分类器的集合。每个分类器在一个特定的类和所有其他类上进行训练,这称为一对多(OvA)策略。对于一个连续感知的一对多网络,最强的节点输出携载着所推测的目标类型。离散感知网络的输出节点采用阶跃函数来产生 0 或 1,N 个输出节点通过训练可以表示 2^N 种可能的类别。例如,对于 3 个输出节点,011 将对应于第三类。

对于单层感知机那样的分类器,如果对潜在分布不做假设,则可称为基于判别的分类器。这种分类器在不想深入研究数据统计的工程师中很受欢迎。正如后面将要涉及到的那样,多层感知机将取代单层感知机用于大多数应用。

3.6.2.4　学习向量量化算法族

学习向量量化（LVQ）是由 Teuvo Kohonen 等发明的许多聚类型神经网络中的一种。学习向量量化采用径向基函数来刻画特征空间。采用基本的学习向量量化的分类器有以下假设：

（1）可以选择距离度量或一组等价的特征，以使点集聚类到相同的"输出子类"中。

（2）在所选择的特征空间中，聚类是球形的

在学习向量量化中，完整的训练算法包括两个阶段。在第一个阶段，单独处理每个子类 θ_i。对于每个目标子类 θ_i，假设固定数目的聚类 n_i，要构造一个 n_i 个码本向量的集或聚类中心，并初始化到目标子类 θ_i 的训练向量的附近。假设 $\boldsymbol{m}_j$ 是第 j 个码本向量（$1 \leqslant j \leqslant n_i$），以随机的顺序选择目标子类 θ_i 的训练向量 $\boldsymbol{X}$，并与 n_i 个码本向量的每一个进行比较，距离训练向量最近的码本向量 $\boldsymbol{m}_w$ 被认为是赢者。接着调节获胜的码本向量，以减小距离 $\| \mathbf{m}_w - \boldsymbol{X} \|$。所有的其他码本向量 $\boldsymbol{m}_j$（$1 \leqslant j \leqslant n_i, j \neq w$）也会被调整，以减小距离 $\| \mathbf{m}_j - \boldsymbol{X} \|$，但调整的程度较小。这一过程要采用衰减的学习率（每个训练向量影响码本向量的程度）重复进行，直到绑定到每个码本向量的训练向量集达到稳定为止。为了丢弃异常的聚类（与异常的数据相关），并确定较大的聚类的精细结构，要对所有的聚类进行周期性分析。

训练的第二阶段是从找到每个目标子类的码本向量集后开始，采用更宽泛的类级别上的相对事实来标记码本向量，并组合成一个用于监督调整的单一的集合。这种方法称为自适应最近邻，每个训练向量 $\boldsymbol{X}$ 与所有的码本向量进行比较，包括最近的"类内"码本向量 $\boldsymbol{m}_{val}$ 和最近的"类外"码本向量 $\boldsymbol{m}_{inv}$。如果 $\boldsymbol{m}_{val}$ 的事实标记是正确的，即与 $\boldsymbol{X}$ 的事实标记是匹配的，则不再对向量 $\boldsymbol{X}$ 进行处理，接着分析下一个训练向量。如果事实标记不匹配，则对码本向量 $\boldsymbol{m}_{val}$ 和 $\mathbf{m}_{inv}$ 进行调整，以使它们分别更接近于和更远离 $\boldsymbol{X}$。这一过程要反复迭代，调整力度逐渐减小。在采用这种方式训练时，在线分类采用最近邻机制。

3.6.2.5　误差反向传播训练的前馈多层感知机

误差反向传播（BP）迭代训练的多层感知机（MLP）神经网络是用于目标识别的一种最流行的神经网络。顾名思义，在训练时，误差梯度会反向传播给输出节点和隐藏节点。迭代地更新神经网络权重，使训练数据输出误差最小化，训练持续进行，直到达到停止准则为止。标准 MLP 网络采用一个输入单元层、一个隐藏单元层和一个输出单元层（见图 3.13）。通常，输入单元是不计算的、标准的 MLP，在隐藏单元层和输出单元采用一个形式为 $f(x) = 1/[1 = \exp(-\alpha x)]$ 的反曲函数，但在神经网络文献中也提出了许多替代的非线性函数建议。所有

的连接是非对称的,输入单元仅与隐藏单元连接,隐藏单元仅与输出单元连接。一种简单的变形也直接将输入单元和输出单元连接,在大量的测试中我们没发现这一变形有什么优势,另一种变形在每轮训练中在考征向量中注入递减的噪声,我们发现在训练中注入噪声没有优势。

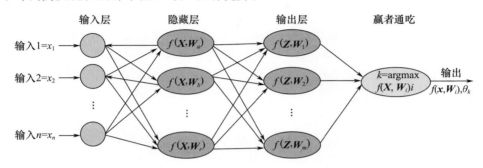

图 3.13　多层感知机的联接图

3.6.2.6　平均场理论神经网络

平均场理论神经网络(MFT)是一个大类,而且是多样化的。我们测试的特定 MFT 包括输入、输出和隐藏节点,如图 3.14 所示。尽管 MFT 的网络状态方程近乎与 MLP 网络相同,但是在 MLP 的测试状态中没有反馈联接,能确定状态序列的相关性,并无迭代和确定性地求解系统状态方程,但 MFT 不是这样。

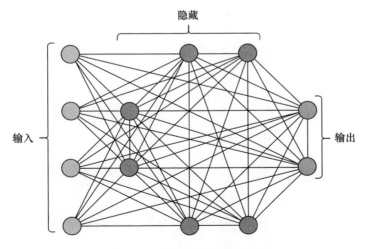

图 3.14　平均场理论神经网络

MFT 的输入节点仅用于缓存网络输入,不执行任何计算,组合的输出节点和隐藏节点称为计算节点集,计算节点通常采用标准的非线性反曲激励函数。

103

为了保证网络稳定（收敛），我们规定隐藏节点和输出节点的所有的联接 w_{ij} 是对称的，即 $w_{ij} = w_{ji}$。联接对称性是吸引子网络的标志。由于每个计算节点与其他节点都是联接的，描述平均场理论的方程组构成了一个必须同时求解的非线性系统。这就涉及到多种方法，如 m 处理器并行松弛算法。

在松弛算法中，节点被分配到 m 个组并进行初始化。在并行计算时，选择每组中的每个节点并计算其状态，而不用考虑所有未选择节点的已知状态值可能有显著误差的事实，所有选择节点的已知状态值将在并行计算完成后很快过时。在每个节点得到更新后，新更新的所有节点的状态被分配到所有 m 个处理器的所有节点。算法重复进行，直到满足收敛或非收敛准则为止。收敛所需的确切的迭代次数取决于输入数据，许多计算技术可以使振荡最小，同时保证快的收敛速度。在松弛结束时，检测输出节点的状态值。在我们的测试中，完全联接的 MFT 网络的性能并不比较简单的前馈 MLP 网络性能更好。由于 MLP 网络的延迟较少，因此可在自动目标识别中优先使用。

3.6.2.7　基于模型的分类器

人的大脑具有旋转表示二维和三维物体的能力[17]，这称为心理旋转，即便盲人也有这一能力，响应时间与内心中的物体旋转的角度成正比。这表明物体的心理模型在我们的大脑中逐渐旋转（正像在物理世界中那样），以确定它是否对应于另一幅图像或存储的模型。

"基于模型的分类器"是一种特定类型的分类器，它采用心理旋转范式。可以 DARPA/AFRL 的 MSTAR 算法为例来解释这种分类器。MSTAR 识别合成孔径雷达图像中的目标，采用 XPATCH 特征预测软件导出目标的雷达散射模型。XPATCH 以 CAD/CAM 模型形式提供三维目标几何模型，输出是每个目标类型的三维散射表示。实时 MSTAR 系统采用散射表示法，将散射表示旋转并投影到合成孔径雷达像平面上。在线假设检验过程采用投影，将预测的目标特征与从图像数据中提取的特征进行匹配。图 3.15 给出了三种不同分辨率的合成孔径雷达图像目标。

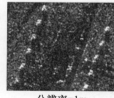

分辨率=1m　　　　　分辨率=1ft　　　　　分辨率=4inch

图 3.15　三种不同分辨率的目标图像，合成孔径雷达图像上的关键点
是强的散射中心（通用原子公司 Lynx 图像，取自 Sandia. gov）

3.6.2.8 图像搜寻电路

David Arathorn 提出的图像搜寻电路(MSC)是一种将三维模型 M 与二维图像 I 有效匹配起来的手段。在基于模型的分类器中可以应用 MSC。以下是 Murphy 等人的表示法,即

$$c(T) = T(M) \cdot I \tag{3.14}$$

式中:T 为用于模型 M 的一个特定的变换集,且 $T(M)$ 和图像 I 一样是二维的;相关性 c 是 M 与目标图像 I 的点积。MSC 对三维模型 M 进行 L 变换,有

$$T = T_{iL}^{(L)} \cdots T_{i2}^{(2)} T_{i1}^{(1)} \tag{3.15}$$

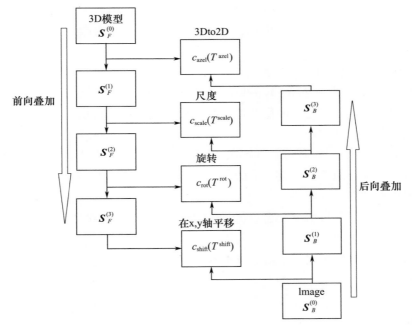

图 3.16　4 层图像搜索电路(取自 D. Arathorn[18])

图像搜寻电路可采用一个 L 层网络实现(见图 3.16),式(3.15)中的上标是指网络的层数,每一层完成不同类型的变换。例如,一个变换可以是三维到二维的变换,也可以是另一种旋转、另一种平移和另一种尺度变换[相关或其他形式的匹配可以用于代替式(3.15)中的点积,从而正如 Overman 和 Hart 所建议的那样,取消某些变换]。式(3.15)中的下标是一个变换 $T^{(K)}$ 的具体的参数值,例如旋转 359° 而不是 $d°$,其中 $d = 0, \cdots, 358$。

图像搜寻电路与叠加的次序特性有关,这表明对于稀疏向量 v,有

累积和 $S = \displaystyle\sum_{i=1}^{n} v_i$

如果 $k \in [1, \cdots, n]$，且 $j \notin [1, \cdots, n]$，

则有 $P\{(S \cdot v_k) > (S \cdot v_j)\}$ (3.16)

这只是一个常识性的观察：稀疏向量 S 的累加和与向量 $v_k \in S$ 的点积在平均意义上大于 S 与向量 $v_k \notin S$ 的点积。这些向量是从某种类型的参数化变换得到的，不一定是旋转、平移或尺度变换。

网络的前向路径将三维模型 M 投影到图像上，反向路径将图像投影到模型上，要连续进行反向和前向迭代，直到在网络的每一层剩下一个非零的特定类型的变换为止。最后一个值的集合表示能实现三维模型与图像的最佳匹配的计算变换集。

3.6.2.9　集合化分类器

集合化分类器是由多个较简单的分类器构成的。集合化分类器通常比性能最好的单分类器具有更高的稳健性，并且通常能实现更好的性能。以下类型的集合化分类器很受欢迎。

（1）将 N 类问题分解成 N 个单独的分类决策的二元分类器组合，每个分类器区分一个单一的类和所有其他的类。采用赢者通吃策略，输出类评分是具有最强的决策的二元分类器。

（2）民主投票机给委员会（分类器组）的委员相同的投票权重。性能比单个委员会委员更加稳定。

（3）堆栈方法采用一个新的分类器，修正以往的分类器的误差，改进集合化分类器的性能。

（4）套袋算法采用加权投票来组合分类器，对于更好性能的分类器给予更高的权重。

（5）助推算法是一种将弱分类器和弱特征相结合来产生良好的分类结果的通用方法。对于流行的 AdaBoost 算法，可以提取一个大的特征集。AdaBoost 选择使用什么特征和怎样组合它们。AdaBoost 按顺序调用附加的分类器，每个附加的分类器的训练集是基于以往训练的分类器的性能，后续的分类器主要关注对前面的分类器误分类的训练样本。

（6）决策树分类器是指将一个复杂的决策分解成较简单决策的组合的多层分类器。每个非叶节点表示一个检测，每个枝节点表示检测的输出，每个叶子（终端）节点表示一个类或子类标识。二元树分类器在决策树的每个节点进行二元决策（见图3.17）。

（7）随机森林分类器是由 Breiman 和 Culter 提出的，输出每个决策树的类的模型。与 kNN 算法类似，它是一个加权近邻的方案。在大量的测试中，随机森林分类器的性能优于堆栈、套袋和助推分类器方法。

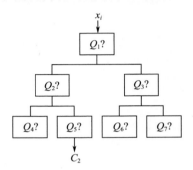

图 3.17　二元决策树分类器的例子，在每一级对问题 Q 的回答决定下一个询问

3.6.3　竞赛获胜和新流行的分类器

最近人们对深度学习（DL）网络（见图 3.18）的兴趣日益增长。深度学习并不是指一种具体的神经网络类型，它是具有许多隐藏层的网络。深度学习网络可以是分层分级的，也可以是不同类型的网络组合而成的。它可以在一次训练一个层或同时训练多个层。循环神经网络（RNN）在时间上是深度的。前馈深度学习网络机理和标准的前馈神经网络机理之间的哲学区别在于：在其最纯正的形式中，原始的输入数据被馈送到深度学习网络的输入层。第一层或者前几层将原始输入数据组合到低级特征中，接着下一层或以下几层将这些原始特征组合到更高级别的特征，以此类推。如果能够得到大量的训练数据，且项目工程师困惑于要使用哪个特征，那么这种方法就有意义。深度神经网络的大多数学术和商业实现采用图形处理器（GPU）。由于在军事系统中的热冷却和延迟限制，需要采用最低功耗的异类多核处理器、FPGA 或 ASIC。互联网搜索公司现在正在寻找 FPGA 解决方案。Intel 正致力于 FPGA/处理器混合芯片。也可能采用 GPU 训练网络，然后将权重集下载到低功耗的实时硬件上。

3.6.3.1　分层即时记忆

一种流行的时空分类器是 George 和 Hawkins 提出的拥有多项专利[26,27]的分层即时记忆（HTM）。Davide Maltoni 已经发展了一个采用 Gabor 特征作为输入的分级即时记忆网络，在网络的第一级或 1 级有部分交叠的块（见图 3.19）[28]。Maltoni 的方法采用对测试样本的快速扫视，这实际上是每个输入样本进行随机移位，每次得到一个单独的输出决策，然后从中选择最强的作为报

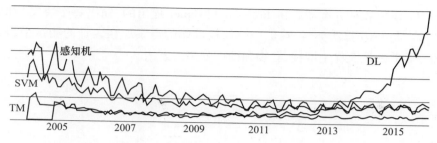

图 3.18　分类器趋势(基于在线搜索历史考察人们对几类分类器的兴趣，
深度学习有上升的趋势，而大部分分类器有下降的趋势，
TM 表示模板匹配器源于采用 Google Trends 的搜索)

告的输出。在训练时也可以采用扫视。

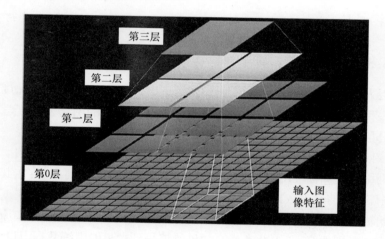

图 3.19　四层 HTM(在这一例子中输入图像是 16×16 像素。第 0 层有 16×16 个输入节点，
每个节点与一个单一的像素或者一个单一的局部图像特征关联，第一层有 4×4 个节点，每个
节点有 4×4 个子节点，第二层有 2×2 个节点，每个节点有 2×2 个子节点，第三层是输出层，
有单个输出节点，有 2×2 个子节点)

　　图 3.20 给出了 Maltoni 的分层即时记忆网络的每个节点的基本的操作，采用的方法是贝叶斯信念传播算法[29]。

3.6.3.2　长短期记忆循环神经网络

　　循环神经网络(RNN)随着时间推移而运行，这种类型的最成功的网络称为长短期记忆(LSTM)[30]网络。长短期记忆网络借助于短期记忆和缓变模式来快速地学习迅速变化的时间和时空模式，借助于长期记忆回溯许多时间步。它的基本单元是 LSTM 块。

　　三个门主导一个 LSTM 块的数据流，其中：输入门确定将记忆多少新内容；

108

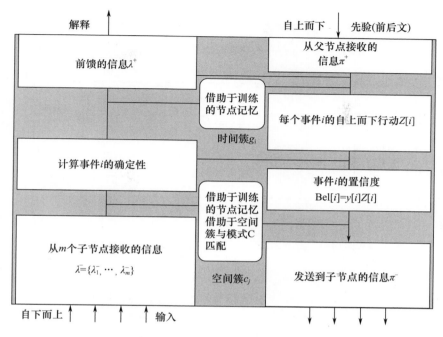

图 3.20   Maltoni HTM 的一个节点

遗忘门确定要忘记多少旧内容;输出门确定有多少信息从 LSTM 块输出。当遗忘门近乎关闭时,LSTM 块的记忆内容将保持许多时间步;当遗忘门完全打开时,记忆被重置。因此,LSTM 块的记忆可能被抹掉或更新。LSTM 网络通常有一个 LSTM 块的隐藏层,网络训练通常是通过将误差随时间反向传播进行的。同大多数神经网络一样,这种神经网络也有许多变体,这是研究生需要关注的论文主题。这些变体的例子有:训练方法、在 LSTM 块中的内部连接结构、激励函数、在网络中块的组织,以及与非 LSTM 型节点的组合、LSTM 和非 LSTM 型网络的拼合、在不同时间尺度上运行的网络的融合、双向网络等。

长短期记忆允许跨任意时间延迟存储数据。传统的长短期记忆的难点在于输入的数据流没有分割成为自包含的时域子模式。为此发展了窥视孔(Peephole)连接的反馈回路,从而使长短期记忆节点能监视其当前的内部状态,允许在短期事件之间的间隔期间进行学习[31]。然而,某些研究者宣称即使不用窥视孔(Peephole)连接也可得到良好的性能。

图 3.21 给出了 LSTM 块的广义版本,我们称之为 LSTM – dag,表示为其强联接组件的一个有向图(dag)[32–33]。与基本的 LSTM 不同,LSTM – dag 块可以排列成多种多样的结构。在第 5 章将更深入地讨论这一主题。

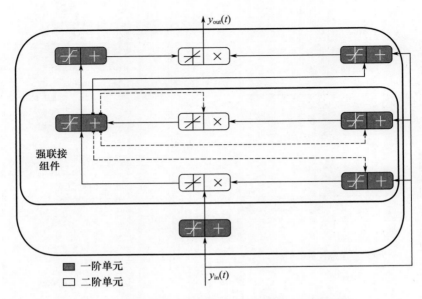

图 3.21　LSTM – dag 模块（每个边缘联接两个计算单元，
为了简化，方程中省去了 Peephole 联接）

3.6.3.3　卷积神经网络

最流行的深度学习方法是卷积神经网络（CNN 或 ConvNet）。然而，深度卷积神经网络具有 50～1000 层，必须学习数百万个内部权重，更适用于容易获取训练数据的商用世界，但军用系统应用要困难得多，原因在于难以获得外国军用平台的数据。

卷积神经网络现在得到了过度炒作，它是一种合理的但不是最优的分类器，并不能使用所有可以获得的信息。对于前视图像，它假设对于目标背景需要相同的卷积，还假设合成孔径雷达目标及其阴影需要相同的卷积。对于可见光传感器，它不利用可以确定的阴影位置。基本的卷积神经网络不包括自顶向下注入利用先验信息、分割目标与背景、知道目标定位误差、尺度误差统计，以及元数据发掘机制。因此，卷积神经网络是自动目标识别设计师工具箱的一个很好的工具，但不是一个包罗万象的解决方案。

卷积神经网络采用一组卷积滤波器作为其前端，标准的多层感知机作为后端。因此，它实际上是将两种类型网络结合在一起。卷积前端被解释为可训练的特征提取机，将特征向量馈送给多层感知机。卷积可以是一维、二维和三维的，取决于输入数据的类型（如音频、图像或视频）因此，这种机制类似于先特征提取然后分类的范式。在某些实现中，分类器的卷积前端是无监督地训练的。在其他实现中，网络是作为一个单元进行有监督训练的。

在训练过程中,卷积节点的一维、二维或三维权重向量被限制为位移不变的,当它逐点地滑过输入数据时,节点执行输入数据和存储权重矢量 $S(\boldsymbol{W} \cdot \boldsymbol{X})$ 的基本功能。例如,对于二维数据,权重向量可以是一个 5×5 的滤波器值阵列。当节点的滤波器应用于输入图像时,它输出一个相同大小的图像(忽略边缘效应),这一输出图像称为特征图。特征图通常进行下采样,并取 $n \times n$ 的邻域的最大值,因此,输出的二维图小于输入的二维图,我们将这一运算用 $S(\boldsymbol{W} \cdot \boldsymbol{X})$ $\downarrow$ 来表示。在卷积神经网络术语中,这种下采样称为最大池化。

对于目标分类,卷积神经网络输入是一个比例缩放的、中心化的、对比度归一化的感兴趣区域。一个深度卷积神经网络具有多个卷积层和多个 MLP 隐藏层,更常见的是只有一个或两个卷积层。卷积层中的每个节点通常仅与下一层的一个或两个节点连接。在图 3.22 所示的例子中,第一个卷积层中的每个节点与第二个卷积层中的一个节点连接。最后一个卷积层的 m 个节点的输出被下采样到一个值,以构成一个 m 元的特征向量,或者被组合构成一个较大的特征向量。可以采用随机梯度下降对整个网络进行迭代训练,以最小化期望输出和实际输出之间的差别。由于简单直接的训练经常会出现问题,商业公司正在投入巨资研究更有效的训练方法。流行的改进方法包括"暂时丢弃"和残差连接,暂时丢弃方法通过在训练时随机地消除某些连接使网络瘦身来避免过拟合。旁路、短语或残差连接提供了在非相邻的网络层方向传送数据的通道。商用解决方案将使用数百万或数千万个训练样本来克服大数据问题。

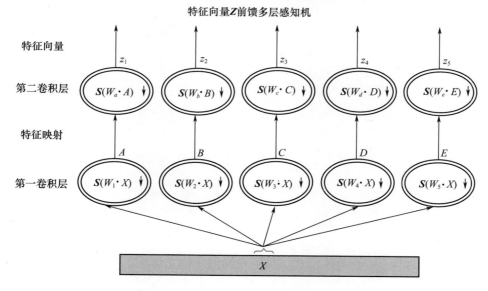

图 3.22　ConvNet 的卷积前端的简单的例子

在 20 世纪 90 年代成功进行了飞行试验的一种方法是单独地把每个卷积节点训练为一个子类模板匹配器。最大池化是在输入感兴趣图像尺寸上进行的。卷积层输出一个馈送到多层感知机网络的匹配值的向量。军用处理器是为有效地实现傅里叶变换而设计的，因此卷积是采用快速傅里叶变换实现的。

将卷积神经网络用于自动目标识别问题的一个原因是低成本。目前正在开发许多卷积神经网络芯片，许多软件包是可以免费获得的。

3.6.3.4　有知觉的自动目标识别器

有知觉的自动目标识别器（Sentient ATR）是一种假想的机器，其表现出的行为至少与训练有素的操作人员一样熟练和灵活，如图 3.23 所示。它可以听取任务前的简要情况，与地面指挥官进行交流，并接收所有形式的情报更新。它具有至少像飞行员或军事图像分析师那样好的知识库，并使用所有这些信息构成并连续地更新世界模型。它基于已知的所有因素（如传感器模式、任务目标清单、仰角、天气条件和最近接收的情报），从所存储的分类器中挑选一个或多个分类器。有知觉的自动目标识别器的发展将需要比现在更加强大的人工智能。

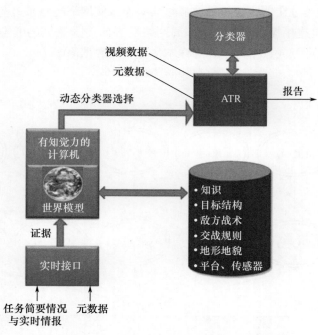

图 3.23　有知觉的自动目标识别器（见彩图）

3.7　讨论

目标分类包括训练阶段(产生分类器模型)和预测阶段(运用分类器模型),如图 3.24 所示。这可以通过理解整个问题(包括传感器、平台、距离/比例尺数据、目标集和作战使用概念)来最佳地实现。合同上的细节规定了自动目标识别性能需求。为了开始构建自动目标识别系统,需要组合足够完备的训练数据(包括时间同步的元数据)、测试数据和隐藏的盲测试数据集,这是一个预算问题。例如,合成的训练数据可以用作一个最终的选择,以提供某些难以获得的目标的数据,或者扩充实际的数据,或者由于财政约束只能采用合成的数据。需要找到能精确地解释物体类之间的差别的一组特征,自动目标识别工程师的技能体现在特征的选择上。只要工程团队能了解分类器是怎样做出决策的,有时可以接受采用具有内建的特征提取的分类器。如果工程师不能理解分类器学习什么,一个可见光波段深度学习分类器可以充分利用在训练样本中目标后面的有花的灌木的颜色,还可以利用地面上标明目标停在哪里的橙色标志。

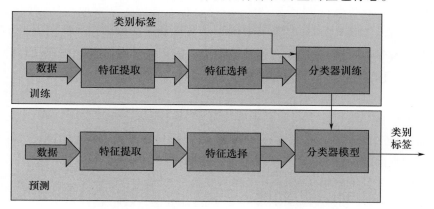

图 3.24　典型的目标分类器是离线训练的,在训练后,它可以用在实时自动目标识别中(见彩图)

下一步是选择一个分类器(模型)来区别目标类和杂波,在防务电子学文献中流行的基于信号处理的模型,通常不适用于高分辨率目标、复杂背景、宽泛变化的条件和语义概念发掘。因为还不了解大脑是怎样工作的,基于人的大脑的模型是不成熟的和简单化的,而真正的神经元是非常密集的、非常复杂的、在设计上是变化的,而且是高度互联的。然而,长期以来,人的感知模型一直是机器感知的一个好的思想源。生物感知为自动目标识别的发展提供了路线图。

分类器是为了表示对将来将遇到的事情的预测而发展的。正如丹麦物理学家 Neils Bohr 所注明的:"预测是非常困难的,尤其是有关未来的预测。"实际作战的军事态势可能是不能预测的。由于不知道敌方将做什么或者天气将会怎样,会产生不确定的结果,存在自动目标识别设计师不知道的风险,即所谓的"不知道自己不知道"。所有的模型是不完美的,而且充满假设。模型相对于现实过于简化,但模型对于自动目标识别系统设计是必要的。

分类器选择的主要的挑战是确定能提供最好的预测性能,并将致命性错误概率降至最低的分类器。复杂的模型比简单的模型能更好地适合于训练数据,但复杂的模型可能导致过拟合,即它们可能把噪声与信号混淆。Occam 的剃刀理论指出:每件事情都是均等的,简单的模型比复杂的模型更有利。没有免费午餐理论指出:对于一种类型的数据最好的分类器,对另一种类型的数据不一定也是最好的。

基于贝叶斯推理的分类器需要先验信息。它们需要知道遇到的目标类型和条件的概率,这是有关未来的作战空间的置信度或预测——没有水晶球。因此,贝叶斯推理是对置信度的分析。因为不能获得有关未来的信息,贝叶斯方法有一定程度的主观性。也可以采用频率学派的方法。这些方法过于依赖于训练数据中的信息,其思路是搜集足够完备的训练集,以使分类误差趋于零。频率学派的哲理是未来将重复过去。这一概念对于产生非常连贯的数据的传感器(如雷达、激光雷达、声呐)更令人信服,对于光学/红外和声传感器而言略微差些。

大多数频率学派分类器有对等的贝叶斯版分类器。如果假设所有的目标类是均等的,贝叶斯分类器就失去了其大部分"贝叶斯性"。神经网络可能是基于贝叶斯或频率学派哲理的,某些神经网络是标准的统计分类器的联接主义模型。混合的方法也是常见的。也有其他分类方法,如:面向问题的方法、对数回归、传导推理、先进的相关滤波器、专家系统、遗传算法和脉冲神经网络。模型选择需要深入理解问题,并对备选方法进行评估。本章仅涉及到一部分方法。

目标分类器的性能受到信噪比和真正的空间分辨率(地面可分辨的距离)的限制,噪声太大和目标像素太少是不可能分类的,系统设计师的任务是使尺寸、重量、功率和成本最小。他们通常会过高估计特定的传感器可能实现的性能,如果不能采用数据充分地表示目标,世界上最好的分类器也是没用的。

好的工程做法需要由所有的利益相关方认可的良好设计的测试计划和关键的性能参数。风险降低工作从独立组织进行的实验室盲测试开始,还要进一步进行外场试验。

选择一个分类器要考虑到下面 6 个重要的问题。

（1）训练集的大小:规则是训练集越小,分类器越简单。

（2）对训练数据和测试数据的差别不敏感:最终的测试集是作战时得到的敌方目标的图像,由于目标的变化(如外部的燃料箱、金属外衣)、目标可操纵部件(旋转的炮塔、升起的火炮等)位置的变化、在目标上的物体(在敞篷卡车上的货物、燃料桶、在车辆的顶部的士兵、绑在车辆上的物品)、天气条件(如太阳对车辆的一角的加热、飞溅的泥浆)、自然遮掩(高的草丛、车辆前面的树)、地形变化(地面的倾斜、粗糙的植被地形、大的岩石、与目标融合的背景特征)、传感器的不能预测的下视角、未标定、老化或变化、邻近目标的物体、视觉环境的恶化、远距离等因素,这些图像看起来与实验室训练数据有很大的差别。由于不能预测或建模在作战时一个目标的实际外观,建议采用较简单的、不需要做大量调谐的分类器。

(3)硬件限制:对于军用的地面车辆、舰艇和飞机,初步设计和投入使用之间的时间是较长的。在军用系统中采用的处理器通常落后于可以得到的民用处理器多年。即便采用最近发展的处理器,时钟速率也通常要降到能使发热较低的水平。技术的进步最终将消解这一问题。将来的平台将是更加自主的,其自动目标识别系统更加像大脑。

(4)软件限制:对于军用系统,代码编写、回归测试和软件文档编制的工作量是很大的,这包括异类多核处理器、FPGA 和可编程专用集成电路(ASIC),必须遵守合同中对软件标准的规定。在系统交付之后,谁将负责修改软件缺陷和谁将承担软件修改的费用可能是不确定的。这表明最好采用较简单的、更加透明的分类器。

(5)数据率:每秒帧数或每秒覆盖的地面面积等性能数据是由合同规定的,是必须满足的。这表明不要使用所构想的最完美的算法。

(6)元数据:一种能使用所有可以获得的元数据的方法,比仅依靠单一传感器的数据的方法更有优势。元数据的例子包括数字标高地形数据、气象、惯性导航系统和 GPS 信息、一天中的时间和季节、激光测距、路网、其他传感器的目标交接以及军事情报。采用利用元数据的方法可以控制传感器模式、调用来自其他传感器的数据(或许来自其他平台),或者可以控制本机更好地观察一个目标,这是具有优势的。

在以前做过什么? 让我们回顾一下几十年来流行的技术:

20 世纪 70 年代的统计模式识别;

20 世纪 80 年代的模板匹配和先进相关滤波器(包括光学相关器);

20 世纪 90 年代的模板匹配器和神经网络的组合(包括人的视觉模型和基于模型的方法);

21 世纪 00 年代的支持向量机;

21 世纪 10 年代的深度学习。

目前还不清楚这些技术是因为表现出色而流行,还是因为流行(即得到了很好的资金支持）而表现良好。研究经费投向了由大多数炒作所支持的技术。在过去能够实现稳定性能的分类方案包括输入不同的特征数据的一组神经网络以及模板匹配器（见图3.25）。浅层卷积神经网络作为一种单类分类器有良好的性能。深度学习卷积神经网络很适合于作为多类分类器，但必须考虑正确地训练它们需要搜集巨大的数据集所需的代价。对于相关的军事活动数据，哪种较新的时空分类器的性能更好，目前仍然没有定论。

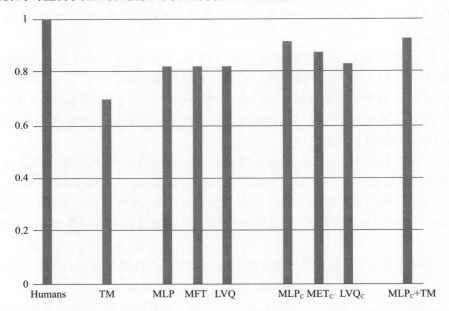

图 3.25　20 世纪 90 年代进行的分类器测试的结果（测试细节：性能结果由 4 个有训练的观察人员的平均性能进行归一化，这些测试涉及到长波红外数据、328 幅测试图像、3 个目标类、±20% 的比例尺误差、较低的掠射角、小波特征和非常大的训练集。TM 为基于边缘向量的模板匹配器，下标 c 为 6 个分类器的委员会加权表决，每个分类器被调节到不同的空间频率波段）

在 2010 年开始的这 10 年中，商业公司在目标分类研究方面的投资已经超出防务合同商几个数量级。搜索引擎和社交媒体公司正在应用卷积神经网络。在时空数据方面，长短期记忆循环神经网络已经赢得了多项国际竞争。自动驾驶汽车和自动安防系统将需要类似于国防工业中所采用的那些算法、传感器、处理器和电子封装。汽车工业占美国国内生产总值（GDP）的 3.5% ，大约与总的国防经费相当。在 2016 年，互联网经济将占 GDP 的 5.4% 。自动目标识别设计师需要关注商用领域的发展。

一般的自动目标识别方法是离线训练一个分类器，然后在平台上或地面站上在线测试分类器(见图 3.24)。各种文献已经报道了数百种性能良好的分类算法和方案。一个新的项目通常仅有有限的时间和经费来完整地测试少量的候选方法。一个问题就是:有多强的证据支持一个特定分类器范式?

弱证据: 大多数文献宣称具有良好性能的分类器都是基于自我测试的。技术论文发表的理论基础是取得了最新的进展。开发者总是将他们最喜欢的经过优化的新的方法与优化程度较低的其他方法进行比较,训练集和测试数据之间的区别往往不清晰的或者不可靠。所优选的算法在运用于测试数据时,每次都会进行调整,且仅报道最好的结果。训练数据与测试数据的差别,并不像与实际的军事场景那样大。几乎所有的试验都忽略了在军事平台上可以获得的元数据类型。

某些新创公司报道好的分类结果的目的是寻求风险投资,或致力于被大公司并购。在评估所宣称的结果时,必须考虑数据的自由度。数据是否受阴影、涂料、季节、一天中的时间、地形背景、与其他物体的接近度、大气条件等的影响?通常来说,主动传感器的数据具有比被动传感器的数据具有较少的自由度。

作为一个例子,假设在某一天采用可见光超光谱传感器获取训练数据,第二天从相同的高度和俯视角利用相同的平台和传感器在一天中相同的时间对位于同一地点上完全相同的车辆采集测试数据。由此产生的训练和测试数据将具有不真实的相似性的。中波红外数据比长波红外数据会更多地受到阴影、尘土、烟和火的影响。红外数据通常受到车辆的运行历史的影响。合成孔径雷达数据不受太阳阴影、火、发动机温度和一天中的时间的影响。雷达是照射器,但合成孔径雷达和高距离分辨率雷达数据受车辆运动的影响。伪装网将对某些传感器有更好的伪装效果。由良好表征的军用车辆的封闭集合组成的战场空间的前提,可能一开始就是一个错误的方向。叛乱者可能会使用民用车辆,偶尔会截获一辆军用车辆,甚至还可能是步行混杂在当地居民中。由于民用和军用车辆混杂在一起,小型车辆、中型车辆、大型车辆和携带大型武器的徒步人员的分类类别应更加宽松。

强证据: 像卷积神经网络和长短期记忆循环神经网络那样的算法赢得了数项民用测试,值得关注。由具有良好资质的军事测试和评估组织,按照精心设计的试验计划进行的实验室盲测试和外场测试,提供了较强的证据。

竞争性测试提供了比单一合同商测试更好的证据,但必须认识到,这样的测试从来不是完全公平的,因为某些合同商也是传感器、平台或处理器供应商,其他合同商可能与用户密切合作多年,在用户的试验场进行过反复测试,帮助制定试验计划。赢得竞争的分类器可能不一定是最好的范例,它可能只是在时间和经费上投入最多的分类器方案。仅有抽看代码,才能确定获胜的方法是否真正采用了所宣称的范例。

军事目标分类问题不同于学术问题，主要是指敌方主动采取措施来对付探测和识别。战场空间中的目标和条件有高度的变化性和不可预测性。因此，即便看起来是强证据，也可能不是那么强。这并不意味着目标分类是一个没有希望的问题，这只意味着需要更良好的工程实践。

总之，正如所强调的那样，自动目标识别是一个系统设计问题，而不是一个单独的算法设计问题。

参 考 文 献

1. D. H. Wolpert and W. G. Macready, "No free lunch theorems for optimization," *IEEE Transactions on Evolutionary Computing* **1**(1), 67–82 (1997).
2. S. Watanabe, *Knowing and Guessing: A Quantitative Study of Inference and Information,* New York, John Wiley & Sons, pp. 376–377 (1969).
3. Y. C. Ho and D. L. Pepyne, "Simple explanation of the no free lunch theorem and its implications," *Journal of Optimization Theory and Applications* **115**(3), 549–570 (2002).
4. S. Das, "Filters, wrappers and a boosting-based hybrid for feature selection," *Proc. 18ᵗʰ International Conference on Machine Learning,* pp. 74–81 (2001).
5. Y. Bengio, "Learning deep architectures for AI," *Foundations and Trends in Machine Learning* **2**(1), 1–127 (2009).
6. M. K. Hu, "Visual pattern recognition by moment invariants," *IRE Transactions on Information Theory* **8**, pp. 179–187 (1962).
7. B. Schachter, "A survey and evaluation of FLIR target detection/ segmentation algorithms," *Proc. DARPA Image Understanding Workshop* (1982).
8. N. Dal and B. Trigs, "Histogram of oriented gradients for human detection," *IEEE Conference on Computer Vision and Pattern Recognition* **1**, 886–893 (2005).
9. B. D. Lucas and T. Kanade, "An iterative image registration technique with an application to stereo vision," *Seventh International Joint Conference on Artificial Intelligence* **81**, 674–679 (1981).
10. I. Laptev, M. Marszalek, C. Schmid, and B. Rozenfeld, "Learning realistic human action from movies," *IEEE Conference on Computer Vision and Pattern Recognition*, 1–8 (2008).
11. C. Cortes and V. Vapnik, "Support vector networks," *Machine Learning* **20**, 273–297 (1995).

12. R. C. Souza, "Kernel functions in machine learning applications," *March* 17, 2010; Web: http://crsouza.blogspot.com/2010/03/kernel-functions-for-machine-learning.html.

13. S. Rifai, Y. N. Dauphin, P. Vincent, Y. Bengio, and X. Muller, "The manifold tangent classifier," in *Advances in Neural Information Processing Systems* (NIPS 2011 Proceedings), pp. 2294–2302 (2011).

14. F. Rosenblatt, "The Perceptron—A Perceiving and Recognizing Automaton," Report 85-460-1, Cornell Aeronautical Laboratory (1957).

15. S. I. Gallant, "Perceptron-based learning algorithms," *IEEE Trans. Neural Networks* **1**(2), 179–191 (1990).

16. T. Kohonen, *Self-Organizing Maps*, Springer, Berlin (1997).

17. R. N. Shepard and J. Metzler, "Mental rotation of three-dimensional objects," in *Cognitve Psychology: Key Readings*, D. A. Balota and E. J. Marsh, Eds., Psychology Press, New York, 701–703 (2004).

18. D. Arathorn, *Map Seeking Circuits in Visual Cognition, A Computational Mechanism for Biological Machine Vision*, Stanford University Press, Stanford (2002).

19. P. K. Murphy, P. A. Rodriguez, and S. R. Martin, "Detection and recognition of 3D targets in panchromatic gray scale imagery using a biologically inspired algorithm," *IEEE Applied Imagery Pattern Recognition Workshop*, 1–6 (Oct. 2009).

20. C. K. Peterson, P. Murphy, and P. Rodriguez, "Target classification in synthetic aperture radar using map-seeking circuitry technology," *Proc. SPIE* **8051**, 805113 (2011) [doi: 10.1117/12.884015].

21. T. L. Overman and M. Hart, "Sensor agnostic object recognition using a map seeking circuit," *Proc. SPIE* **8391**, 83910N (2012) [doi: 10.1117/12.917640].

22. Y. Freund and R. E. Schapire, "A decision-theoretic generalization of on-line learning and application to boosting," *Journal of Computer and System Sciences* **55**(1), 119–139 (1997).

23. L. Breiman, "Random Forests," *Machine Learning* **45**(1), 5–32 (2001).

24. A. Liaw, *Documentation for R. Package Random Forest*, software package and documentation available on-line, regularly revised.

25. M. Fernandez-Delgado, E. Cernadas, S. Barro, and D. Amorim, "Do we need hundreds of classifiers to solve real world classification problems?" *Journal of Machine Learning* **15**, 3133–3181 (2014).

26. D. George, "How the Brain Might Work: A Hierarchical and Temporal Model for Learning and Recognition," Ph.D. thesis, Stanford University, Stanford, California (June 2008).

27. D. George and J. Hawkins, "A hierarchical Bayesian model of invariant pattern recognition in the visual cortex," *Proc. Int. Joint. Conf. on Neural Networks*, 1812–1817 (2005).

28. D. Maltoni, *Pattern Recognition by Hierarchical Temporal Memory*, Universita degli Studi di Bologna DEIS Biometric System Laboratory,

Technical Report, Bologna, Italy (April 13, 2011).

29. J. Pearl, *Probabilistic Reasoning in Intelligent Systems: Networks of Plausible Inference*, Second edition, Morgan Kaufmann Publishers, San Francisco (1988).

30. S. Hochreiter and J. Schmidhuber, "Long short-term memory," *Neural Computation* **9**(8), 1735–1780 (1997).

31. F. Gers, "Long Short-Term Memory in Recurrent Neural Networks," Ph.D. thesis, University of Hannover, Hannover, Germany (2001).

32. D. Monner and J. A. Reggia, "A generalized LSTM-like training algorithm for second-order recurrent neural networks," *Neural Networks* **25**, 70–83 (2012).

33. K. Hwang and W. Sung, "Single stream parallelization of generalized LSTM-like RNNs on a GPU," *arXiv* preprint arXiv:1503.02852 (2015).

34. "Results of Large Scale Visual Recognition Challenge 2014 (ILSVRC2014)," http://image-net.org/challenges/LSVRC/2014/results. [Updated regularly.]

35. J. Schmidhuber, "Deep learning in neural networks: An overview," *arXiv* preprint arXiv:1404.7828 (2014).

第4章 自动目标跟踪和自动目标识别的一体化

4.1 引言

　　猫头鹰跟踪的是老鼠,而不是风吹的叶子。外场手跟踪的是飞行中的球,而不是飞过的鸟。喷气式战斗机跟踪的是战略导弹发射车,而不是校车。目标跟踪与目标识别密切相关,重要的是跟踪开向战术作战中心的敞篷卡车,而不是驶向农田的类似卡车。因此,不仅识别物体的类型是重要的,识别该物体将要采取的行动也是重要的。

　　本章不是一般性地讨论点状目标跟踪,本章所涉及到的问题是:自动目标跟踪器(ATT)、自动目标识别器(ATR)和行为识别器(AR)究竟是应该作为单独的协同模块,还是应该紧密地融合在一起,在融合过程中消除它们的差别。过去,除了在生物界的研究和少数学术论文之外,尚没有进行这样的融合。在未来的几年仍然有大量的公开问题需要思考:到底是低级的统计重要,还是高级的语义重要? 或者换一种说法,每幅图像都会讲述一个故事吗? 跟踪是最终目的,还是像所有生物系统那样实现运动控制的一项中间任务? 单角色行动识别应当被当作目标识别的自然的时域推广吗? 能够通过查询航迹文件数据库来区辨复杂的多角色场景吗? 自动目标识别器和自动目标跟踪器应该由单独的团队设计(通常是这样的情况),还是应该把它们看作是所设计的更大的系统中的两个单独的模块? 我们将反思这些问题。

　　自动目标跟踪的概念是随着雷达系统的发明而提出的。对雷达回波进行处理以产生候选目标的集合,这些原始的检测是由目标物、背景噪声和虚假回波产生的。在雷达术语中,传感器为跟踪器提供测量。"观测"这一术语有时是指基本的量测加上更复杂的目标数据,不同类型的雷达系统/模式产生不同类型的数据。测量结果是在连续记录的间隔或扫描中报告的,更新速度不像光电/红外传感器那样快。雷达跟踪器不能像视频跟踪器那样依靠视觉情报(图像数据)。传统上,基于雷达的跟踪研究和开发的重点是目标在哪里而非是什么。

　　雷达跟踪器通过对当前检测到的位置和最近预测的位置(两者都有未知的

误差）进行加权平均来更新一个航迹,问题是怎样处理误差。实质上有两类误差:量测误差和所采用的目标运动模型的不确定性。雷达目标状态跟踪器可以确定当前和预测的目标状态的滤波(平滑)的估计,其中状态包括位置和速度、加速度等。因此,跟踪器基于连续的雷达观测估计一个可能的目标的运动学状态。在跟踪行业术语中,被跟踪的物体通常称为目标,而不是原始检测,即便不知道所跟踪的物体是否在所搜寻的军事目标的清单内。具有良好性能(目标定位误差小,探测概率高,虚警率低)的检测器有助于跟踪器很好地跟踪目标,如果检测阈值太低,仅有在跟踪上之后才能判定是目标,这称为检测前跟踪。因此,只有在建立了一个高置信度的航迹之后,才可以说在雷达跟踪器中有目标检测(或检测航迹)。

在雷达跟踪器中所做的假设是:可以对状态进行建模,问题可以被看做一个统计和信号处理问题,估计是采用连续观测更新的。在视频跟踪器中的假设是:真实世界是非常复杂的、变化无穷的、难以建模的,状态受到一天中的时间、季节、太阳角度、伪装、云阴影、尘土、目标工作历史、敌方战术、三维场景结构、距离误差、大气湍流和衰减等多种工作条件和复杂性的影响。算法的选择最好是基于对大量数据的试验(测试)。

为了以一种严格的方式来组合自动目标识别和自动目标跟踪,我们需要同时考虑识别问题和跟踪问题。对于光电/红外图像,必须在目标的关键维度上有足够多的像素来识别目标。由于在一帧图像帧到另一帧图像帧之间,目标是运动的,这是一个跟踪问题。对于一台120f/s的前视红外摄像机,一个人员或地面车辆的当前帧图像和下一帧图像是交叠的。然而,通过紧密地组合自动目标跟踪器和自动目标识别,我们可以颠覆目标识别和目标跟踪的一般规则。

光电/红外目标探测器可以确定感兴趣物体可能在连续图像帧中的某一位置。这些潜在目标在自动目标识别界称为原始检测、预筛选输出或"光斑",需要通过进一步处理才能做出分类决策。光电/红外目标探测器要报告其检测在图像坐标系中的位置,并最终转换到世界坐标系中。与基于雷达的跟踪不同,自动目标识别研究和开发的重点在目标是什么而不是在哪里。

目标跟踪算法的最重要目的是正确地将新的检测与已有的航迹关联,而不会被杂波或噪声干扰(见图4.1),这也称为观测—航迹分配。关联能维持一个航迹的生命。传统的跟踪器仅跟踪运动的点状物体,与光电/红外自动目标识别器连接的跟踪器通常在静止的或运动的平台上跟踪静止和运动目标,这里的目标不仅仅是一个点。未来的无人平台将具有超高数据率的传感器和相对低带宽的数据链,传输的是可行动的情报和视频片段,而不是原始数据流。将来更加智能化的自动目标识别系统,将需要精心地处理目标是什么、目标在哪里、何时行动和为什么会这样等问题。

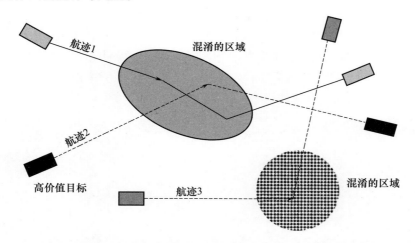

图 4.1 在监视的混淆期间,跟踪器试图确定将哪个检测分配给哪个航迹(见彩图)

被跟踪的物体并不一定意味着它们是感兴趣的军事目标,它们可能是四足动物、鸟、摇摆的树、尘暴、烟、凝结尾流、云阴影、云、民用车辆或植物。他们可能是携带曲棍球棍的男孩,而不是携带刀具的叛乱人员。但无论如何,物体的运动是检测到军事目标的一条重要线索。轨迹有时是唯一需要的信息,例如在目标是来袭导弹的情况下。

探测和跟踪受相同问题的困扰:噪声、杂波、遮掩、坏数据样本、未知目标密度、目标和背景外观变化、诱饵、对抗措施以及不能理解场景的要点。对于运动—停止—运动的目标、进出视场的目标,以及彼此路径交叉的目标,跟踪会产生其他的问题。光电/红外传感器具有可变搜索模式,可以对目标进行短时间观察,接着将传感器转向另一个方向,以便稍后重新观察目标区域。

跟踪器可以是独立于自动目标识别器工作的一个单独实体,或者像我们所期望的那样,可以将跟踪器与自动目标识别器功能结合在一起,与自动目标识别器代码完全融合。后者可以提高探测、识别、姿态估计和航迹质量,同时降低虚警率。跟踪器也可以与传感器和平台控制紧密集成(如在闭环跟踪器情况下就是这样),这里跟踪器预测目标位置,以使控制系统可以使跟踪的目标位于视场的中心。导弹导引头采用闭环跟踪,人的视觉系统将跟踪的目标保持在视网膜的中央凹区域。

目标跟踪需要多帧的光电/红外图像数据或多种传感器的多个观测(探测数据、某种类型的测量)。有多种不同类型的跟踪问题,它们涉及到不同类型的目标和不同类型的传感器。空中飞行器可以在三维空间自由飞行,而地面车辆必须在障碍物周围机动,并且受到地形的限制,有时会沿着具有交叉口、汇合道路、停车标志和信号灯的路网行进。跟踪来袭的弹药,是一个与跟踪潜艇潜望镜或徒步士兵不同的问题。非合作跟踪问题不同于具有 GPS 支持的蓝军(友军)跟踪问题。有各种类似的非军事跟踪问题,如跟踪鲸鱼、小行星、冰山、行人、眼睛和面部(见图 4.2)。民用交通管理在很大程度上也是一个跟踪问题。尽管有差异,但是在算法和计算方面仍有一些用于解决各种跟踪问题的通用技术。

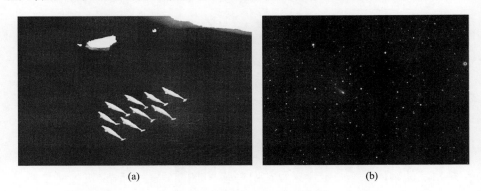

(a)   (b)

图 4.2   民用跟踪的例子

(a)跟踪鲸鱼(NOAA 图像);(b)位于图像中心的 ISON 彗星(NASA 图像)。

4.2   跟踪问题的类别

根据不同的准则,可用不同的方式对跟踪问题进行分类,下面将解释这些准则。

4.2.1   按照目标数目分类

单目标跟踪器的重点是跟踪最感兴趣的物体,目的是将单一的航迹与新到来的数据连续地进行关联。可以把检测限制在所预测的单个目标在下一个时间段的位置周围的一个窗口(跟踪门)内。某些跟踪器,通过将关联限制在最接近于所预测的目标位置的检测,来进一步简化问题。多目标跟踪方法可以跟踪少量的物体。纯粹形式的多重假设跟踪器考虑了各种可能的假设,也就是说,它要考虑跟踪的 N 个目标中的每一个目标与从新的数据中抽取的 M 个检测的每一个检测之间的关联概率。单最近邻跟踪器仅考虑与每个跟踪目标的下一个预测位置最近邻的检测,以简化关联问题。下视光电/红外宽范围运动成像相关的跟踪器和某些雷达系统,可以跟踪在城市范围内的所有目标,但如果更新率低,则关联将是一个挑战性的问题。在一个城市大小的范围内,建筑物、路网和交通模式都提供了有用的线索和约束。

4.2.2　按照目标大小分类

远距离跟踪是通过特定类型的雷达系统/模式和红外搜索跟踪(IRST)系统完成的。进行远距离跟踪时,在目标上有较少的信息,由于缺乏空间特征数据,点状目标和非常小的(低分辨率的)目标不适于采用自动目标识别器进一步处理。中等大小的目标可以采用非常简单的特征(如长度、宽度和形状)来描述,目标识别是可能的,但较少涉及最先进的自动目标识别。多传感器目标识别技术是常用的,例如地面动目标显示雷达可以检测到一个运动目标,并进行很好的地理定位,然后引导一个工作在窄视场模式的光电/红外传感器。这对于大型(高分辨率)的目标,检测、分类、识别、辨认和"指纹鉴定"是可能的,这是本章的重点。对于与自动目标识别器相关的跟踪器,通常要采用目标上的数百个数据采样或像素,这些高分辨率的目标能为运用复杂的模式识别和图像理解方法提供足够的信息。但是,分割通常是困难的。在跟踪算法中,是否采用目标上的检测点或另外的点作为稳定的关键跟踪点,也不是显而易见的。物体可以是刚性的、铰接的或可变形的。在跟踪过程中,目标的大小、形状和表观会发生变化。人类视觉通常可以通过快速地确定一个显著点,或选择一个适当的关键点,来跟踪一个高分辨率的物体。人类视觉可以保持对背景运动的跟踪,即便头部、眼睛和身体是运动的。

对于商用安防系统和学术研究,事件检测通常是指检测出人员所采取的行动,如战斗、挖掘、发射武器、切割铁丝网或传递包裹,这类事件检测需要检测肢体、姿势和所持物。对于远距离空地作战,在战术上有意义的距离上,单个人员仅占据很少的像素,不足以展现出这样的细节。短期事件检测和长期行为的识别依赖于目标跟踪,基于跟踪的行为识别的例子包括:①车辆躲避检查点;②人员在沙漠中聚集;③一辆车跟在另一辆车辆后面。

4.2.3　根据传感器类型分类

不同类型的传感器为跟踪器提供不同类型的信息。主动传感器为跟踪器提供量测数据。所有被跟踪的物体都可以称为目标,即使没有进一步的处理来确认它们是实际要寻找的目标。即,通过信号处理器对原始数据设置阈值来产生潜在的目标,而不是采用一个自动目标识别类型的检测算法,此时虚假信号或噪声信号是一个问题。主动传感器通常直接提供距离数据。

目标(运动或静止)检测算法可以处理来自被动传感器的数据,为跟踪器提供候选目标检测数据。检测算法可以是自动目标识别器的前端,自动目标识别器的后端产生经过杂波抑制的输出，也可以为跟踪器提供报告。被动传感器不能直接提供距离信息，这是在地理坐标系中的进行目标位置交接时必须解决的问题。

对于多目标、多传感器的跟踪器，必须在不同的传感器之间进行数据关联。即使目标定位误差很小，由于传感器属于不同的类型或者在不同的运动平台上，这更加难以实现。不同类型的传感器不一定"看到"目标的相同部分、相同特征或者相同类型的杂波，它们无法提供相同的坐标系中的数据。当从一个平台上观察时目标可能受到遮掩，但在另一个平台上观察可能不受遮掩。

4.2.4 根据目标类型分类

地面目标运动不平稳，会受到背景杂波干扰。对于前视传感器，目标可能被其他目标、人为杂波或自然杂波遮掩。在另一种场景下（如晴空背景中的目标），自然杂波不是问题。飞行器跟踪器有时称为机动目标跟踪器，以表明跟踪器不是仅基于恒定速率模型的。有些跟踪器被设计为能处理目标轨迹的机动和非机动部分。

人员是难以跟踪的，因为他们可能成群，也可能不成群，且在运动时外观形状是变化的。徒步士兵通常会携带大型武器、背包、工具和建筑材料，并在中途放下、拾起和移接，这会改变他们的轮廓和中心点。在红外图像中，人的某些部分（如脸和腿部）可能很好地显现出来，而在隔热的夹克衫下面的区域与背景温度是匹配的，因此可能显现不出来。

4.3 跟踪问题

下面综述了两类跟踪问题。

4.3.1 点目标跟踪

假设所处理的传感器数据产生一个或多个感兴趣目标的测量，点目标在每个时间瞬间有位置 x、速率 $\dot{x}$ 和加速度 $\ddot{x}$，每个变量都是向量，这些向量表示目标的状态，累积的数据构成了一个时间序列。目标运动由状态变量的一个向量 $x(k) = \begin{bmatrix} x(k) & \dot{x}(k) & \ddot{x}(k) \end{bmatrix}^T$ 或者 $x(k) = \begin{bmatrix} x(k) & \dot{x}(k) \end{bmatrix}^T$ 来描述，其中 k 表示离散时间。例如，$x(k)$ 可以是在二维笛卡儿坐标系中的位置，如像素位置，也可以是一个三维笛卡儿坐标系中的位置，如距离、航向（方位角）和高低角。测量可以包括速率（如在距离方向的速率）。加速度是未确定的，它不能直接观测、测量或者具有合理的噪声水平。状态向量可以采用如目标识别标签那样的附加元素来增广。

卡尔曼滤波器(KF)通常作为单目标跟踪算法的基础。卡尔曼滤波器估计目标的当前状态向量及其状态误差协方差矩阵。然后,在接收到下一个量测时,更新这些量测估计值。卡尔曼滤波器在预测和修正阶段进行回溯和前推,之所以称为滤波器,是因为它能在时间域对噪声进行滤波(平滑)。卡尔曼滤波器可以看作是一类贝叶斯滤波器,其变量是线性的、正态分布的。这是一个马尔科夫过程,每个估计是根据前一个时间的估计得出的,具有无限的但正在衰落的记忆。

基本的卡尔曼滤波方程如表4.1[1]所列。实际上,为了简化模型,略去了某些项或者设定为恒定值。

表4.1　卡尔曼滤波方程

时间更新(预测)　　　→　←	量测更新(修正)
①状态预测:可表示为 $$\hat{x}(k+1\mid k) = A(k)\hat{x}(k\mid k) + G(k)u(k)$$ 式中:$\hat{x}(k+1\mid k)$ 为在离散时间 $k+1$ 处状态向量 $\boldsymbol{x}$ 的估计(预测),给定含噪声的量测 $z(k)$、$z(k-1)$,$\cdots$;$A(k)$ 为状态转移矩阵;$G(k)$ 为一个输入转移矩阵;$u(k)$ 为已知的(输入)向量。	③计算量测预测协方差矩阵:可表示为 $$S(k+1) = H(k+1)P(k+1\mid k)H(k+1)^{\mathrm{T}} + R(k+1)$$ 式中:H 为观测矩阵;R 为已知的由于噪声造成的量测误差协方差。 计算卡尔曼增益:可表示为 $$K(k+1) = P(k+1\mid k)H(k+1)^{\mathrm{T}}S(k+1)^{-1}$$ 式中:K 为将新的数据与以往的估计组合以获得新的估计的最优加权矩阵。
②更新状态误差协方差矩阵:可表示为 $$P(k+1\mid k) = A(k)P(k\mid k)A(k)^{\mathrm{T}} + Q(k)$$ 式中:$P(k+1\mid k)$ 为在离散时刻 $k+1$ 处误差的估计,给定含噪声的两量测 $z(k)$,$z(k-1)$,$\cdots$;目标是使状态误差的协方差矩阵 $\boldsymbol{P}$ 最小;$\boldsymbol{P}$ 为状态不确定性的度量;$\boldsymbol{Q}$ 为过程噪声方差矩阵(由于过程造成的误差)。$\boldsymbol{A}$、$\boldsymbol{G}$ 和 $\boldsymbol{H}$ 通常是在模型形成过程中规定的。	④量测预测:可表示为 $$z(k+1\mid k) = H(k)\hat{x}(k+1\mid k)$$ 式中:z 为一个传感器系统的状态向量在 $k+1$ 时刻的观测或含噪声的量测;H 为观测矩阵。将一个状态向量乘以 H,将其变换成一个量测向量。 量测残差:可表示为 $$v(k+1) = z(k+1) - \hat{z}(k+1\mid k)$$ 采用量测 $z(k+1)$ 更新状态估计,有 $$\hat{x}(k+1\mid k+1) = \hat{x}(k+1\mid k) + K(k+1)v(k+1)$$
注:为了开始这一过程,必须知道 x 和 P 的初始值。	⑤更新状态协方差矩阵:可表示为 $$P(k+1\mid k+1) = P(k+1\mid k) - K(k+1)S(k+1) \cdot K(k+1)^{\mathrm{T}}$$ 式中:$P(k+1\mid k+1)$ 为误差的新的估计。

已经开发了许多不同类型的运动学跟踪器,其中许多与上述的卡尔曼滤波器(KF)有类似之处,它们的差别在于统计假设、估计准则、处理和管理方案、跟

踪的目标数目,以及是否假设存在的目标数目已知或未知。跟踪方法通常以各种不同的方式进行综合、融合、改进,以解决具体的军事问题。更微妙的一点是,运动学跟踪模型通常是根据工程原则选择的(或许经过有限的测试),然后再进行严格的软件编程。它们通常不是采用下面两种更像自动目标识别的方法来开发的:①对同时出现的关系组合产生的大量数据进行缓慢学习;②采用大量的数据对大量的备选方案进行竞争性测试。

扩展卡尔曼滤波器(EKF)是标准的单目标跟踪卡尔曼滤波器的一种改进的非线性版,其状态转移和测量模型不是线性的。

状态转移方程可表示为

$$x(k+1) = f_1[x(k)] + v(k) \tag{4.1}$$

量测方程可表示为

$$y(k) = f_2[x(k)] + w(k) \tag{4.2}$$

式中:f_1 将在 $k+1$ 和 k 时刻的状态联系起来;f_2 将状态与量测联系起来;v 和 w 为过程和观测噪声,均假设为零均值多变量高斯噪声。

粒子滤波器(PF)是经典的卡尔曼滤波器的推广。粒子滤波器采用蒙特卡洛采样方法表示概率密度,一个粒子滤波器产生一组样本(粒子)来表示目标状态的后验概率密度函数 $p[x(k)|Y(k)]$,其中 $Y(k)$ 是直到时刻 k 为止所接收到的所有测量的集合。无迹卡尔曼滤波器(UKF)是扩展卡尔曼滤波器(EKF)的一个改进版。UKF 不同于蒙特卡洛方法(如粒子滤波器),后者需要更多的采样来传播目标状态的精确的(或许是非高斯的)概率密度。UKF 是计算量较小的卡尔曼滤波和最高性能的粒子滤波的折中。

卡尔曼滤波器用于跟踪单个目标。概率数据关联滤波器(PDAF)是一种航迹—测量关联问题的统计方法,它假设仅有一个新的检测是目标,其他均为虚警。考虑到跟踪误差和杂波的统计分布,所有可能的航迹关联候选检测可以综合到一个单一的、统计上最可能的更新中。如果状态方程和测量方程是线性的,则 PDAF 是基于卡尔曼滤波器的。如果状态方程或测量方程采用非线性模型,则 PDAF 算法是基于 EKF 的。

交互式多模型(IMM)算法可以采用多个卡尔曼滤波器跟踪多个目标,也可以采用多重假设跟踪器(MHT)或联合概率数据关联滤波器(JPDAF)来跟踪多个目标,它们拥有多个假设,直到积累了足够证据来解决检测—航迹关联的模糊性。联合概率数据关联是概率数据关联的多目标扩展版,它假设存在的目标数目是已知的,采用高斯分布在每个时间步上逼近目标状态的概率密度函数。状态估计器更新是一个期望值,因此,目标位置被估计为目标位置的期望值。该算法基于最近的检测集合和每个航迹之间的联合关联概率来更新每个航迹的滤波器。采用这种算法,不产生新的航迹,也不终结旧的航迹。类似地,多重假设跟踪是一个用于评估每个假设的似然度的统计框架,假设表示检测—航迹分配。因此,多假设跟踪在每个时间步对跟踪的每个物体维持多个对应的假设。为了限制计算复杂性,需要某种限制关联的数目的机制,一个目标的最终航迹是在观测的时间周期内最可能的相关的集合。与联合概率数据关联不同,多假设跟踪设计用来处理新的航迹,并终结那些无用的航迹。

目标跟踪器包括多个模块(见图 4.3),每个模块都有其具体的任务,并非所有的目标跟踪器都有以下全部能力。

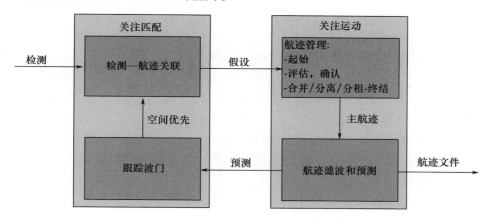

图 4.3　目标跟踪模块(见彩图)

1. 航迹管理

随着时间的推移,航迹集需要进行更新维护,这是采用 6 个子模块完成的。

(1)航迹起始:新航迹可采用与当前航迹或已知杂波物体不关联的检测,因此,每个新的检测都可以生成一个新航迹。它可能是来自目标检测的一个真实航迹,也可能是来自杂波或噪声的假航迹。当一个目标进入视场,开始离开或进入遮掩时,启动新航迹。起始的航迹可以描述为试探航迹,直到满足一定的准则。

(2)航迹分裂:分裂是由真实的物理现象(如一枚发射的导弹与其组成体分离)产生的结果。它也可能来自非常接近的两个不同的移动目标,它们起初被检测为一个单一的目标,而后路径开始偏离。

(3)航迹融合:一个车辆的两个部分,如牵引车—拖车的前部或后部,最初可能被当做分开的目标,后来判断为同一目标的不同部分。当目标离开一个传感器的视场,并进入另一个传感器的视场,则在这两个视场的航迹可以合并。航迹集融合是指链接在一起的航迹段。

（4）删除（终结）：弱航迹或者最近没有更新的航迹都要进行剪裁。如果目标离开敏感区域或者不再满足评价准则，航迹可以被删减。例如，如果仅跟踪坦克，则快速加速到 70mile/h 的目标不可能是一辆坦克，因此可以考虑删减。

（5）航迹聚集：具有集合运动的航迹可以聚集到一个编队。

（6）航迹确认：可以根据各种准则，将航迹划分为好的、坏的或者不确定的。当航迹质量测度超过预定的阈值时，航迹得到确认。当航迹质量低于下限时，航迹将返回非确认状态。航迹确认是根据系统需求确定的。系统可以维持的航迹数目会受计算和存储资源的限制。

2. 跟踪窗

跟踪窗是设置在跟踪目标的下一个位置一个椭圆、超椭圆或矩形窗口。数据关联所处理的检测的数目通常由跟踪窗来限制。另一种采用动态窗口的替代方法是航迹—检测的贪婪最近邻算法，它可以分析跟踪窗口可以允许的所有检测—航迹对，并使涉及距离和其他准则的总代价最小。

3. 测量（检测）—航迹关联

确定新的数据帧或扫描的一组测量向量，通过关联确定这些测量是由哪些被跟踪的目标产生的，以及哪些测量不属于任何航迹。如果可用，关联应当加入非运动学信息。

4. 航迹滤波和预测

这是一个估计当前的目标位置和速率（或许还有加速度），并预测在后续的雷达扫描或图像帧上的位置的过程。因为测量是不完善的和周期性的，这一过程是需要的。有多种航迹滤波和预测方法，如卡尔曼滤波器。

（1）滤波是基于过去的测量对当前的状态向量的平滑估计。

（2）预测是对在未来时刻（通常是下一个时间步）的状态向量的估计。

5. 航迹文件生成

跟踪的每个物体都可由符合北约标准 STANG4676 的航迹记录来表示。航迹记录包括当前的、历史的和其他相关信息，所有航迹记录的集合是航迹文件。目标在航迹文件中报告，航迹文件可以与外部的跟踪系统通信，例如用于视觉显示或移交到其他平台或系统。可以以目标报告的形式，将航迹文件加入到或合并到自动目标识别数据中。

有了上述完善的工程设计，有理由要问：什么可能出错？实际上有两类常见的错误：航迹丢失和航迹切换。当跟踪多个相似的物体时，一个跟踪器可能切换到错误的物体上，这可能是因为当被跟踪时，目标的表观可能会变化，这样在目标突然改变方向、被操纵或重新改变构型时会出现这种情况。目标可能彼此穿过,被阴影和场景中的其他物体遮掩,或者临时离开视场,这时要试图重新跟踪上目标,可能会延迟一些时间。确定重新关联的物体是否就是以前跟踪的同一物体是困难的。对于高距离分辨率空地雷达跟踪器,当地面车辆停止运动时航迹可能丢失,此时可以采用合成孔径雷达模式来识别目标。如果目标降低速度进行转弯,可以采用逆合成孔径雷达模式来进行分类。将跟踪器与自动目标识别进行融合,可以提高在各种情况下目标识别和跟踪的能力。

4.3.2　视频跟踪

目标跟踪是一个运动(或运动学)问题,也是一个关联(匹配)问题。当可以得到的目标信息很少时,目标仅能被当做一个点,缺乏支持关联的线索。也就是说,点目标跟踪是基于一个假设:目标跟踪信息主要是在空间中运动的无特征的运动点。在单目标跟踪问题中,数据关联通常涉及到寻找最近邻(或最强的近邻),以预测目标在新的数据帧或扫描的位置。当存在多个航迹或许多真实的、虚假的或丢失的目标检测时,关联问题将变得复杂化。在每个时间步,跟踪器有可能做出许多不正确的检测—航迹分配。随着航迹和检测的数目增长,可能的检测—航迹关联的数目呈几何级数增长。预测每个目标在一个运动学跟踪窗口内的新位置,可以简化关联问题,如果仅有一个新检测落在跟踪门内,则测量—航迹关联是简单的。当多个检测或没有检测落在跟踪门内,或者一个检测落在多个跟踪门内时,复杂性将会增大。

因为没有足够的数据,自动目标识别器对点状目标跟踪器不能提供太多支持。但是,对于视频跟踪来说,目标覆盖相对较多的像素数目,可以从所假设的目标区域抽取特征。自动目标识别器能支持目标跟踪,但仍然需要解决多个问题。目前还没有已知的最佳特征集来对问题建模,其中问题涉及到统计学和语义学。需要找到目标的关键点(如中心点)来支持运动估计。在红外图像中获得目标的关键点是有问题的,例如车辆转弯时在某一时刻热的发动机可能在表观上是显著的,但在下一个时刻热的尾喷管可能是显著的。光电/红外图像的航迹关联还有许多其他问题,如运动车辆的轮胎或履带在地面产生的热压痕、地面车辆在沙漠中运动所产生的尘迹、柴油发动机排出的尾气、物体和云的阴影、目标中心概念的定义含糊不清、战场火焰和烟雾等。

4.3.2.1　视频数据相关跟踪

简单的视频跟踪器在检测到的目标附近放置一个跟踪门,跟踪门的位置不是预测的,因此不存在运动学跟踪。人们希望目标在帧间的运动小于跟踪门的大小,如果下一个检测落在跟踪门内,跟踪门需要重新放置在目标附近。这种方法仅限于跟踪在温和的背景中的一个或多个分散目标。

一个更复杂的方法是在所检测的目标周围设置一个小窗口，这个窗口与预测的下一帧的目标位置周围的区域相匹配，并一帧一帧地继续。匹配涉及到在跟踪门定义的一个邻域内移动窗口。目标跟踪可以受益于为商用视频处理而开发的视频分析算法，这类处理应用在运动视频压缩中，匹配只需要将当前窗口的像素值与下一帧预测位置窗口的像素值相减。窗口需要进行移动并在新的位置重复匹配。最好的匹配对应于最小绝对差，这称为块匹配和预测。

进一步复杂化的相关跟踪将物体从背景中分割出来，并将分割的区域与预测的目标位置附近的区域进行相关。更进一步的方法是对目标和目标周围的背景进行建模，并采用保护区域将目标与背景分割开来。在这一点上，跟踪器采用自动目标识别的某些工具，最终的目标是将整个自动目标识别纳入到目标关联问题中，再提取特征和识别目标。目标的运动有助于确定目标的位置，估计目标的姿态。所跟踪目标的属性可以在跟踪过程中采用信念(belief)传播方法进行平滑，提高自动目标识别系统的识别和跟踪组件的协同性，这一主题将在后面详述。

4.3.2.2　视频数据特征向量辅助跟踪

使用运动学数据和每个检测点周围的区域的特征进行跟踪，称为特征辅助跟踪。这些特征帮助将目标与其他目标和背景场景区分开来。简单的特征辅助的跟踪可以采用目标长度或一维目标特征等基本特征。自动目标识别器可以支持更复杂的特征，在自动目标识别器做出其识别决策前，通常抽取所检测的目标的特征向量或特征图像。特征类型是由设计阶段的竞争性试验确定的，它们采用模式识别方法从预先确定的大量候选特征中选择，或者采用自动编码器自动确定。一个有效的自动目标识别器有非常好的特征向量来表示所检测到的每个目标。表征所跟踪目标的当前表观特性的特征向量，可以与新检测的物体的特征向量进行匹配。特征抽取和匹配可以重复进行，每次都在预测的目标位置附近移动，可以进行或不进行目标分割。无论如何，特征对于目标识别和杂波抑制是有用的，而且对于跟踪器的目标关联模块也很可能是可用的。

典型的特征包括：颜色或强度；强的边缘向量或角点；形状；矩、小波、傅里叶、HOG 或 HOF 特征（见第 3 章）。

如果目标是可变形的或可铰接的物体，如人或动物，那么可以添加其他类型的特征，这些特征包括：步态；估计的肢体姿态。

当采摘蓝莓时，特征是自上而下开始的：蓝色、圆形、小。当保安发现扒手时，他可以自下而上提取特征，如跟踪一个戴红帽子的男人，他看到那人将手表放到口袋里，其假设是这个区域不太可能有另一个人戴红帽子。Mahadevan 和 Vasconcelos 采用后一种方法，他们的跟踪器在一帧内对最大识别特征进行自下而上的学习和在下一帧中自上而下地使用这些特征之间进行迭代。

4.3.2.3 基于均值漂移的运动目标视频跟踪器

均值漂移(Mean – shift)跟踪器是一种用于运动视频图像跟踪的流行算法,最适用于简单的场景、稳定的视频、单一的慢速运动目标、小遮掩情况和高帧频条件。物体必须与背景不同,其表观和尺度在帧间变化较小。在均值漂移跟踪器概念中,位于初始位置(定义为位置 $x = 0$)的目标称为模型,位于或接近预测的位置 y 处的潜在目标称为候选目标。在我们的描述中,模型将来自第 k 帧,而候选目标来自第 $k+1$ 帧,均值偏移跟踪器试图发现与模型最匹配的候选目标。模型和候选目标可以是分割的斑点或矩形的区域。

我们将描述 Comaniciu、Ramesh 和 Meer 的策略,模型和候选目标的概率密度函数将用分别由 q 和 p 表示的两个 m 个直条的直方图来近似,这些归一化的直方图可以看做具有 m 个元素的向量。

目标模型可表示为

$$\boldsymbol{q} = \boldsymbol{q}(x = 0) = \{q_u\}, u = 1, \cdots, m \quad \sum_{u=1}^{m} q_u = 1 \tag{4.3}$$

候选目标可表示为

$$\boldsymbol{p} = \{p_u\}, u = 1, \cdots, m \quad \sum_{u=1}^{m} p_u = 1 \tag{4.4}$$

目标是找到模型和候选目标之间的 Bhattacharyya 系数达到最大值的位置 y',即

$$y' = \max_y [p(y), q] \approx \max_y \sum_{u=1}^{m} \sqrt{p_u(y) q_u} \tag{4.5}$$

像所有的基本跟踪算法那样,均值漂移跟踪器有多种变体、改进和组合,主要用于可见光彩色视频图像。

4.4 目标跟踪的扩展

可以跟踪运动的目标和静止的目标。这里关注的并不是目标跟踪本身,目标跟踪并不能实现态势理解,而是需要进一步的分析。

4.4.1 行动识别 (AR)

物体跟踪通常仅仅是军事态势分析的一个起点,关键的问题是:所跟踪的物

体正在进行什么行动？为什么他们要进行这样的行动？这样的行动在什么地方、什么时间进行？

国家地理空间情报局（NGA）将一项行动定义为彼此具有空间和时间关系的一个事件（或活动）序列。这些事件构成了一个时空模式，例如一辆汽车跟在另一辆汽车后面，或一辆卡车接近一个禁区。大多数行动识别（AR）算法采用来自前视或下视光电/红外传感器的数据，但也可以表示根据雷达航迹数据确定的行动，例如三辆卡车在一个敏感位置会合。

可以在空域或时域对一个事件定位。一项行动是一系列串联发生的彼此具有复杂的关系的短期事件。行动识别用来确定特定行动是否已经发生、正在发生或预测即将发生。事件检测可在数秒内进行积累，行动识别则需要在更长的时间尺度内进行积累，并涉及到推理。一个场景（想定）是覆盖更大尺度的时间和空间的多方面的行动集合。

一种观点是："大脑电路计算语法，语法对时间和结构的分层分级的关系进行编码。"—Richard Granger，2015

语法是在规范化语言中的符号串的一组产生规则，规定了怎样根据单词（行动主体）构造句子（活动）。自动机通常用作规范语言的识别器。循环神经网络可以训练得像自动机一样。识别是通过将所观察到的活动分解成一个符号序列来完成的，每个符号表示一个行动主体。符号串被馈送到一个自动机或循环神经网络以推测行动。有关单角色行动的推测嵌入在角色的航迹文件中，这里的"角色"可以是一个人或一辆车。多角色行动或场景，通常是查询航迹文件数据库得到的结果，可以采用基于规则的专家系统分析模式和关系。具体参见表4.2所列的事件和活动的几个例子。

表4.2　事件和活动的例子（那些仅由航迹数据和固定实体的
位置区分的事件或活动由星号表示）

事件/行动			活动
人		车辆	
			避开检查点*
跑*	投掷	停止*	放置简易爆炸物
走*	挖掘	开始运动*	Circle block*
携载	投下	加速*	护航车队*
移开	进入*	减速*	交会*
接收	离开*	驶离道路*	发射导弹*
射击	隐藏*	接近检查点*	从车上卸载
搜寻	拿起	升起导弹	持枪抢劫

（续）

事件/行动			活动
人		车辆	
打开	悬挂	引爆	蜂拥而至
关闭	放下	掉头 *	接近车辆 *
拔枪	爬行		遮盖伪装网

航迹文件本身具有有限的情报价值。对航迹进行分析，并与其他数据组合，可以指示一个事件。场景的情境对于确定一个事件是否发生是非常重要的。为了确定一辆车辆是否正在离开道路，必须知道路网。行动是在复杂的空间和时间关系中的事件的组合，考虑一个按照时间排序的行动的例子，虽然这一例子非常简单，但它需要非常大量的步骤来描述。

（1）跟踪两辆车辆；

（2）两辆被跟踪的车辆从不同的方向彼此接近；

（3）两辆车辆离开道路；

（4）两辆车辆彼此接近停靠；

（5）每辆车辆上有一个人下车；

（6）每个人走到他的车辆的后面；

（7）每个人打开车辆的后备箱；

（8）一个人从后备箱拿出一个物体；

（9）那个人将该物品交给另一个人；

（10）另一个人接受物品；

（11）那个人将物品放入他的车辆的后备箱；

（12）两个人关上他们的车辆的后备箱；

（13）两个人走到他们的车辆的车门旁；

（14）两个人进入他们的车辆；

（15）两辆车沿着相反的方向驶离。

简单行动（如挖掘）通常是根据标注的训练数据进行学习。一旦学会，它们就可以采用时空模板匹配或分层分级实时记忆（HTM）神经网络那样的技术来适应新的数据。可以单独根据运动学区辨出某些事件（如车辆加速）。事件和活动在开始和结束时间、位置以及是否真实发生方面具有相关的不确定性。

异常的或危险的行动会标注为威胁。如果行动发生在敏感设施附近或在值得关注的日期，则可能会宣布为威胁。如果一个威胁超出了阈值概率，则会启动警报。警报从无人机或无人地面系统传送到地面站，要确定其更大的影响则需要进一步的分析和情报数据。为什么人员聚集到一个大的群体中？为什么他们要挖洞？他们在往洞里放置什么？他们来自什么组织？他们的意图是不是敌对的？要求做出什么响应？

正如跟踪器可以支持事件/行动识别一样，事件/行动识别也可以支持跟踪功能。坐在加油站板凳上抽烟的人，可能短时间内不会运动。坐在一辆摩托车上的人则会有不同的运动学特性。事件/行动识别需要在目标上有足够的像素，在近距离处，人的姿态和姿势与行动识别和跟踪密切相关。在远距离处，行动识别是根据航迹文件和相对于重要物体（如设施或道路）的距离确定的。

事件和行动识别现在作为自动目标识别功能逐渐为人们所接受，这促使自动目标跟踪和自动目标识别紧密结合。若将这一概念进一步拓展，将突破传统：目标检测/识别和事件检测/识别真的有那么大的差别？它们是否可以通过相同的时空处理来实现，如采用第三代时空神经模型？

4.4.2 日常模式分析和全程取证

已经在研制覆盖非常大的地面区域的雷达和红外传感器,这样大的区域包括成千上万个运动物体。如果这些传感器持续长时间产生连续数据,这种能力称为持久性监视。对于产生宽范围运动图像的传感器,覆盖一个城市范围的图像被下行传输到地面站和运动地面单元。地面单元采用加固的军用版台式计算机、笔记本电脑、平板或智能电话,每天、每周或每月定期分析人和车辆的运动。而这些活动会随着每周的每天、天气、每天的时间和假期而发生变化,该区域的正常的时空模式称为其日常模式,偏离正常的模式则表明有异常或可疑行动。事件后回溯(全程取证)涉及发掘所获取的数据,以确定导致一个事件(如爆炸物爆炸)的航迹起点。日常分析模式和全程取证再次扩展了自动目标识别构成的概念,并突破了自动目标跟踪和自动目标识别之间的壁垒。另一种着眼于这一问题的方式是:自早期设计以来,自动目标识别系统所工作的时间尺度已经增大。按照时间尺度(通常也涉及空间尺度)增大的顺序,有

(1) 静止目标探测/识别;

(2) 运动目标探测/识别;

(3) 事件的早期探测/识别;

(4) 事件探测/识别;

(5) 目标跟踪;

(6) 行动识别;

(7) 场景识别;

(8) 全程取证;

（9）场景识别；

（10）日常模式分析。

4.5　自动目标跟踪和自动目标识别之间的协同

自动目标跟踪和自动目标识别之间的协同(ATT↔ATR)，将来自跟踪器的运动学特征与来自自动目标识别器的表观特征关联，以改进各自的性能(见图 4.4)。在每个时间步，信息在两者之间传递。本节将讨论一方生成的数据对另一方的促进作用。

4.5.1　自动目标跟踪数据对自动目标识别的帮助作用

地面车辆的速度向量通常是与其主轴一致的(直升机则不是这样)。可以根据速度向量、传感器视角和数字标高地图数据来估计车辆的姿态，有时也可以将车辆运动与所存储的路网数据进行相关来改善对姿态的估计。道路和地面坡度数据有助于预测未来车辆的姿态、加速度和停止点。但路网对于战场分析仅有有限的作用，在战场中的坦克不可能受停车标志的影响，也不可能完全沿着道路行驶。

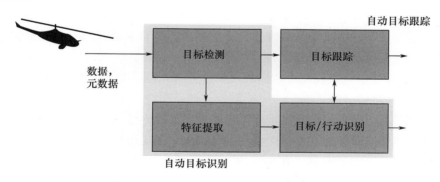

图 4.4　自动目标跟踪和自动目标识别之间的协同(见彩图)

能够缩小自动目标识别器决策空间的信息会有很大的益处。例如，考虑一个模板匹配器，在最坏的情况下，它必须将检测到的每个斑点与大量的模板进行匹配，采用俯视角和物体姿态信息可减少用于检测目标的模板的数目。车辆的姿态也可以用作神经网络型分类器的输入数据。

目标速度、加速度和转弯半径是自动目标识别器的有用特征，它们可以消除或降低目标类型与跟踪器导出的运动学数据不兼容的概率。缩小自动目标识别器的搜索空间，能降低计算负荷，并减少虚假匹配概率。

目标运动学为自动目标识别提供有关武器战备的状态信息。飞毛腿导弹发射车不会将导弹竖起行进到发射位置，相反，从隐蔽的地方出来的飞毛腿发射车会快速地行进到某一地点，然后停下来，这意味着导弹可能在准备发射。而直升机和坦克通常在停止的情况下才会开火。

目标运动学告诉红外自动目标识别器一个地面车辆正在运动，其主轴、车轮、发动机和喷管非常热，这揭示了其在热红外波段的大量外观信息。航迹数据为自动目标识别器提供了对运动和静止目标作出多视分类决策的机会。具体而言，从多个不同的方位角观察目标，可以快速地提高分类性能，对目标进行多次视看，可能实现多帧超分辨率和三维模型构建。正如在盲人摸象寓言中那样，对于被高度遮掩（如在树冠下）的目标，每个人仅能接触到其一小部分，可以对每个单独的块进行组合，以构成更完整的目标图像。目标运动学和沙漠的位置告诉自动目标识别器，地面车辆或低飞的直升机将在沙漠中扬起沙尘，这就需要改变算法的类型，使之最适合于检测、识别和视频增强。

4.5.2 自动目标识别数据对自动目标跟踪的帮助作用

航迹关联是自动目标跟踪的一个重要的模块。航迹关联涉及到怎样将 N 个航迹与 M 个检测关联，基于运动学约束可以减少必须考虑的可能性。然而，如果重访时间间隔长且目标速度快，运动学跟踪必然会失败。来自自动目标识别器的附加的信息可以帮助解除检测—航迹的模糊性。如果目标停止运动，采用地面动目标显示雷达传感器的跟踪器可能会丢失目标。通过将雷达切换到另一种模式（如二维合成孔径雷达模式），自动目标识别器可以对静止目标进行检测和分类，并帮助维持航迹。

自动目标识别器可以为跟踪器提供高质量的检测，以启动跟踪器，或重新截获被短暂遮掩的目标。它也可以为跟踪器提供用于决策树的每一级的高质量的分类向量。在高帧频时，分类向量能够始终保持非常稳定。因此，分类向量对于将一个航迹与一个检测关联起来非常有用。

自动目标识别器也可以为跟踪器提供单一的分类决策，有很多有关跟踪的文献讨论这一主题，这种方法也称为分类辅助的跟踪。注意，如果当前的条件与分类器的训练条件不匹配，那么分类决策是不稳健的。如果分类概率非常低，利用特征向量将能比利用估计的分类得到更稳定的关联，尤其是在选择了一组最优特征集并动态地重新选择的情况下。然而，对于某些类型的传感器（像高距离分辨率雷达），方位角略微的变化都会导致目标特征剧烈变化。对于这类传感器，依靠分类决策是合理的。当重新截获从遮掩或伪装网中重新出现以及重新进入视场的目标时，采用分类决策比采用特征向量能实现更好的关联，因为与最近一次看到目标时相比,目标方位角有很大的不同。

自动目标跟踪和自动目标识别的协同是朝正确的方向迈出的重要一步,它代表着一个好的工程实践,但并不表示机理的转变。

4.6　自动目标跟踪和自动目标识别的一体化

现在我们进入问题的核心。自动目标跟踪和自动目标识别之间的协同(ATT ↔ ATR)工作并不带来 ATT 和 ATR 的一体化(ATT ∪ ATR)。对于自动目标跟踪与自动目标识别协同 ATT↔ATR,ATT 和 ATR 就像是夜间通过的航行者彼此传递信息,过去就是这样的情况,主要是因为某些工程团队拥有 ATT 方面的经验,其他的工程团队有 ATR 方面的经验,但 ATT 和 ATR 是否能如此紧密交织在一起,从而编织成一个融合的自动目标跟踪与识别一体机。

演化是一个长期的试验和纠错的过程,现在错误消除了,留下最好的思路供我们研究。首先让我们从人的视觉追踪入手,考虑生物是怎样实现跟踪的。模拟生物的追踪机制是逆向工程的一个宏伟的目标,但现在在军事系统中还不能完全实现。一方面,还远未完全理解生物追踪的机理。此外,在生物系统中,所有的事情是紧密地综合在一起的:多传感器、平台运动控制、"框架式"的头和眼睛、学习、处理和记忆。大脑没有像计算机那样的独立的存储和处理模块。军用摄像机不像眼睛那样工作,它们不能以匹配对的形式出现,也不是中央凹的。尽管可以比人眼在更远的距离上看到目标,但是当前的前视红外摄像机不能实现眼睛那样高的分辨率。军用摄像机不能像人眼一样快速精确地瞄准。另一方面,生物系统是在长时间的演化过程中发展起来的,是唯一成功的完全融合的自动目标跟踪和自动目标识别一体化的模型。有许多学习生物系统的好的思路,具有不同类型传感器和行为的生物能提供很多令人感兴趣的模型。

4.6.1　视觉追踪

人类在目标跟踪方面的表现是优越的。教练告诉年轻球员"跟着球",这个建议适用于多种运动,包括网球、乒乓球、曲棍球、足球和棒球。一个好的球员试图从投手投掷球开始就全程跟踪球。一项新的研究表明,在跟踪投掷球的过程中,头部(而不是眼睛)的运动发挥着重要的作用。值得注意的是,以飘忽不定的路径投掷球会造成视觉跟踪失败。

人的视网膜包括一个具有高密度的光感受器的中央凹。当一个物体运动时,人和其他许多动物会转动头和眼睛以跟踪物体。在眼睛的平稳的追踪运动中,人平稳而精确地转动眼睛,以跟踪运动物体。头静止时,眼睛的平稳追踪运动是医生检查眼睛的一个标准的检查项目,也是检查人是否清醒的一个好的检查项目。鸟(如鹰和猫头鹰)不能转动眼睛,而是要转动头。在这两种情况下,高锐度的视网膜保持在运动目标上。在运动体上凝视静止的目标可以采用类似的机制进行控制。在视网膜神经线路和各种皮层区域上进行用于平稳跟踪的计算,最终将控制信号送到运动区域。在人脑中没有独立的目标跟踪模块! 在平稳跟踪所涉及到的许多区域中,一个称为 MT + 的中间级皮层区域是运动处理的关键,其他有助于平稳跟踪的功能也是不可或缺的,包括对非视网膜数据的处理。平稳跟踪在很大程度上是一个自主的行为,但当存在更明显的运动目标时,人类有能力选择性地跟踪一个特定的运动目标。

人的视觉系统选择追踪一个突出的目标,并通过眼睛的飞快扫视来盯上目标。在开始追踪时,单个神经元响应局部的图像特征会引起眼睛运动,这些局部运动很快被归因为被追踪的单个运动目标的合成运动。也就是说,通过运动分割目标和背景,目标区域的增益增大,这样即使周围的杂波沿相反方向运动,眼睛仍会瞄准运动的目标。如果目标被暂时遮掩,那么眼睛会继续平稳地运动。跟踪接近的目标依赖于突出部位或选择的关键点。一个较小的或远距离的目标(如一个萤火虫),会被当作一个单一的点来跟踪。

目标追踪可分为起始段和稳态段两个阶段。起始段占时 100ms,在稳态追踪时,眼睛的速率与成像的目标的速率良好地匹配。目前还不太清楚大脑是怎样利用大量受到噪声影响的神经元估计目标速度和方向的。众所周知,运动系统接收来自感知系统的输入,无论接收到的指令是否含有噪声,都会近乎完美地按速度和方向指令进行运动。

在稳态追踪时,头部眼睛的速率与在世界中头部的速率进行合成,因此,在计算驱动追踪的信号时会涉及世界坐标系。因此,在大脑的某些区域有一个工程师所称的世界坐标系中的"航迹文件",目前还不清楚航迹文件是怎样编码并传送到大脑的其他区域的。

平稳追踪的一个功能是将跟踪的目标引导到中央凹区域用于详细的分析。空间注意力聚焦在跟踪的目标上,而不是目标的前面或后面。但是,眼睛的速率在追踪时比凝视时要高,所以在追踪时眼睛有更多的抖动。与凝视识别一个静止目标相比,人们对于追踪时的视觉目标识别性能差异还知之甚少,但是平稳追踪显然减轻了运动模糊。

4.6.2 蝙蝠对飞行昆虫的回声定位

考虑到上述的说明,平稳运动是光电/红外敏感的一个合理模型。但像雷达和声呐那样的主动传感器如何? 采用融合了 ATT 和 ATR 的主动传感器的一个范例是蝙蝠。蝙蝠经历了5000万年的进化，演化出一个探测、选择、识别和捕捉移动猎物的成功机制。有相当多的文献讨论了这一主题。此外，海豚和鲸也是好的范例。

蝙蝠有很多种类，它的有各自不同的生活方式。捕食昆虫的回声定位的蝙蝠，以大约3°的精度将其波束朝向感兴趣的目标，如图4.5（a）所示。Ghose 和 Moss 研究了它们的声呐波束朝向和灵长类动物通过快速扫视引导凝视之间的相似性。目标反射的能量为蝙蝠提供了有关目标尺寸的信息，昆虫翅膀的摆动所产生的回波幅度调制提供了附加的信息。每种昆虫具有其特有的微多普勒特征，可将回波的时域和频域结构用做识别特征。在跟踪的末段，蝙蝠发射低功率和较高脉冲重复频率的信号以保持对目标的跟踪，直到最后发动攻击。蝙蝠基于条件（如干扰噪声）改变其回声定位策略。某些蝙蝠可以操纵它们的声呐波束转向目标的任何一侧，来精确确定目标的位置，在更好的目标跟踪和目标探测之间进行权衡。

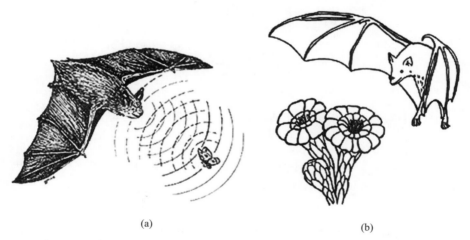

(a)　　　　　　　　　　(b)

图4.5　所有具有听觉的脊椎动物都能进行听觉场景分析，能回声定位的蝙蝠在这方面表现的特别好。它们采用声脉冲来探测环境，并根据声呐的反射回波来提取精确信息，并形成了复杂的场景和在场景中运动目标的三维表示。某些类型的蝙蝠的专长是跟踪、分类和捕获飞行昆虫，昆虫要做躲避机动，蝙蝠保持对其猎物的跟踪，尽管场景中的物体（如树叶、树枝和其他蝙蝠）会发出许多回波。蝙蝠能预测昆虫的飞行路线，计算最佳拦截点，并相应地调整其飞行计划。其他类型的蝙蝠是在沙漠和热带环境在的非常重要的传粉者

（a）小的棕色的蝙蝠（http://dnr. wi. gov/eek/critter/mammal/wiscbat. htm）；（b）较少的长鼻蝙蝠（http://www. prima. gov/cmo/sdcp/kids/color/llb. html）。

某些类型的蝙蝠以花蜜为食物，并在采食过程中进行授粉，如图 4.5（b）所示。采食花蜜的蝙蝠和需要它们传播花粉的植物的进化，是共同进化的一个例子，即协同目标跟踪、探测和识别。蝙蝠怎样在强杂波环境中定位、分类、选择最佳的候选目标，并寻的、降落在飘动的花朵上？它们将视觉、嗅觉、回声定位和出色的空间记忆组合起来，以发现最适合的花朵。Moss 的结论是：在目标探测性能、在跟踪中的目标定位性能和在扫描中对视场的控制之间进行权衡。

4.6.3　融合的自动目标跟踪和自动目标识别一体化

完全融合的自动目标跟踪和自动目标识别一体化将采用时空算法，采用最高的帧频和最高的分辨率，例如帧频超过 120f/s、像素数超过 2000×2000 的前视红外摄像机。我们将勾勒出一个完全融合的自动目标跟踪和自动目标识别一体化，重点聚焦在多波段光电/红外传感器系统上，如图 4.6 所示。

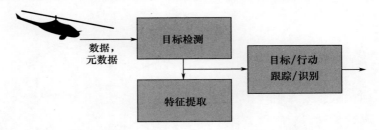

图 4.6　一体化自动目标跟踪和自动目标识别的基本框图（见彩图）

4.6.3.1　时空目标检测

航迹起始是由一个新的检测产生一个新的航迹的过程，新的检测也被用于维持已有的航迹。要采用融合的自动目标跟踪和自动目标识别一体化来检测目标，需要统一处理视频图像的不同方面，这些方面包括空间位置 (x,y)、空间频率 (u,v)、离散时间 k 和颜色波段 (b_1, b_2, b_3)。四元数 q 是实现颜色和运动统一处理的一种方式。标准傅里叶变换可将灰度图像从空间域变换到空间频率域。四元数傅里叶变换方法可用于多波段视频，即

$$q(k) = \beta(k) + \beta_1(k)\mu_1 + \beta_2(k)\mu_2 + \beta_3(k)\mu_3 \qquad (4.6)$$

以可见光彩色为例，式（4.5）中：$\beta_1 = RG$ 为在对立色空间中的红减绿颜色平面；$\beta_2 = BY$ 为在对立色空间中的蓝减黄颜色平面；$\beta_3 = I$ 为强度图像；$\beta = M = |I(k) - I(k - \Delta)|$ 为运动（变化）图像；$\mu_i^2 = -1$，$i = 1,2,3$，且有 $\mu_1\mu_2 = \mu_3$，$\mu_2\mu_3 = \mu_1$，$\mu_3\mu_1 = \mu_2$，$\mu_1\mu_2\mu_3 = -1$。

当场景是稳定的，且目标从一个时间周期到下一个时间周期不交叠时，变化

142

图像是最有用的。可以采用两帧以上的图像来消除重影,即

$$M = |I(k) - I(k-\Delta)| + |I(k) - I(k-2\Delta)| + |I(k) - I(k-3\Delta)| +$$
$$|I(k) - I(k-4\Delta)| + |I(k-2\Delta) - I(k-4\Delta)| + |I(k-X) - I(k-3\Delta)|$$

$$(4.7)$$

四元数的模是 $|q| = \sqrt{\beta^2 + \beta_1^2 + \beta_2^2 + \beta_3^2}$,单位四元数是 $|q| = 1$ 的四元数。
式(4.5)可以以对称的形式重写为

$$\begin{cases} q(k) = f_1(k) + f_2(k)\mu_2 \\ f_1(k) = M(k) + RG(k)\mu_1 \\ f_{12}(k) = BY(k) + I(k)\mu_1 \end{cases} \qquad (4.8)$$

四元数图像 $q(x,y,k)$ 的傅里叶变换可表示为

$$Q[u,v] = F_1[u,v] + F_2[u,v]\mu_2 \qquad (4.9)$$

$$F_i[u,v] = \frac{1}{\sqrt{MN}} \sum_{y=0}^{N-1} \sum_{x=0}^{M-1} \exp\left[-2\pi\mu_1\left(\frac{xu}{M} + \frac{yv}{N}\right)\right] f_i(x,y)$$

式中:$[u,v]$ 为频域中的坐标;(M,N) 为在高度上和宽度上的像素数目。为了简化,在式(4.8)中略去了 k。

逆四元数傅里叶变换的形式类似于标准的二维傅里叶变换,即

$$f_i[x,y] = \mathcal{F}^{-1}\{F[u,v]\} = \frac{1}{\sqrt{MN}} \sum_{v=0}^{N-1} \sum_{u=0}^{M-1} \exp\left[2\pi\mu_1\left(\frac{xu}{M} + \frac{yv}{N}\right)\right] F_i(u,v)$$

$$(4.10)$$

四元数可方便地在极坐标中表示为幅度和相位项的乘积。正如在所有的傅里叶变换形式中那样,对于一个仅有相位的表示,幅度项被设定为 1,有

$$Q(k) = \| Q(k) \| \exp[\mu\phi(k)] \qquad (4.11)$$

式中:$\phi(k)$ 为 $Q(k)$ 的相位谱;μ 为单位纯四元数。

采用式(4.10)中给出的逆变换,重构的仅有相位的 $Q(k)$ 可由 $q'(k)$ 表示。显著图 $s(k)$ 是 $q'(k)$ 的高斯模糊幅度,即

$$s(k) = G_\sigma \| q'(k) \| \qquad (4.12)$$

式中:G_σ 为半径为 σ 的二维高斯模糊函数。

采用不同的尺度 λ,可以对这种方法进行改进,以在计算不同尺度的显著图时采用幅度和相位项,即

$$s(k) = G_\sigma \| \mathcal{F}^{-1}\{G_\lambda \| Q(k) \| \exp[\phi(k)]\} \| \qquad (4.13)$$

检测是在显著图的局部最大值处报告的，检测之间的模糊宽度和最小距离应当是搜索的目标的大小、仰角和距离的函数。对于前视视频和车辆目标，模糊函数应当是椭圆的，即宽度大于高度。每帧的目标输出数目可以是固定的，也可以基于阈值确定。

一些研究者对这种空时目标检测的方法进行了改进，主要包括：用另一种变换（如 DCT、小波）代替傅里叶变换；采用分级的表示；使用各种颜色或特征空间；加权四元数分量；对显著图进行更好的处理；自上向下引入较高级别的知识等。四元数方法类似于各种其他时空显著图方法，如简单地融合几种类型的显著图。

四元数是用于目标检测的时空显著图的一个实例。识别一个不能单独依靠航迹数据识别的短期事件，需要在时间域进行更深入的研究。假定 $F[u,v,\tau]$ 表示一个检测点附近的三维空间的傅里叶域表示。时空事件模板 $T[u,v,\tau]$ 是基于感兴趣事件清单预先离线学习的，其中每类事件都有一个非常大的训练数据库。每个模板表示采取特定行动（如拳击）的一个特定物体（如一个人），以傅里叶形式被存储在库中用于离线应用，以节省计算量。归一化的交叉谱可以表示为

$$C[u,v,\tau] = \frac{F[u,v,\tau]T^*[u,v,\tau]}{|F[u,v,\tau]T^*[u,v,\tau]|} \tag{4.14}$$

式中：$*$ 为复共轭。$C[u,v,\tau]$ 的逆傅里叶变换给出了具有峰值匹配点 (x_0,y_0,t_0) 的相位相关矩阵 $PCM[x,y,t]$。不言而喻，有很多技术文献涉及对这一基本公式的改进，以及实现相同目标的不同机理。

更先进的替代方案开始出现。受生物启发的视觉处理的神经形态模型正处于早期发展阶段，提出了对时空物体和事件、检测和识别进行统一处理的方法（如，文献 16,17 所介绍的方法）。第 3 章讨论了两种生物启发的时空模型：LSTM 和 HTM。这些模型需要独立的盲测试和外场测试，为不同应用采取适当的处理机制。

4.6.3.2　特征和类的预测

目前光电/红外传感器能工作于非常高的帧频。当跟踪目标时，自动目标识别器产生有序的等间隔的时间序列数据。融合的自动目标跟踪和自动目标识别一体化的目的是，基于先前值得到当前值的最佳估计，这些估计是预测或前向投影的。可以预测的值的例子包括分类向量和特征向量。

考虑一个用于时间序列的简单自回归模型，它可以表示为一个最小二乘回归问题。标量 x_k 的预测值是基于相同时间序列的 p 个先前值得到的，p 阶自回归模型 AR(p) 可定义为

$$x_k = \sum_{i=1}^{p} \varphi_i x_{k-1} + \varepsilon_k \qquad (4.15)$$

式中：$\varphi_1, \varphi_2, \cdots, \varphi_p$ 为模型的参数；ε_k 为噪声项。

对于一个不完美的跟踪器，最近的值更可能源于所跟踪的相同目标，因此 p 是有限的，且 $\varphi_1 > \varphi_2 > \cdots > \varphi_n$。

式（4.14）可以以 Yule – Walker 的形式写为

$$x_k = \sum_{i=1}^{p} \varphi_i x_{k-1} + \varepsilon \sigma_\varepsilon^2 \delta_{k,0} \qquad (4.16)$$

式中：$k = 0, \cdots, p$；$\delta_{k,0}$ 为 Kronecker 函数。现在令 $k = 0$，式（4.15）变为

$$x_k = \sum_{i=1}^{p} \varphi_i x_{k-1} + \sigma_\varepsilon^2 \qquad (4.17)$$

$k > 0$ 时式（4.15）的矩阵形式为

$$\begin{bmatrix} x_1 \\ x_2 \\ x_3 \\ \vdots \\ x_p \end{bmatrix} = \begin{bmatrix} x_0 & x_{-1} & x_{-2} & \cdots & x_{-p+1} \\ x_1 & x_0 & x_{-1} & \cdots & x_{-p+2} \\ x_2 & x_1 & x_0 & \cdots & x_{-p+3} \\ \vdots & \vdots & \vdots & & \vdots \\ x_{p-1} & x_{p-2} & x_{p-3} & \cdots & x_0 \end{bmatrix} \begin{bmatrix} \varphi_1 \\ \varphi_2 \\ \varphi_3 \\ \vdots \\ \varphi_p \end{bmatrix} \qquad (4.18)$$

首先要求解式（4.17），以得到模型的参数，然后求解式（4.16），以得到噪声项。

要运用模型必须选择 p 值，这可以通过工程判断或实验来确定。$AR(p)$ 模型可以用于预测分类向量的每个元素，如果分类向量表示概率估计，则需要将这些估计归一化，使其累加和为 1.0。如果 $AR(p)$ 过程被用于特征向量，则模型的参数可以对所有的特征进行平均。AR 过程不适用于非图像特征（如一天中的时间、一年中的天、俯视角、气候区等），但可采用其他替代的方案来实现同样的目的，如简单的时间平均或缩尾处理、Belief 函数理论、Dempster – Shafer 证据理论、向量自回归模型 $VAR(p)$、卡尔曼滤波。

4.6.3.3　检测—航迹关联

在这一处理步骤，自动目标跟踪和自动目标识别一体化将确定哪些检测与哪些航迹关联，这不仅涉及运动学。

在某些应用中，可以采用单一的检测来更新每个航迹。第一步是基于最近的滤波器输出预测每个现有航迹的位置，将现有的每个航迹传播到下一时间步，更新目标状态估计和假设的目标运动模型。在自动目标跟踪和自动目标识别一

体化推测出有关其类型的更多信息后,可以针对被跟踪的特定物体细化目标运动模型,例如对于被跟踪的人员可以采用步态。一旦估计出目标状态,那么检测就会与航迹相关联。

未来的传感器将同时具有高帧频(如 120f/s)和高分辨率[16M 像素/f(对于红外)~100M 像素/f(对于可见光)]。高帧频使跟踪较为容易,高像素分辨率允许采用大视场。应该以较高的帧频在跟踪门内进行检测,而不是在整个场景内进行,这是可以接受的,因为宽视场场景内不会经常进入新的目标。场景的要点模型会进一步约束新的检测和航迹,例如,如果被跟踪的坦克在前视图像中,则没有必要寻找或跟踪远高于天际线的物体。

组合的自动目标跟踪和自动目标识别一体化采用多种类型的更高级别的情报信息来辅助检测—航迹关联。当传感器运动且跟踪目标时,应构建目标和背景(如建筑物)的三维模型,被跟踪的物体相对于一个相对稳定的背景平缓地演变,物体边缘在视角变化时会相对于背景漂移,从而能够进行时域分割。当距离和姿态平缓变化并进入一个已知背景中时,三维目标外观以可预测的方式发生变化。一旦所跟踪的目标与背景可以运动分割出来,自动目标跟踪和自动目标识别一体化采用相同的预测特征向量和匹配策略,对物体进行关联和识别。

假设这项应用在每个更新步骤中需要多个检测—航迹关联,多假设跟踪是一种合理的范式,因为它考虑了许多检测—航迹假设。如果新帧重复这一过程,那么生成轨迹的数目可能呈指数级增长。然而,尽管多假设跟踪计算每个可能的航迹关联的概率,但仅报告最可能的航迹关联是有效的,而不可能的航迹更新会被删除。即便经过这样的处理,有些检测仍然与现有航迹不关联,有些航迹得不到更新,需要采用航迹维持处理这些问题。

4.6.3.4 航迹维持

航迹维持模块要初始化新的航迹,删除某些老的航迹,并做出是否终结一个航迹的决策。如果一个航迹在一定的步数内(或者最近 n 步中有 m 步)与任何检测都不关联,目标可能已经隐藏、部分被遮掩,或者已经离开该区域,或者已经融入背景纹理中,或者它本身就不是一个真正的目标,而是由噪声或杂波产生的。要设计一种规则,删除不合理的航迹,或者将这些航迹置于休眠状态。ATT∪ATR基于任务规划数据,能够知道一个正被跟踪的物体是否在当前感兴趣目标清单中,如果不在该清单中则删除该航迹或将它放到干扰物类。如果平台还有两枚导弹能发射,那么重点是选择最高价值的目标进行跟踪。

4.6.3.5 加入更高级的知识

在生物系统中,与自动目标跟踪和自动目标识别一体化类似的系统可以综合利用从记忆中检索的信息、预期、智能思维、处理优先级、目的、自上而下的指导以及兴奋激发,以聚焦到真正的威胁。考虑自动目标跟踪和自动目标识别一体化怎样运用可以得到的信息的更一般概念,这样的信息包括基于任务的存储数据、新到达的情报数据、先验的目标概率、已知的目标运动、敌方的战术和兵力结构。如果被跟踪的车辆沿着一条道路接近行驶,则这些车辆可能属于相同的类型,而不是属于各自独立的类型,这对于实际的战场是正确的。当然在人为的试验中,有可能每个目标属于单独的类型。如果被跟踪的车辆沿着相同方向以大约相同的速度驶离道路,尽管分类器的输出有所不同,但是它们很可能属于相同的类型。如果领头的车辆停下、减速、转弯或穿越特定地点的河流,可以预期后面跟随的车辆也要做类似的机动。如果被跟踪的小物体聚集在一起或者同步运动,其中一个物体被确定为携带大型武器的人员,那么可以假设其他含糊不清的物体也是携带武器的人员,而不是山鹿。情报或作战条令表明敌方坦克可能将集结在学校、医院和宗教场所附近,导弹存放在住宅地下室中,坦克的过去的踪迹(在这种情况下意味着在地面上的凹痕)朝向一个车库,表明车库中藏有一辆坦克。这类军事情报和推理在过去易于被飞行员所用,但难以应用在算法中。

假设目的是跟踪大视场内的潜在的感兴趣目标,然后切换到小视场跟踪到目标的概率大于 70% 。如果只有大约 0.5 的概率跟踪到物体,则永远不会切换视场。然而,如果两个被跟踪的物体瞬间接近,则至少一个是感兴趣目标的概率接近 0.75,则应该切换到小视场,并将传感器瞄向它们中间。

4.6.3.6 实现

融合的自动目标跟踪和自动目标识别一体化被嵌入在传感器中,以减小尺寸、重量、功耗和延迟。如果多个传感器有助于跟踪和识别,则它们的数据应在特征集进行综合,而不是在决策之后进行综合。多传感器融合应当涉及到推理和反馈,而不是在一个融合的盒子内进行没头脑的统计综合。一个传感器可以调度另一个传感器,以获取所需的信息,就像人把目光转向一个发声的地方一样。

4.7 讨论

自动目标跟踪系统在第二次世界大战之前就已经得到应用,自动目标识别系统的飞行试验在 20 世纪 70 年代初期开始。过去,自动目标跟踪和自动目标识别的综合仅仅是在两个独立单元之间交换一些信息。问题是:自动目标跟踪和自动目标识别能否很好地紧密结合,使它们不再是独立的单元? 标准的 ATT 和 ATR 之间的协同称为 ATT↔ATR,而一体化的 ATT 和 ATR 称为自动目标跟踪和自动目标识别一体化。

自动目标跟踪和自动目标识别一体化的生物模型源于跨越许多神经回路和结构（包括视网膜）分布的行为的动力学模式，大脑从眼睛所接收的信息是接收时刻的"旧新闻"，眼睛和大脑预测所跟踪物体的未来位置，而不是依靠所收到的在视网膜上的位置。也就是说，人要感知一个物体应该在哪里。注意力紧密地聚焦在最感兴趣的物体上。如果这样还不能工作得很好，那么平均能击到球的概率将是很低的，外场手将很难捕捉到飞行的球，这样棒球就不值得看了。对下一个瞬间建立持续感知是在困难的条件下实现的，如运动限制（眼睛、头、身体、场景背景、目标）和处理限制（神经噪声、延迟、眼睛抖动、分散注意力、神经元的较低的速度（按照计算机的标准）。不仅人的视觉系统要克服这些难题，这也是利用运动来支持目标检测、目标分类、事件检测和行为识别的固有机制。

当在一个生物视觉系统中跟踪一个物体时，多个坐标系紧密地结合在一起，包括以眼睛为中心的世界坐标系。在跟踪和识别融合时，要快速识别视觉跟踪目标，并维持感知上稳定的识别。识别精度是连续性和稳定性的权衡。尽管某些大脑区域（像 MT + ）确实是特殊的，但自动目标跟踪和自动目标识别一体化的神经系统版可以最好地描述为一个广泛分布的、协同的多功能机制的组合。视觉系统不是由偶尔进行通信的独立的 ATT 和 ATR 构成的。

生物视觉通常不是基于快照图像工作的。特征抽取、检测和识别是时空的，当视觉被看做一个空时过程时，运动和静止目标检测/识别、事件检测/识别、行为和场景识别并不像目前 ATT 和 ATR 那样分得那么开，它们看起来是在变化的时间尺度上以类似的机制发生的。采用生物视觉系统作为思想源，有许多仍未发掘的信息源和信息综合方式来改进时空处理。不同的物种采用了不同的传感器和处理器设计，为生物模拟提供了丰富多样的模型。问题不应是寻求与传感器一起工作的自动目标识别器，而是要确保由一个单一团队设计的自动目标跟踪和自动目标识别一体化和传感器，能够很好地协同工作。

总的建议是要放弃沿用了 50 年的将 ATT、ATR 和行为三个黑箱分离设计的理念，但这一建议只是超越了思维实验。能像眼睛那样运动的超高分辨率、超大视场、高帧频的类眼传感器概念似乎是可行的。视网膜和大脑构成了一个处理单元，类似地，现在可以将大量处理集成在一个传感器中，而无需单独的处理器。通过紧密交织协同的子功能，能使原来分离的 ATT、ATR 和行为识别模块不再区分开来，这将是一个重大的任务，这将从未来几十年在大脑建模方面的预期进展中获益。

参 考 文 献

1. Y. Bar-Shalom and L. Xiao-Rong, *Estimation and Tracking Principles*, Artech House, Boston (1993).

2. D. F. Crouse, Y. Bar-Shalom, P. Willett, and L. Svensson, "The JPDAF in practical systems: Computation and snake oil," *Proc. SPIE* **7698**, 769813 (2010) [doi: 10.1117/12.848895].

3. D. Musicki and S. Suvorova, "Target track initiation comparison and optimization," *Proc. Seventh International Conf. on Information Fusion*, Stockholm, Sweden, pp. 28–32 (2004).

4. V. Mahadevan and N. Vasconcelos, "Biologically inspired object tracking using center-surround saliency mechanisms," *IEEE Trans. on Pattern Analysis and Machine Intelligence* **35**(3), 541–554 (2013).

5. D. Comaniciu, V. Ramesh, and P. Meer, "Kernel-based object tracking," *IEEE Trans. on Pattern Analysis and Machine Intelligence* **25**(5), 564–577 (2003).

6. L. Wang, H. Yan, H. Y. Wu, and C. Pan, "Forward-backward mean-shift for visual tracking with local-background-weighted histogram," *IEEE Trans on Intelligent Transportation Systems* **14**(3), 1480–1489 (2013).

7. M. F. Land and D. E. Nilsson, *Animal Eyes*, Oxford University Press, Oxford (2012).

8. N. F. Fogt and A. B. Zimmerman, "A method to monitor eye and head tracking movements in college baseball players," *Optometry and Vision Science* **91**(2), 200–211 (2014).

9. S. Ohlendorf, "Cortical Control of Smooth Pursuit Eye Movements," Ph.D. dissertation, University of Basel, Switzerland (2007).

10. K. Ghose and C. F. Moss, "The sonar beam pattern of a flying bat as it tracks tethered insects," *Journal of the Acoustical Society of America* **114**, 1120–1131 (2003).

11. A. Balleri, "Biologically Inspired Radar and Sonar Target Classification," Ph.D. dissertation, University College London, UK (2010).

12. C. F. Moss and A. Surlykke, "Probing the natural scene by echolocation in bats," *Frontiers in Behavioral Neuroscience* **4**(33), 1–16 (2010).

13. C. Guo, Q. Ma, and L. Zhang, "Spatio-temporal saliency detection using phase spectrum of quaternion Fourier transform," *IEEE Conf. on Computer Vision and Pattern Recognition*, pp. 1–8 (2008).

14. C. Guo and L. Zhang, "A novel multiresolution spatiotemporal saliency detection model and its application in image and video compression,"

IEEE Trans. on Image Processing **19**(1), 185–198 (2010).

15. J. Li, M. D. Levine, X. An, X. Xu, and H. He, "Visual saliency based on scale-space analysis in the frequency domain," *IEEE Pattern Analysis and Machine Intelligence* **35**(4), 996–1010 (2013).

16. G. J. Rinkus, "A cortical sparse distributed coding model linking mini- and macrocolumn-scale functionality," *Frontiers in Neuroanatomy* **4**, 1–13 (2010).

17. S. Ji, W. Xu, M. Yang, and K. Yu, "3D convolution neural networks for human action recognition," *IEEE Trans. on Pattern Analysis and Machine Intelligence* **35**(1), 221–231 (2013).

18. M. Chargizi, *The Vision Revolution*, Benbella Books, Dallas, Texas (2009).

19. G. W. Maus, J. Fischer, and D. Whitney, "Motion dependent representation of space in area MT+," *Neuron* **78**(3), 554–562 (2013).

第5章 多传感器融合

5.1 引言

假设你正在姨妈 Florence 家做客,感到饿了就去了厨房,餐桌上有一盘鱼,看起来很诱人,但有些怪味,因此你戳它、闻它,并尝了一些,味道还不错,但看起来仍有些不对。然后高潮来了,姨妈在隔壁房间喊道:"别吃那条鱼!"人脑是多传感器融合系统的一个很好的例子。通过对来自5个感官的数据进行融合,使你没有吃掉这条腐烂的鱼(见图5.1)。

图 5.1 所有的5个感官被用来确定鱼不能吃了

所有这5个感官怎样聚焦在相同的物体上?这称为捆绑问题。必须将所有的传感器数据中鱼的特征和特性与其他邻近的物体和背景的特性区分开来。然后,特征必须与"鱼"的概念关联起来。在大脑的许多不同的部分都有捆绑问题,没有单一的算法解决方案。捆绑是一类问题:如,跨视觉空间的结合,将一个声音与其他声音分离开来,将声音和视觉感知跨模式捆绑关联起来。至少有7种不同类型的捆绑。

(1)位置捆绑:物体是按照某种三维坐标系与它们的位置关联的。

(2)时间捆绑:物体不仅与位置有关,而且与一个时间间隔是相关的。

(3)部件捆绑:一个物体的部件必须与它的背景分离开来并捆绑在一起,要

151

考虑到部分的遮挡。

（4）特性捆绑：一个物体的不同特性必须捆绑在一起，以表征该物体，特性可以包括颜色、纹理、形状和运动。

（5）条件捆绑：对一个特性（如大小）的解释以另一个特性（如距离）为条件。

（6）分层级捆绑：感知的类别按照分层分级的方式组织和捆绑在一起，这适于分层分级结构的物体和事件。轮胎是与汽车关联的，击球手是与投手关联的，每个击球手是和他们所在的球队关联的，比赛的双方的球队是与棒球比赛关联的。

（7）概念捆绑：必须与诸如"目标"那样的概念和"炸弹爆炸"那样的事件关联的其他类型的捆绑。

这与自动目标识别怎样关联起来？许多不同类型的传感器可以为自动目标识别器提供信息。传感器是由它们的谱段、作用距离、覆盖范围、辐射、延迟和尺寸、重量、功耗和成本（SWaP－C）来区分的，必须考虑天气、光照条件和目标运动对它们的图像（或者更一般地，数据）的影响。一个传感器必须能够在另一个传感器不能看到目标的一定条件下（如雾天）观察一个目标。对多传感器数据进行组合（融合）能实现的自动目标识别性能，比采用单个传感器更好。在单个传感器故障、大气传输条件变差、有诱饵、伪装和干扰的条件下，多传感器融合也能提供更好的稳健性。

融合的最简单形式是对来自相同平台上的两个传感器的数据进行实时组合。对于自动目标识别，正如生物系统一样，融合提供了捆绑问题的一个解决方案。多传感器信号必须与相同的物体或事件关联起来。在自动目标识别中，融合的基本应用是通过组合同时的数据来改进目标探测与识别。然而，也有许多其他形式的融合。

（1）串行融合：一类传感器可以唤醒其他类型的传感器或相同传感器的另一种模式，以帮助做出决策。例如一个人听到一个响声，然后将眼睛盯向声音源。

（2）边跟踪边融合：当一个目标被跟踪时，每次观察提供一次分类决策，跟踪器将对目标的每次观察与下一次观察关联起来，传感器以略为不同的视点连续观察不同背景中的目标，并可以随着时间的推移将每次的分类决策进行组合。

（3）交接：一个平台上的一个传感器为另一个平台上的传感器提供目标位置和分类信息。

（4）互为补充的传感器：一类传感器（如激光测距机）可以为另一类传感器（如前视红外摄像机）提供对其数据进行处理所需的缺失信息。

（5）多视：相同的传感器从不同的视点观察目标以构成三维模型。

（6）辐射控制：一个自动目标识别系统主要使用被动传感器，直到最后的时刻才启用主动传感器。

（7）异常处理：一个传感器监控另一个传感器的异常输出。在某些情况下，某一传感器的数据可以用于替代其他传感器的异常的或噪声较大的输出。

（8）传感器动态选择：采用自适应算法选择最适合的传感器，选择过程是基于对每个可用传感器当时的数据质量、功效和能耗的评估做出的。

（9）被动雷达：任何不发射信号的探测、定位和跟踪目标的雷达称为被动雷达。被动双站雷达可以接收和处理非合作照射源所产生的反射信号，如来自商用广播的照射反射（见图 5.2）。采用两个或更多的发射机和/或接收机的雷达称为多站雷达。自动目标识别将依靠对空间上分布的多个发射机和接收机的信号的融合。此外，系统可以依靠目标的射频辐射来探测、跟踪和识别某些目标。

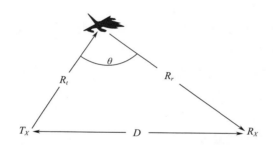

图 5.2　双基地雷达包括相隔一定距离 D 的射频接收机 R_X 和发射机 T_X，被动双基地雷达包括一个接收机，但没有发射机，它采用在环境中的一个非合作的射频发射机

（10）目标定位误差最小化：一个传感器的距离向定位精度高，另一个传感器的横向定位精度高。可以通过对它们进行组合来实现目标定位误差最小化。

（11）多功能射频系统：多功能系统是指将通常由不同装备实现的各种功能综合到一个单一系统中。多功能射频系统综合了雷达和非雷达的功能（电子支援措施（ESM）、信号情报（SIGINT）、被动电子战（EW）以及通信情报）。例如，DARPA 多功能射频项目寻求发展一个频率、波形和孔径捷变的通用射频系统，它可以根据飞机的使命实现不同功能的最优结合。

5.2　与自动目标识别相关的关键融合问题

对于自动目标识别,多传感器融合比通常所描述的从多个传感器输入数据并输出一致答案的简单黑箱更加复杂。多传感器融合涉及许多不同类型的问题,问题的解决需要工程判断力和创造力。多传感器融合可用于不同类型的传感器、平台、数据、时间线、算法模型和硬件结构。多传感器融合可以改进标准的自动目标识别功能(如探测、分割、识别和跟踪)以及场景建模、GPS 受拒止条件下的导航、目标位置估计、导弹告警和低能见度着陆等复杂过程。以下是其中一些问题。

1. 采用用例还是问题求解方式

多传感器融合有时被当作一个用例问题。在一个平台上有数个传感器,在软件库中有数种算法,如卡尔曼滤波、场景配准、神经网络、专家系统等。工程师要确定这些可用资源能做的有用的事,这是蹩脚的工程。一个更好的途径是通过与客户和终端用户交流确定需解决的关键问题。确定一个问题的良好解决方案的主要工作是准确地定义问题,在所有的利益相关方都认可了对问题的明确定义之后,工程师全面调查可能组合的用于解决问题的资源。基本的讨论涉及采用手头工具和有限预算能够做什么。如果采用现有资源(例如,传感器、模型、算法、数据库)不能实现所需性能,则讨论应当转向新的思路和采用新的资源。

2. 集中式、去中心式或分布式

(1) 单平台集中式融合如图 5.3(a)所示,来自多个传感器的原始数据(或者特征数据)被馈送到一个单一的融合引擎,传感器和融合引擎在相同的平台上,融合引擎组合数据以得到一个融合的结论。但是,要同时获取多个传感器的时间同步的训练和试验数据,代价非常高,这是影响是否选择这种融合方式的主要问题。

(2) 单平台去中心式融合如图 5.3(b)所示,每个传感器是一个智能体,都有其本身的自动目标识别器(和一体化的跟踪器),具有很高程度的自主性。单个自动目标识别器输出的硬或软决策和航迹文件是通过在平台上的简单的融合引擎组合的,因此,大部分工作是去中心的,但最终的融合步骤是集中的。这一技术途径的优点是简单性,同时降低了同时获取多个传感器的时间同步的训练和试验数据的需求。

(3) 多平台集中式融合如图 5.3(c)所示,来自多个平台的原始或特征数据被传送到在一个特定平台或地面站中的一个单一的融合中心,融合引擎对数据进行相关和组合以得到决策。由于有大的带宽需求,这种途径很少使用。

（4）多平台分布式融合如图 5.3(d)所示,每个平台有其自身的传感器、自动目标识别器和融合引擎。所有数据在本地处理,其硬决策或软决策被传送到其他平台。每个接收平台组合接收数据和本地决策以得到其自己的结论。每个平台具有高度的自主性,在一个平台上得到的结论,与在其他平台上得出的结论可能不同。这种技术途径的特点是对带宽要求低,且运行使用复杂性低。

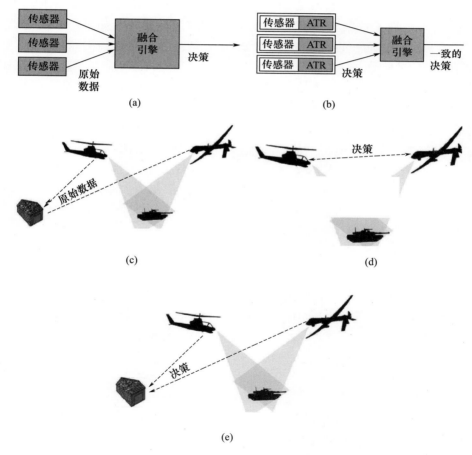

图 5.3　多分类器融合(见彩图)

(a)单平台集中式融合；(b)单平台去中心式融合；(c)多平台集中式融合；

(d)多平台分布式融合；(e)多平台去中心式融合。

（5）多平台去中心式融合如图 5.3（e）所示，每个平台有其自身的传感器和自动目标识别器，并得出其自己的结论。硬决策或软决策被发送到一个集中式的融合中心，并简单地将局部决策组合成全局决策。

3. 配准和关联

如果采用两个摄像机识别一个物体，它们的光轴应当是对准的（如果可能），具有相同的视场和像素分辨率，并且在时间上同步。但情况并不总是这样。例如，在采用画中画方式时，采用一个高分辨率窄视场传感器和低分辨率宽视场传感器观察目标，这种方式类似于人眼所使用的中央凹，可以有效使用有限资源。

在使用两个或多个传感器时，必须确保数据被转换到一个公共的基准坐标系，在实现了数据转换后，仍然还需要处理捆绑问题。如果每个传感器将目标看作一个单一的点，捆绑问题就简化成为经典的航迹关联问题。如果有更高的分辨率，必须确定两个传感器所观察的目标的某一部分之间的关联，但是目标组件的关联是困难的，例如，一个红外传感器得到了一辆坦克的发动机热喷口的强信号特征，而一个合成孔径雷达传感器不能看到发动机喷口，而是看到整个目标，而且可能由于重置效应，目标的这一部分挤在某一位置。当空对地雷达波束在被一个高目标的底部反射前被其顶部反射时，就会产生高程重叠遮掩，即，雷达在接收到底部反射前就能接收到来自目标顶部的反射。因此，目标的顶部会向雷达偏移，与目标的较低部分的图像重叠。此外，在合成孔径雷达和光电/红外图像中的阴影是不一致的，因为对于合成孔径雷达来说，雷达是照射器，而对于光电/红外成像来说，太阳（或月球）是照射源。

4. 误差

每个传感器的数据在目标位置、时间戳和几何上有不同的误差。本章假设被融合的传感器数据大致是同样可信的。如果情况并非这样，融合必须考虑数据源的相对可信度。当对两个或更多的光电/红外传感器进行配准时，还必须考虑光学畸变、视差、大气湍流，以及可能存在的隔代扫描和坏的或丢失的像素数据。

5. 延迟和时间同步

时间尺度、帧频和作用距离的不同也使融合复杂化。某些前视红外摄像机可以以 120f/s 或者更高的帧频成像，但合成孔径雷达系统形成一幅图像需要几秒。即便采用最好的双波段前视红外摄像机，由于每个谱段具有不同的积分时间，两个波段的图像也不是完美对准的。某些双波段摄像机可能更糟，两个波段在时间上是交错的。

6. 统计独立性

模式识别的一个基本原则是通过组合统计上不相关的数据来提高性能。来自测振计、声传感器、磁传感器、雷达和红外传感器的数据是非常独立的。如在夜间,来自长波红外和中波红外摄像机的数据是高度相关的,这是另一个极端。数据独立性也与条件有关,吹起的沙尘将严重影响可见光数据,对长波红外数据的影响较小,甚至对被动毫米波雷达图像基本没有影响。

7. 能量和辐射最小化

采用多传感器的目的是使能量和辐射最小化。一个声传感器使用的能量比红外摄像机要少得多,因此在智能地雷中可以用来唤醒一个红外摄像机。对于空对空作战,为了使辐射最小化,一个雷达传感器可以保持静默,直到一个红外搜索跟踪传感器探测到目标。

8. 数据的完整性

某些传感器产生的信息不完整,需要另一个传感器补充信息,以满足任务需求。以下有三个例子:①一个雷达距离轮廓像对于自动目标探测和识别是非常有用的,但对于交战规则所需要的人的决策不是很有用。因此,要将一个窄视场的红外摄像机转向雷达探测到的目标,以为观察人员提供目标图像。②红外摄像机不能提供远距离目标的距离信息,但雷达或激光测距机可以提供这样的信息。③采用第三代双波段(长波红外/中波红外)摄像机,每个波段将具有某些丢失的或坏的像素,而一个波段的数据可以有助于更好地估计另一个波段丢失的像素值。

5.3　融合的层级

自动目标识别工程师将多传感器融合划分为以下层级:低级(数据级融合);中级(特征级融合);高级(决策或评分级融合)。

本节将分别讨论这三个层级的融合。但需要注意的是,还有其他的分类法,这些分类通常将融合按级数划分为 0 ~ 4 级。在 IEEE 多传感器融合国际会议、国家或北约融合研讨会和 SPIE 防御 + 商用敏感研讨会中引入了新的融合框架。如图 5.4 所示的联合实验室委员会(JDL)数据融合工作组模型是一种广泛使用的融合框架。

5.3.1　数据级融合

数据级融合是指组合来自两个或更多的传感器的原始数据或略做处理的数

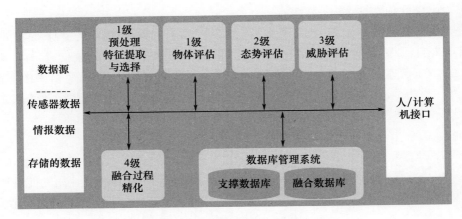

图 5.4　JDL 融合模型（见彩图）

据。如图 5.5 所示，像素级融合是数据级融合的一个特例，它通常是指组合在不同谱段中的图像 $I_1,\cdots,I_n$，以形成一个单一的多波段图像 I。像素级融合是通过同时触发具有相同的视场的传感器来实现的，以下是几个常见的例子。

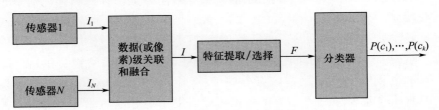

图 5.5　像素级融合通常是指由多个时间同步的成像传感器将单独的
图像馈送到一个融合引擎，形成一个多波段图像 I

　　大部分标准的彩色摄像机的传感器芯能（分辨率为 H×V）采用如图 5.6 所示的 Bayer 滤光片阵列，其中 H、V 分别表示阵列的水平像素数和垂直像素数。在每帧时间形成稀疏采样的红、绿和蓝图像，分辨率有所下降，因为仅有 1/4 的感光单元捕获红色，1/4 的感光单元捕获蓝色，1/2 的感光单元捕获绿色。对三个分离的、稀疏采样的红、绿和蓝图像进行插值，估计丢失的像素值，然后采用一个称为去马赛克的过程 $\{\mathrm{red}(x),\mathrm{green}(x),\mathrm{blue}(x)\}$，组合成一幅全彩色的图像。这将产生一个在每个像素 x 处具有向量的 $H\times V$ 像素的图像。注意，多波段图像的真正的分辨率小于 $H\times V$。

　　大部分彩色摄像机采用一个单一的 CCD 或 CMOS 传感器芯片，上面覆盖采用 Bayer 或者其他图案的彩色滤光片（见图 5.6），采用单一传感器芯片的优点是尺寸小、低成本。三芯片摄像机可以使用光学棱镜将入射光分光为三种颜色通道，一个传感器芯片对应一种颜色，这种方法的优点是具有较高的颜色分辨率和更好的颜色精度,但代价是更大的尺寸、重量和成本,通常用在某些高端视频摄像机中。它也用于在并非红色、蓝色的波段产生{red,green,blue}图像的专用摄像机中。

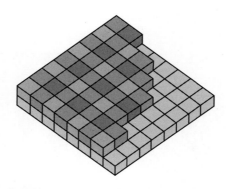

图 5.6　Bayer 滤波器阵列是在光电探测器网格上的一组特殊排列的红、
绿和蓝色滤光片

三芯片摄像机通常包括一个如图 5.7 所示的三色组件,宽带的光束进入第一个棱镜 P_1,蓝光部分落在反射蓝光的镀膜 C_1 上,然后从棱镜的另一面出来,镀膜 C_1 透过更长的波长,减去蓝光部分的光束进入棱镜 P_2,这一光束然后由镀膜 C_2 进行分光,红光被反射,并借助于棱镜 P_1 和 P_2 之间的空气间隙从棱镜 P_2 的另一侧出去,留下的绿光部分透过棱镜 P_3。最终由三个单独的传感器芯片获取三个图像分量,再由一个 FPGA 组合成一个向量图像。

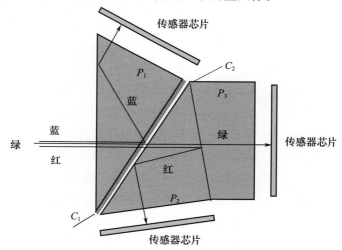

图 5.7　三 CCD 或三 CMOS 摄像机采用棱镜组件将入射光分成 3 个波段

　　另一种方法是将多个传感器集成在一个单一的组合中,由于没有所希望的波段组合的多波段摄像机,这在军用系统中是常见的。多个摄像机必须非常接近并精确地对准。例如,诺·格高分辨率轻型激光照射器测距机(LLDR – 2H)的组件包括天文精度的高精度定向器件、数字磁罗盘、嵌入式 GPS 接收机、采用高分辨率 CCD 的白天摄像机、制冷型中波红外摄像机和人眼安全激光测距机,如图 5.8 所示。未来轻型激光照射器测距机系统甚至将加入更多类型的传感器,并采用更先进的处理。

(a)　　　　　　　　　　　(b)

图 5.8　激光照射器/测距机

(a)诺·格公司将多个传感器组合到一个单一的组合中的具有高分辨率的轻型激光照射器/激光测距机(LLDR – 2H);(b)诺·格公司 AN/PED – 1 激光照射器/激光测距机

［照片来自:http://www.northropgrumman.com/Capabilities/ANPED1LLDR/Pages/default.aspx］。

　　除红、绿、蓝组合{red,green,blue}之外的波段组合大都具有军事用途。{ultraviolt,green,blue}组合适于海下使用,因为红色谱段会被海水快速吸收。在某些军用地面车辆和直升机上会使用像粘土那样的低反射率涂料,对于这种涂料和植物背景场景,{near inf rared,red,green}是有效的,如图 5.9 所示。

　　未来的红外自动目标识别系统或许将采用工作在长波红外和中波红外波段的第三代高分辨率双波段前视红外摄像机。在理想情况下两个波段是同时获取图像的,但有些摄像机是以交替的顺序获取图像的,它们采用小波方法来组合两个波段,以产生三波段的图像,用于改进自动目标识别和可视化[6]。

　　大部分动物有一对眼睛,构成一个立体视觉系统。捕食动物的眼睛一般在前部,被捕食动物的眼睛通常在头部的两侧。双目交叠是指由双眼都看到的场景部分,人在水平面上有 120°的双目交叠。马仅有 65°的双目视觉,其余 285°是单目视觉。因此,马和其他被捕食动物保持对来自各个方向的捕食动

图 5.9　具有植被背景的人员图像

物的观察,而捕食动物采用它们更大的立体视觉区来探测、跟踪和快速寻的被捕食对象。

　　双目视觉通过双目累积提高视觉质量,并为一只眼睛的失能提供备份。在 2017 年的 Kentucky Derby 赛事中,一匹称为 Patch 的单眼赛马参与了竞赛,它开始处于第 20 的位置,所有的马处于它的盲眼的一侧,最后取得了第 14 名的成绩。Patch 在 Belmont Stakes 赛事中表现得更好,最后取得了第 3 名的成绩。由此得出的结论是双目视觉肯定能增强视觉,但有时单目视觉是足够的。

　　一个立体摄像机有两个或更多的透镜,每个透镜对应一个传感器芯片,在同一个平台上装有两个接近的摄像机沿同方向观察,形成了一个立体对。如果目标或平台是运动的,应当同时触发摄像机。也可以通过由单个摄像机在三维环境中运动得到的多个二维观测来推导出深度信息,但是最好采用得到良好标定的运动摄像机和静止景物。双目视觉和单目运动立体视觉都采用三角定位的原理,立体对应技术需要找到两幅图像中相同景物单元的精确匹配,然后对匹配的单元位置在三维空间进行三角处理,进而得到距离信息。但是,探测对应的点并进行精确的匹配是非常困难的,尤其是对于模糊的热红外图像。此外,某些三维景物点对于某些摄像机视角是隐藏的。

　　立体视觉对于自动目标识别有多大作用? 大部分动物具有立体视觉,但对于人类来说,仅有大约 68% 的人有好的立体视觉,32% 的人有中等和差的立体视觉。大约 5% 的人弱视,导致立体视觉较差。因此,像赛马 Patch 一样,相当一部分人在没有好的立体视觉的情况下依然能够生存。现在让我们考虑完成军事任务的那部分人。2014 年空军的一项研究得到的结论是:"立体视觉对于在完成航空任务的过程中判断深度起着重要的作用","与好的深度感知相关的任务包括空中加油、飞机着陆、飞机滑行、编队飞行","尽管涉及距离估计的任务对立体视觉的需求似乎是明显的,但是有关立体视觉和/或立体显示作用的研究通常不能给出两者之间的明确关系。此外,不同的深度感知实验的结果通常会显著不同。"过去人们接受的看法是,人眼可以感知大约 6m 的深度。然而,一项研究假设立体视觉可以对远达 1km 的距离提供有效的提示。根据目前的美国空军政策,更保守地假设立体视觉可在 200m 以内的距离上提供有用的提示,这限制了立体视觉对于着陆、滑行和空中加油等任务的效用,更不要说远距离瞄准任务了。地面车辆的驾驶员涉及到的则是较近的距离。

对于水下、空对地和地对地的自动目标识别,还没有全面评估立体视觉的成本—收益比。双目视觉可能更适于在图像增强、自动着陆、防撞、被动测距或者机器人手臂的抓取等近距离周边视觉任务,而不是远距离目标识别等关键的自动目标识别任务。除双目视觉之外,还有多视成像,这是一个有趣的研究主题,这方面的例子包括:由一个无人机环绕一个静止目标,采用合成孔径雷达或光电/红外传感器获得多幅二维图像,并转换成三维目标描述。DeGraaf 证明将宽视角合成孔径雷达与反向投影成像结合可产生适合自动目标识别的三维雷达图像[9],采用三维超分辨率方法来提高锐度并减少斑纹。

电磁波可以根据它们的波长 λ 或频率 f（$(\lambda = c/f)$，其中 c 为光速）进行分类。电磁波谱覆盖从射频波到 γ 射线的范围。大气对于军用传感器所使用的特殊的谱段（可见光、短波红外、中波红外、长波红外和射频）是非常透明的。可见光的特殊意义在于它是人眼可以探测的。光有以下各种特性:

（1）强度（幅度）;

（2）频率（光谱）;

（3）速度（在真空中为 3×10^8 m/s）;

（4）偏振（光振动的方向）;

（5）动量（在传播方向的线性动量,或者圆偏振光的角动量）;

（6）传播方向。

一个物体是采用发射和/或反射的光观察到的。照射光源可以是激光、太阳光、月光、星光、街灯或雷达发射机。自动目标识别器通常使用强度和/或频率用于目标识别,但偏振呢?

所有的光是由光子组成的,一个光子是电磁(或光)能的离散的量子。光子表现出波粒二象性,同时表现为粒子和波。电磁波的偏振(极化)指电场的方向,图 5.10 为 NASA 给出的一幅偏振的示意图(在 Wiki 和 YouTube 网站上也有描述线偏振和圆偏振的动画)。

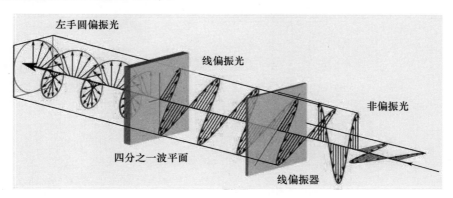

左手圆偏振光

线偏振光

非偏振光

四分之一波平面

线偏振器

图 5.10　能量的波称为电磁波,因为它们有振荡的电场和磁场,电场和磁场向量指向彼此相互垂直的方向,它们也垂直于波传播的方向。在任何瞬间,波的电场向量描述一个沿着传播方向的螺旋结构。圆偏振波可以处于两个可能的状态之一:右手圆偏振,电场向量在相对于传播的方向的右手的意义上旋转;左手圆偏振,向量在左手的意义上旋转(图取自 NASA. gov)

太阳光、灯光和火光是非偏振的。非偏振光可以通过以下方式进行偏振:①非金属表面的反射;②折射;③媒质的散射。因此,当非偏振光(太阳光)照射到一个光滑表面(如一个在车辆上的反射镜或光学系统,或者一个水塘)上时,它是以偏振的形式反射的,这样它的振动方向平行于反射表面。从像土壤和草这样较粗糙的表面反射的光将是非偏振的。在天空和水下也可观察到偏振,这是由于分子和粒子的散射造成的。

许多水下生物、鸟和昆虫对偏振敏感,偏振能帮助它们导航,发现捕食者,并在某些情况下通知它们的种群的其他成员,这暗示着偏振信息对于自动目标识别是有用的。构建偏振摄像机的一种方式是:采用包括 4 个相隔 45°的方向的偏振滤光片(见图 5.11),滤光片放置在一个单色焦平面阵列上,通过组合每个超像素的 4 个分量的数据,以得到诸如线偏振度、偏振角和圆偏振角那样的信息。另一种能实现相同的结果的不太精致的方法是:使用 4 个摄像机,每个有旋转 45°的线偏振滤光片。偏振成像的军事应用包括目标探测、被动测距、不利环境中的图像增强,以及抑制沼泽、湖或海洋表面、风挡玻璃及光学系统的太阳光反射。必须对偏振成像的优点与信噪比和/或分辨率的降低以及传感器设计的复杂性进行权衡。光电/红外偏振给自动目标识别带来的总收益仍不是很明朗。

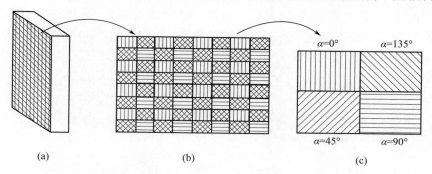

图 5.11　4D 技术 PolarCam™ 微偏振器摄像机：每个超像素有 4 个不同的偏振方向,镶嵌成整个微偏振器阵列(经 4D 技术公司允许使用该图)
(a)摄像机传感器；(b)与探测器像素匹配的偏振器阵列；(c)超像素单元。

变化检测技术可以确定在相隔两天时间获取的图像对之间的差别。基于合成孔径雷达的变化检测可以确定到来或离开的车辆、停着的飞机、地雷、停泊的舰船、建筑材料或者货物。变化检测也可用于检测由于炸弹毁伤、地震、火山、坠落的飞机造成的景物的变化,或者由于脚印、轮胎痕迹或者坦克履带痕迹造成的更加细微的变化。有三种合成孔径雷达变化检测的基本方法：①探测到的目标位置的变化(采用自动目标识别报告)；②非相干变化检测(采用配准的合成孔径雷达幅度图像对)；③相干变化检测(采用配准的复合成孔径雷达图像,这里是指每个像素有幅度和相位值)。

第一种方法需要精确的目标位置。第二种和第三种方法需要细致地控制雷达标定和重复观察几何关系。非相干合成孔径雷达变化检测实质上与光学成像中所采用的方法相同,用在仅能获得合成孔径雷达幅度图像的场合。相关变化检测一般是假设检测问题,最终得到一个对数似然比解。仅有在噪声和次要场景变化效应可以减轻的情况下,所有这三种方法才是可行的。相同的方法也可以用于观察海底的旁视声呐。

5.3.2　特征级融合

特征融合是将两个或更多的特征向量组合到一个单一的特征向量的过程(见图5.12)。其目的是获得比采用单独特征向量更强的识别能力。为了使特征融合真正有意义,被组合的每个特征向量,应当是高质量的、同时的、在同一个目标或事件上的、非冗余的,而且要适当地归一化。特征融合是传感器特征级融合的基础(见图 5. 13)。

图 5. 12　特征融合将 N 个在向量组合成一个单一的特征向量 F

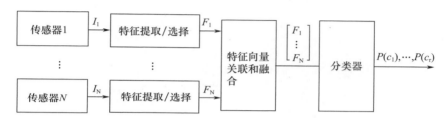

图 5. 13　传感器特征级融合首先将从 N 个传感器的数据中提取的 N 个
特征向量组合成一个单一的特征向量,然后用来对目标分类

数据级传感器融合通常是采用同类的传感器实现的,如共瞄准线的中波红外和长波红外摄像机。而特征级传感器融合采用互补的传感器更好,如{激光雷达,高光谱}、{磁力计、陀螺、加速度计}、{音频,视频}、{声,地震},或者{地面传统雷达,电磁感应传感器}。

特征级传感器融合可以应用在带宽压缩策略中。一个带宽不足以支持传输原始数据的通信信道,对于由原始数据得到的特征,可能具有足够的带宽,带宽需求降低,但比仅传送与每个传感器相关的自动目标识别所做的类别判决,需要的带宽要大。

5. 3. 2. 1　特征级传感器融合的传感器选择

对分类决策有所贡献的传感器越多,做出决策能够得到的信息更多,缺点是采用多个传感器所带来的成本的增加。

目的是从所有可能得到的传感器 S' 中选择一个传感器集合,$S \subseteq S'$,使正确分类决策的概率最大。传感器选择问题经常用信息论来表述。

变量 $X = (x_1, x_2, \cdots, x_m)$ 和 $Y = (y_1, y_2, \cdots, y_0)$ 之间的相互(共享)信息由下式给出:

$$I(X:Y) = \sum_{x_i \in X} \sum_{y_j \in Y} p(x_i, y_j) \lg \frac{p(x_i, y_j)}{p(x_i) p(y_j)} \qquad (5.1)$$

式中:$p(x,y) = p(y,x) = p(x)p(y|x) = p(y)p(x|y)$ 为 X 和 Y 的联合概率密度函数,$p(x)$ 和 $p(y)$ 分别为 X 和 Y 的边缘概率密度函数。

随机变量 X 的熵可表示为

$$H(x) = \sum_x p(x) \lg p(x) \tag{5.2}$$

$H(x)$ 可以看作从随机变量 X 的一个实例得到的期望信息。变量 X 和 Y 之间的互信息可以用熵表示为

$$I(X;Y) = H(X) - H(X|Y) = H(Y) - H(Y|X) = I(Y;X) \tag{5.3}$$

这可以采用 Venn 图的形式给出，如图 5.14 所示。

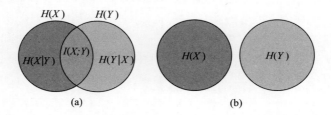

图 5.14　Venn 图

(a) 随机变量 X 和 Y 的互信息 $I(X;Y)$ 是两个变量之间的相互依存性，
$H(X)$ 和 $H(Y)$ 分别是 X 和 Y 的单独的熵；(b) 两个独立的变量 X 和 Y 没有互信息。

类向量 $C = (c_1, \cdots, c_r)$ 和特征向量 $V = (v_1, \cdots, v_s)$ 之间的互信息可以用熵的形式表示为

$$I(C;V) = \sum_{c_i \in C} \sum_{v_j \in V} p(c_i, v_j) \lg \frac{p(c_i, v_j)}{p(c_i)p(v_j)} = \sum_{c_i \in C} \sum_{v_j \in V} p(c_i, v_j) \lg \frac{p(c_i \mid v_j)}{p(c_i)} \tag{5.4}$$

在基线传感器 S_1 上增加一个传感器 S_2 将能改进分类决策。但这不是整个故事，为了决定是否值得增加第二个传感器，必须考虑：①由两个传感器所获取的特征的冗余度；②增加第二个传感器的总成本。式(5.4)用来度量第二个传感器的收益。下面给出的惩罚项 1 和惩罚项 2 用来度量增加第 2 个传感器的缺点。

惩罚项 1 可表示为 $\frac{\beta_1}{|V_1||V_2|} I(V_1;V_2)$，其中 β_1 是一个适当的常数，$|V|$ 表示在向量 V 中的单元数。惩罚项 2 可表示为 $\beta_2 \times \mathrm{Const}(S_2)$，其中 β_2 是一个适当的常数，$\mathrm{Const}(S_2)$ 包括所有已知的成本，例如采办、保障、维护、风险、SWaP、数据采集、试验和评估。

当选择一个最好的传感器集合 $S = \{S_1, S_2, \cdots, S_n\}$ 时，分析变得更加复杂。式(5.4)变为

$$I(C;V) = \sum_{c_i \in C} \sum_{v_j^{(1)}} \cdots \sum_{v_j^{(n)}} p(c_i, v_j^{(1)}, \cdots, v_j^{(n)}) \log \frac{p(c_i \mid v_j^{(1)}, \cdots, v_j^{(n)})}{p(c_i)} \quad (5.5)$$

能够得到用于有效的传感器选择或与此者类似的有效的群特征选择的各种算法。

当两个传感器提供统计上独立的信息(如径向或横向距离位置)时,互信息为0,如图5.14(b)所示。对于这一情况,可以分别评估每个传感器。

特征级融合例子是采用网络化无人值守地面传感器对军营和建筑物进行周边防护。无人值守传感器节点通常加入声传感器和地震传感器,这一传感器组合对于检测和定位步行接近的入侵者以及地面车辆、直升机、炮火和爆炸是有用的。可以采用其他类型的传感器来补充声/地震传感器阵列,如增加光电/红外、地声测声器、磁力计和在飞艇和小型无人机上的传感器。

典型的声特征源于:人的活动(穿上/脱下外衣或头盔,穿过后院搜索,吃东西,咳,刮擦);走/跑;手持武器;与人交谈或通过电台交谈;武器发射或爆炸;地面车辆、直升机和固定翼飞机(每种型号有独特的特征)。

典型的地震特征源于:脚步;轮式车辆、履带式车辆和飞机。

特征提取和选择涉及到信号处理、谱分析,以及同一无人地面值守传感器系统相同位置的传感器的数据与无人值守传感器网络的数据的不可靠的时域数据关联。典型的特征是傅里叶或小波系数、由傅里叶或小波系数导出的统计特征、功率谱密度以及步频节奏。融合是一个挑战性的多级过程,需考虑到威胁等级、背景噪声、情境、天气、邻近道路、传感器位置,以及信息空间和时间可靠性。融合可以是集中式的,或者在每个单独的节点使用本地的数据。检测到的威胁可以启动告警信号的发送。对于无人值守传感器问题,特征级融合比决策级融合更为可取。

5.4　多分类器融合

多分类器融合是对单个分类器的输出进行处理,也称为判决后融合或决策级融合。进行这一融合的软件或硬件称为融合引擎、集合化组合器或者表决机。被融合的分类器可以是具有不同特征的相同类型的分类器,也可以是对相同特征或者特征子集进行不同训练的相同类型的分类器,还可以是不同类型的分类器。与单个分类器相同,可能要拒绝落在一个阈值以下的多分类器决策。

从贝时斯观点来看,一个适当的分类器的输出是一个后验概率,即

$$P(y|x) = \frac{P(x|y) \times P(y)}{P(x)} \qquad (5.6)$$

或者表示为

$$\text{posterior} = \frac{\text{likelihood} \times \text{prior}}{\text{evidence}} \qquad (5.7)$$

对于自动目标识别，我们试图确定 $P(c_i|x) = P(x \in c_i|x)$，这是给定输入向量（或者数据）$x$ 中的信息的情况下，输入 x 属于类 c_i 的概率。可以在得到已知的实验 $P(c_i)$ 的条件下，估计或假设类 c_i 的概率，在这种情况下：

证据 x 的第 i 类的条件概率为

$$x = P(c_i|x) = \frac{P(x|c_i) \times P(c_i)}{P(x)} \qquad (5.8)$$

假设 $P(c_i)$ 是相等的（通常是这样的情况），则式（5.8）缺少了一些贝叶斯味道。若采用一个不太符合贝叶斯观点的解释，我们称分类器做出了模糊的类匹配，这可以看做对后验概率 $P(c_i|x)$ 的粗略近似。需要对分类器输出进行适当的归一化，这可以通过将任何分类器的输出除以输出值的累加和实现，这将单个近似后验概率归一化到 $[0,1]$，所有可能性（互斥的）的输出累加和应当为 1。

另一种归一化器是 softmax 函数。如果其输出具有以下的形式，即

$$\begin{bmatrix} P(c_1|x) \\ \vdots \\ P(c_r|x) \end{bmatrix}$$

则称该分类器做出了软决策。其中 x 是输入向量，或者更一般地称为输入数据，$\{c_1, \cdots, c_r\} \in C$ 是可能的目标类，$0.0 \leqslant P(c_j|x) \leqslant 1.0$，$\forall j = 1, \cdots, r$，输出（称为软决策）是在分类器的输入是 x 的条件下的后验概率的一个向量，如图 5.15(a) 所示。对于一个可训练的分类器，这些条件概率是在训练数据集上学习的，但需要基于训练机制之外的知识将后验概率提供给分类器（另外，可以在一个各类目标比例表示先验概率的训练集上训练分类器）。将输入向量映射到输出的后验概率函数（如神经网络）的有效性对训练—测试环境、训练样本数目、噪声和变化的目标外观是敏感的。例如，在前视红外图像中，坦克的发动机是开着还是关着？如果训练环境和目标几何条件与测试环境和目标几何条件不太匹配，则分类器性能将降低，或者所推测的条件概率将有大的误差。如果采用充分大的、有代表性的、完善的训练数据库，则分类器将具有较好的性能。自动目标识别的诀窍（或代价）要求具有好的训练集。海量且复杂的训练数据库称为大数据，常

规的分类器不足以应对它,需要像深度学习神经网络那样的更复杂的分类器。某些商用大数据问题涉及数亿个样本的训练集。对于军用目标识别,获得非常大的、完美的敌方目标的训练数据库(大数据)是一大难点,有时成本是不能承受的。

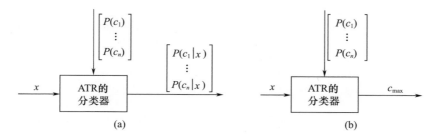

图 5.15　ATR 分类器

(a)做出软决策的 ATR 分类器;(b)做出硬决策的 ATR 分类器。

如果对每个输入 x 输出一个单一的类别 c_{max},则分类器做出硬判决,这样有

$$c_{max} = \underset{t = c_1, \cdots, c_r}{\operatorname{argmax}} P(t \mid x) \tag{5.9}$$

$$\operatorname{argmax}_{z \in D} f(z) = \{z \mid f(z) \geqslant f(y), \forall y \in D\}$$

因此,$\max f(z)$ 是 z 在某一域内变化时 $f(z)$ 的最大值,而 $\operatorname{argmax} f(z)$ 是获得这一最大值时的 z 值。

5.4.1　硬决策分类器融合

假设有如图 5.16 所示的 N 个分类器。分类器可以具有相同的或不同的类型,为每个分类器提供相同物体的特征向量。每个分类器给出硬决策,这是它的目标类别判决,对这些判决由判决后融合引擎进行组合,得到取得共识的目标类别判决。有许多种融合不同决策的方式,将在下面讨论。

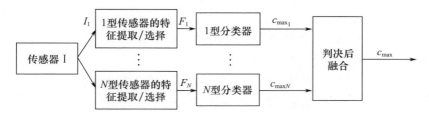

图 5.16　N 个分类器的硬决策可以组合成一个单一的硬决策

5.4.1.1　多数表决

假设 N 个硬决策分类器的输出为:

$$d = \begin{bmatrix} c_{\max_1} \\ \vdots \\ c_{\max_N} \end{bmatrix} = \begin{bmatrix} d_1 \\ \vdots \\ d_N \end{bmatrix} \tag{5.10}$$

对于 r 个类，第 j 个分类器的决策 d_j 由 $d_j \in \{c_1, \cdots, c_r\}$ 表示：当一个事件发生时，分类器函数取值为 1；当不发生时，取值为 0。第 j 个分类器的二值特性函数定义为

$$B_j(c_i) = \begin{cases} 1, & d_j = c_i \\ 0, & d_j \neq c_i \end{cases} \tag{5.11}$$

这就是说，如果分类器 $j = 3$ 判定类 $i = 2$，则表示分类器 3 给类 2 投了 1 票，给其他类投了 0 票。为了做出最后的判决，我们需要将所有 N 个分类器的表决进行累加，赢得表决的候选者可表示为

$$c_{\max} = \underset{t = c_1, \cdots, c_r}{\mathrm{argmax}} \sum_{j=1}^{N} B_j(t) \tag{5.12}$$

5.4.1.2　组合类排序

当有大量的目标类（如 100 或 1000 个）时，可能不能做出一个界限分明的判决。的确，假定 N 个分类器输出每个输入样本的前 k 个类判决，则可以融合和分选 N 个列表，得到最多表决的类移到列表的前面，这可以减少最终决策制定者（人在回路中）需要考虑的可能判决的数目。

5.4.1.3　Borda 计数法

Borda 计数法（排序投票法）寻求在采用不同的准则对类进行排序的 N 个分类器之间达成一致。Borda 计数 $BC_j(c_i)$ 是由第 j 个分类器对排序位低于类 c_i 的类的数目的累加和，决策可表示为

$$c_{\mathrm{final}} = \underset{t = c_1, \cdots, c_r}{\mathrm{argmax}} \sum_{j=1}^{N} BC_j(t) \tag{5.13}$$

因此，产生最大的 Borda 计数的类 c_i 是一致的决策。

5.4.1.4　简单多数投票准则

简单多数投票的赢者是对其他每个类赢得两类决策的类。因此，简单多数投票的赢者相比其他类别更可取，这是用于自动目标识别的一个合理准则。对于 r 个类，这可以通过考虑 $r(r-1)/2$ 个配对决策来实现。简单多数投票的赢者类是可能存在的，但不是确保的。对于某些简单多数投票方法，要按照偏好对每个分类器对类的判定进行从上到下的排序。Borda 计数、绝对多数表决、相对多数表决以及许多其他的表决方案不满足简单多数投票准则。

5.4.2　软决策分类器融合

现在假设我们使用 N 个分类器,其中第 i 个分类器接收特征向量 F_i(见图 5.17),这些特征向量可以是相同的或不同的,每种分类器给出一个后验的类概率。通常,我们的假设是给不同的类型分类器输入相同类型的特征向量。

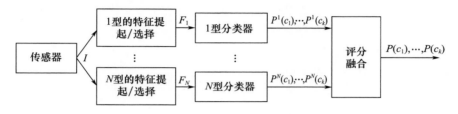

图 5.17　N 个分类器的软决策融合

5.4.2.1　简单贝叶斯平均

简单贝叶斯平均方法是将每个分类器的输出当作后验概率,其中 $P(c_k|x)=P(x\in c_k|x)$ 是输入样本 x 属于类 $c_k(k=1,\cdots,r)$ 的概率。当使用 N 个分类器时,平均后验概率为

$$P'(c_k|x)=\frac{1}{N}\sum_{i=1}^{N}P_i(c_k|x) \tag{5.14}$$

应用累加规则选择具有最高平均后验概率的类,即

$$c_{\max}=\operatorname*{argmax}_{t=c_1,\cdots,c_r}P'(t|x) \tag{5.15}$$

这一简单的规则将所有的先验类看作是相等的,所有的分类器同等地胜任。对于自动目标识别,我们再次注意到简单性是一个优点。这一贝叶斯平均方法是直截了当的,并且有很好的性能。可以采用最大的或者中值算子来代替式(5.14)中的平均算子,即

$$P'(c_k|x)=\max_{i}P_i(c_k|x) \tag{5.16a}$$

$$P'(c_k|x)=\operatorname*{med}_{i}P_i(c_k|x) \tag{5.16b}$$

有人质疑使用这些简单的规则,推荐采用最佳贝叶斯决策规则。除去与类无关的归一化项,最佳贝叶斯决策规则可表示为

$$P'(c_k|x)=\frac{1}{B}[P(c_k)]\prod_{i=1}^{N}P_i(c_k|x) \tag{5.17}$$

式中:B 为引入的一个使最终概率累加和为 1 的归一化常数。

最佳贝叶斯决策规则很少用于自动目标识别,其原因是:如果对于一个特定的

类 c_k，一个分类器输出一个零概率，则无论其他分类器给它打多少分，它都是被否决的。乘积法则也有否决问题，原因在于一个分类器可能否决所有其他分类器的工作。

5.4.2.2 贝叶斯置信度综合

现在假设能得到一个开放的测试集。N 个分类器可以运行在开放的测试集上，并以如表5.1所列的混淆矩阵的形式报告每个分类器的性能，其中 s_{ij}^k 表示由第 k 个分类器将类 c_i 的开放测试集的样本分配到类 c_j 的数目 $(k = 1, \cdots, r)$，这是事先离线完成的。

现在，对于在线运算，假设 $\hat{c}^k$ 表示第 k 个分类器的分类决策。类 c_i 的置信度是采用乘积法则得到的，即

$$\mathrm{Bel}(c_i) = P(c_i) \frac{\prod_{k=1}^r P(c^k \mid c_i)}{\prod_{k=1}^r P(\hat{c}^k)} \tag{5.18}$$

式中：$P(\hat{c}^k \mid c_i) = P(\hat{c}^k \mid x \in c_i)$ 表示在给定未知的 x 确实在类 c_i 中时，第 k 个分类器的输出是 $\hat{c}^k$ 的概率。现在，采用预先确定的混淆矩阵 s_{ij}^k，有

$$P(\hat{c}^k = c_l \mid c_i) = \frac{s_{il}^k}{\sum_{l=1}^r s_{il}^k} \tag{5.19}$$

$$P(\hat{c}^k = c_l) = \frac{\sum_{l=1}^r s_{il}^k}{\sum_{i=1}^r \sum_{l=1}^r s_{il}^k} \tag{5.20}$$

获得最高置信度的类是融合的分类器的输出，即

$$c_{\max} = \operatorname*{argmax}_{i=1,\cdots,r} \mathrm{Bel}(c_i) \tag{5.21}$$

式(5.18)采用乘积法则，对于分类器中的误差是敏感的。

表 5.1　第 k 个分类器的混淆矩阵

由第 k 个分类器报告			
真值	c_1	$\cdots$	c_r
c_1	s_{11}^k	$\cdots$	s_{ir}^k
$\vdots$	$\vdots$	$\ddots$	$\vdots$
c_r	s_{r1}^k	$\cdots$	s_{rr}^{jk}

5.4.2.3 作为一个组合器的可训练的分类器

N 个分类器输出 N 个条件概率的向量，这 N 个概率的向量聚合成一个单一的向量，可以被看作是一个特征向量。用测试数据的 S 个样本对分类器的一个系综进行测试，将产生 S 个这样的聚合的特征向量。这 S 个特征向量可以用来训练另外的分类器。

这种方法称为二级分类器。在最低级,单独的分类器产生被当作特征向量的后验概率,并送到分类器的下一级。可以进一步改进这一设计,以得到一个分层分级的分类器:首先训练分类器的底层,然后在底层输出上对分类器的上一层进行训练,最后训练分类器的更上一层。但是,这种方法对于区分训练和测试数据是脆弱的。

5.4.2.4　Dempster – Shafer 理论

Dempster – Shafer 理论是组合来自不同数据源的证据的一种方法。不同的数据源可以提供不同的输出标签,这是其他融合方法不易于处理的情况。Dempster – Shafer 在命题(假设)中输出一个信度。最近,已经开始采用 Dempster – Shafer 来表示整个证据组合方法族,某些较新方法对强冲突的证据组合比原方法要好。

我们采用一个简单的例子来说明这种基本方法。假设有一组互斥的假设 $\Theta = \{\theta_1, \cdots, \theta_r\}$。在闭合世界的假设中,其中一个假设必定是对的。由自动目标识别的视角,θ_i 表示目标类 c_i;$\Theta = \{c_1, \cdots, c_r\}$。

例如,假设 $\Theta = \{H, F\}$,其中 H 表示直升机,F 表示固定翼飞机。幂集 $\mathbb{P}(\Theta)$ 包括 2^r 个元素,包括 Θ 的所有可能的子集加上空集 φ。对于我们的例子,有 $\mathbb{P}(\Theta) = \{\varphi, \{H\}, \{F\}, \{H, F\}\}$,可能的子集数目随着类的数目的增加而呈指数增加。因此,对于大的 r(例如,对于 $r = 100$),这种方法显然是不可行的,因为 $2^{100} = 10^{30}$。

假设与传感器 1 关联的自动目标识别认为所检测到的目标是 H 或 F,证据测度为 0.7,即

$$m_1(\{H, F\}) = 0.7$$

任何没有被分配到一个特定的目标或一个特定的目标组的证据被分配到 Θ,因此有

$$m_1(\{\Theta\}) = 0.3$$

因为证据测度的累加和必须为 1.0。

假设与传感器 2 关联的自动目标识别认为

$$m_2(\{H\}) = 0.9$$

则相应的有

$$m_2(\{\Theta\}) = 0.1$$

令 m_{12} 表示两个证据源之间的合取(联合)共识。Dempster – Shafer 理论的规则对证据度量进行组合,即

$$m_{12} = m_1 \oplus m_2(x) = K \sum_{Y \cap Z = X} m_1(Y) m_2(Z) \tag{5.22}$$

式中：K 为两个信度之间的冲突。如果没有冲突，则 $K=1$，这是我们对这一例子的假设。此外，也存在许多其他回避考虑冲突的组合规则。例如，Dubois 和 Prade 的组合规则[28]，即

$$m_{12} = m_1 \oplus m_2(x) = \sum_{Y \cup Z = X} m_1(Y) m_2(Z)$$

则 $m_{12}(\{H\})$ 为 $\{H\}$ 取值为 $0.63+0.27=0.9$ 的融合的证据 $m_{12}(\{H,F\})$ 为 $\{H, F\}$ 取值为 0.07 的融合的证据 $m_{12}[\{\Theta\}]$ 为没有分配的证据，取值为 0.03。因此，判定目标是直升机。表 5.2 给出了用于做出目标判定的数据。

表 5.2   在简单的例子中使用的计算

	$m_2(\{H\}) = 0.9$	$m_2(\{\Theta\}) = 0.1$
$m_1(\{H,F\}) = 0.7$	$\{H\} = 0.63$	$\{H,F\} = 0.07$
$m_1(\{\Theta\}) = 0.3$	$\{H\} = 0.27$	$\{\Theta\} = 0.03$

5.5   基于多分类器融合的多传感器融合

第 5.4 节介绍了用于组合 N 个分类器的方法，它假设为多个分类器提供了从单一的传感器提取的特征数据。现在，假设我们有 N 个传感器，传感器 i 将特征向量 x_i 发送给第 i 个分类器，这样多分类器融合就会转换为多传感器融合，如图 5.18 和图 5.19 所示。

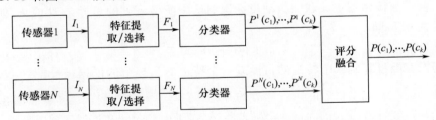

图 5.18 N 个分类器的软输出的融合，其中向每个分类器馈送一个源于不同的传感器的特征向量

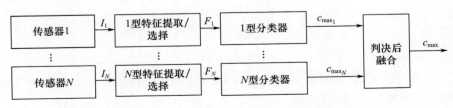

图 5.19 N 个分类器的硬输出的融合，其中向每个分类器馈送一个源于不同的传感器的特征向量

对于多分类器融合,多种异类分类器的组合比高度相关的分类器的组合更加可取;多种异类传感器组合比产生高度相关的输出的传感器类型的组合更加可取。对于每个输出代表利用不同现象学的传感器组合,被组合的各类传感器必须能够同时对处于相同距离的同一目标成像。这通常是难以实现的,因为不同类型的传感器通常有显著不同的作用距离、视场和延迟,难以确定在两个不同类型传感器的数据中的目标边界,难以融合作用距离为 50km 的雷达数据和作用距离为 0.5km 的非制冷前视红外传感器数据,难以融合作用距离为 15ft 的水下彩色摄像机数据和作用距离为 2km 的声呐数据。然而,当平台运动到距目标更近的距离处时,有可能对数据进行融合。

5.6 测试和评估

对多传感器融合系统的测试和评估,与单传感器系统基本上是相同的,但具有更大的复杂性。测试应当包括实验室自测试、外场测试和政府机构进行的独立的盲测试。测试应当考虑到噪声、对抗措施、诱饵和各种类型的背景与目标变化性的影响。如果会影响另一种类型传感器的数据,应当重新考虑对于一种类型传感器的测试场条件(如标定板、角反射器、橙色标志、烟雾发生器或烟熏罐)。我们不希望真正智能的多传感器自动目标识别系统,要通过说明停车位置的橙色的小标志来学习探测目标。

首先考虑对识别外国地面车辆的基于合成孔径雷达的自动目标识别器的测试。假设两辆车辆的发动机没有工作,它们可以被拖到位置,没有问题。

现在假设在测试过程中增加两个传感器:彩色可见光和中波红外传感器,分别放在不同的直升机上飞行。现在两个不工作的车辆不再适用了,因为它们的特征不能随着发动机、加热器、前灯的开/关而变化,必须找到替代车辆。由于可见光和热红外波段的目标特征会随着季节、一天中的时间和气候区域以及雨、雾和吹起的沙土而变化,因此,现在需要在不同的位置和季节进行测试。

现在假设在测试过程中再增加两个传感器:地基声传感器和地震传感器。问题是仅在直升机飞过时才能出现声特征和地震特征。为此,在这一区域将采用另外一架直升机进行其他的测试和训练试验。

现在假设在基于融合的自动目标识别测试中增加另外三种传感器:激光雷达、长波红外和距离选通激光照射短波红外传感器。这使测试所涉及的传感器的总类型数达到 8 种。激光照射会带来人眼安全问题,需要由人眼安全委员会对测试计划进行评审。将在试验前和试验后检查在测试场的每个人员的眼睛,并在试验中佩戴激光安全护目镜。对于这 8 种传感器,其中一些是新的设计,有可能有一个或更多的传感器在试验中出现故障。如果合同要求对8种传感器融合进行测试，则试验必须延迟，直到故障传感器被修复，这意味着所有的试验人员（政府测试者、外国车辆驾驶员、地面人员、飞行员和合同商）将被送回家，直到重新开始试验。

通过由所有的利益相关者签署的严密策划的测试计划，多传感器自动目标识别测试和评估的成功机会更大。测试计划需要覆盖安全性问题、环境问题和恶劣天气、设备故障以及关键人员生病等问题。需要领域知识和好的工程实践。

5.7　超越基本的自动目标识别融合

我们将评价其他多种类型的融合，这超出了在自动目标识别系统的典型模式。

5.7.1　航迹融合

航迹融合通常是指融合来自多个传感器的航迹，每个航迹将目标当作三维空间中的点（见图5.20），这通常是远距离空空瞄准的情况。航迹融合类似于采用较高分辨率数据的目标属性的融合，只是航迹融合的重点是目标状态（位置和速度）。即便如此，位置和速度也是目标识别的线索。例如，直升机可能不像喷气式战斗机或者导弹飞的那样快。让我们从可以看做决策后融合的最简单的情况开始。考虑观察飞行中飞机的多个雷达系统，每个系统在三个或更多的雷达扫描上实现对目标的探测后，启动一个目标航迹。对这些探测进行评价，观察它们与所搜索目标的运动和航迹的匹配度，错误的航迹被丢弃掉。在每个更新周期，跟踪器会对所跟踪目标的位置和速度进行平滑估计（例如，卡尔曼滤波），并将每个雷达系统的航迹保持在一个航迹文件数据库中，当新的探测与一个已有的航迹关联时进行更新。单独的航迹文件被送到航迹融合引擎，融合引擎有两个主要任务：

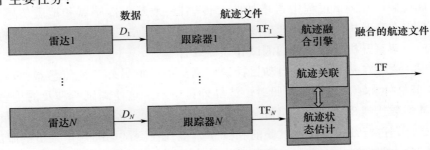

图5.20　融合N个雷达系统的航迹文件来提供更精确的航迹文件

（1）航迹—航迹关联。对来自不同雷达系统的航迹进行关联，以构成一致的航迹。

（2）航迹状态估计。通过融合关联的传感器航迹的状态估计以获得一致的状态估计。

航迹—航迹关联需要解决距离误差、方位误差、俯仰角误差和时间戳误差问题，这些误差保持恒定或者随着时间变化。航迹误差使航迹融合更加具有挑战性。航迹状态估计组合与平滑相关的有噪声的数据，以改进位置和速度估计[29~32]。

航迹融合涉及多种不同类型的传感器（如红外搜索跟踪系统、雷达和 ESM（见图5.21）），必须解决的问题包括：传感器覆盖范围和更新速率不同；传感器坐标系和精度不同。

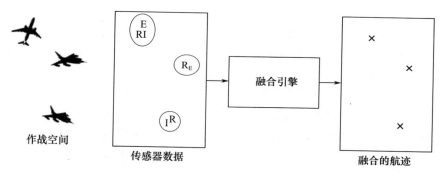

图5.21 多传感器可以比采用单一传感器提供更好的目标跟踪能力。一种途径是跟采用多种类型的传感器跟踪目标，然后融合它们的航迹。传感器类型主要包括：红外搜索跟踪（I）—被动红外；ESM（E）—被动电磁辐射；雷达（R）—发射、反射和接收射频能量。

下面介绍简单的航迹融合的例子。多传感器跟踪的一个简单的方法是采用每个传感器分别跟踪目标，对航迹进行关联，然后组合状态向量。令 t 时刻的传感器状态向量估计为

$$x(t) = \begin{bmatrix} r(t) \\ v(t) \end{bmatrix} \qquad (5.23)$$

式中：$r(t)$ 和 $v(t)$ 分别为在 t 时刻的位置向量和速度向量。

假设 $\boldsymbol{x}_1(t)$ 和 $\boldsymbol{x}_2(t)$ 表示在 t 时刻两个不同的传感器的状态向量估计，一个状态估计的噪声可能比另一个的更大。假设传感器 i 的量测噪声被建模为一个均值为0，方差为 $\sigma_i^2(i=1,2)$ 的独立的高斯随机变量。因此有

$$\boldsymbol{x}_i(t) = \boldsymbol{x}_i'(t) + n_i(t), i=1,2 \qquad (5.24)$$

式中：$x_i'(t)$ 是在时刻 t 的目标的真实状态。对于最简单的例子，噪声 $n_i(t)$ 被建模为沿着每个坐标系的标量方差，则组合的状态向量为

$$x(t) = \sigma_2^2 (\sigma_1^2 + \sigma_2^2)^{-1} x_1(t) + \sigma_1^2 (\sigma_1^2 + \sigma_2^2)^{-1} x_2(t) \tag{5.25}$$

因此，在组合的结果中，对具有最小量测误差的传感器的状态向量比对噪声更大的传感器的状态向量的权重更大。

如果两个传感器的误差是不相关的，可由协方差最佳地表示，组合的结果为

$$x(t) = \Sigma_2 (\Sigma_1 + \Sigma_2)^{-1} x_1(t) + \Sigma_1 (\Sigma_1 + \Sigma_2)^{-1} x_2(t) \tag{5.26}$$

式中：Σ_1 和 Σ_2 为两个传感器的误差协方差矩阵。

如果两个传感器的误差为相关的，则融合的状态估计变为

$$x(t) = x_1(t) + (\Sigma_1 - \Sigma_{12}) \Sigma_2 (\Sigma_1 + \Sigma_2 - \Sigma_{12} - \Sigma_{21})^{-1} [x_2(t) - x_1(t)]$$

$$\tag{5.27}$$

式中：Σ_{12} 和 Σ_{21} 为误差互协方差矩阵。

上面的例子假设存在高斯误差。当误差是非高斯的，或者是随时间变化的时需要采用其他方法。

迄今，航迹融合引擎用一个黑箱描述，被动地接收数据，并基于所接收的数据作出决策，而不管接收的数据是否完美。为了更好地描述作战空间，需要更多的情报信息，所谓的第五代融合引擎主动地调度每个传感器，以得到所需的信息，形成作战空间的一个完备的图像。目标是在单个传感器不能产生充分的瞄准信息的情况下，借助传感器融合进行交战。

5.7.2 多功能射频系统

多功能射频系统从概念上类似于认知雷达系统，但在实现上，每个特定的射频系统有其本身的独特的功能集、硬件、软件和架构。与早期的、更常规的雷达系统相比，这些新型雷达系统能完成功能和能力的复杂融合。

5.7.2.1 多功能射频

多功能射频系统是雷达和非雷达射频系统的组合。这种系统将通常需要由不同设备完成的各种功能融合在一起，融合的功能取决于应用，而且对于战斗机、海军舰艇或直升机，所采用的雷达融合的功能也不同。多功能射频系统可以具有如目标探测、识别和跟踪等雷达自动目标识别功能以及非雷达功能，具体包括。

（1）电子支援测量，也称为电子监视测量，用于对辐射电磁能量的辐射源被动定位。

（2）分析和识别所截获的射频辐射的信号情报（SIGINT），SIGINT 有两个子

类:获取直接用于通信的电子信号,即通信情报(COMINT);获取通信中不直接使用的电子信号,即电子情报(ELINT)。

（3）高数据率通信。

（4）电子攻击(EA),也称为电子反制,如电子干扰。

（5）电子自防护(EP),防护自身平台免受电子攻击。

测量和特征情报(MASINT)也对所采集的信号进行操作,然而,术语MASINT 通常是指一个强调分析的更宽泛的学科。

多功能射频系统比常规的雷达具有更高性能的调度器,用于进行功能和资源管理,以实现最高的效能。多功能射频系统的某些功能是交替进行的,其他功能是并发地完成的。

例如,DARPA 的多功能射频项目的目标是发展一个采用捷变的频率、波形和孔径的通用射频系统,以根据飞机的任务使命最佳地交替完成不同功能。

多功能射频系统完成功能级的融合,它可以是一个高度结构化的多传感器融合系统的一部分。多功能射频数据可以与其他类型传感器的数据(如前视红外和激光雷达)、地形数据库和平台上的导航数据进行融合,从而使直升机驾驶员能在不良的视觉环境中起飞和着陆,并改善自动目标识别的功能能力。

可以根据下述的坐标,将一个空中目标从另一个传感器交接到一个多功能射频系统:

（1）方位角(由 ESM 给出)。方位角是水平角度,0°方位是真北,180°方位是真南。

（2）方位角和距离(由双坐标雷达给出)。距离是沿着视线测量的雷达和目标之间的距离。

（3）方位和俯仰角(由红外搜索跟踪系统给出)。红外搜索跟踪系统确定在所观察目标的正下方的投影点相对于一个真北点的方位角,然后相对于观察者的基准坐标系测量该点和目标的夹角。

（4）方位角、高低角和距离(由三坐标雷达给出)。

5.7.2.2　认知雷达

常规雷达的关键组件是发射机 T_x 和接收机 R_x。发射机采用发射的射频波形来照射场景,所发射的能量主要是由杂波反射的,但有时也会被目标反射。然后采用一个算法链对接收的回波进行处理以探测、跟踪和识别目标。

更先进的受生物启发的认知雷达实现一个感知—行动周期[33,34]。第 6 章将进行更全面地讨论。认知雷达与被动传感器的感知 - 行动周期的差别是,认知雷达可以动态调整雷达所发射的波形,以使在给定 P_{FA} 的条件下 P_{ID} 和 P_d 最大。因此,在系统中需要自动目标识别。相对于常规雷达,认知雷达可重构的、多功能的硬件/软件能提供更强的决策和环境自适应能力,因此它需要更强的处理能力、存储能力和智能水平(用于自动目标识别、频谱感知和调度)。

5.7.3 自动车辆与飞行器

各种类型的自主系统是与自动目标识别协同的,包括:自主⎰陆地[L]、水下[U]、飞机[A]、水面[S]⎰平台(通常称为AxV);具有较少自主性的平台(通常称为UxV,其中U表示无人)。S指系统在英语单词的首字母缩略语中,有时会用S代替V,因此UAS表示无人机系统。在20世纪80年代,在DARPA ALV项目中,诺·格公司Auto-Q-Ⅱ自动目标识别器实时发现道路边缘的能力得到了验证。在一系列DARPA项目中,许多合同商的研究进展验证了在道路上和道路外无人驾驶车辆的可行性。高技术公司(Google,Apple,Baidu等)、芯片公司(Intel/MobileEye,Nvidia等)、汽车配件供应商(ZF、Delphi等)和大部分汽车公司宣称,无人驾驶汽车将在2020年上路(或许太乐观了)。即便情况不是这样,无人驾驶汽车需求正在推动在人工智能、神经网络和多传感器融合方面的进步。由于技术进步和小型化,以前主要用于军事应用的传感器现在开始用于无人驾驶汽车,包括激光雷达、雷达、前视红外、超声、INS/GPS和分布孔径系统(DAS),如图5.22所示。

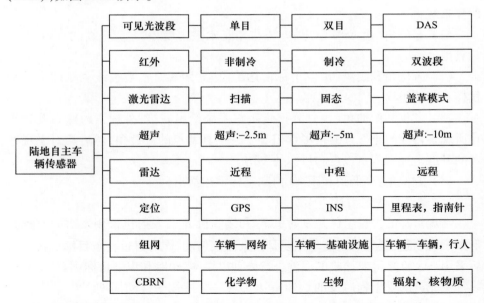

图5.22 适用于军用陆地自主车辆的传感器类型,用文字表示的传感器适于无人驾驶车辆,例如声和地震传感器那样的传感器适于陆地自主车辆(ALV)

美国防务科学委员会的一份报告称:不应孤立地看待 ALV 的运行使用,而应从人—机器人协同的角度看待[35]。

对于不同的任务使命和任务使命阶段,将采用不同的自主方式。不同类型的用户将 ALV 的触角延伸到战场和设施,以适应于突然的变化。ALV 的应用包括:确定和清除改进的爆炸物;纵深侦察(包括海滩、洞穴等);在交战规则内完成运动、反地雷战;货物运输(包括领/从的 ALV);化学、生物、辐射和核任务;参与人—机器人(有人—无人)团队。

自主软件以自适应的方式与动态环境相互作用,其测试和评估是特别具有挑战性的。首字母缩略语 LAW(致命性自主武器)和 LAR(致命性自主机器人)是指不需要人干预来选择和攻击目标的军用机器人。在什么环境下允许使用 LAW 不是一个技术问题,而是一个交战规则、条约和法律问题。

用于 ALV 的传感器,与用于有人和遥操作地面车辆以及无人机的传感器实质上是相同的,只是它们可能有不同的可靠性、成本、耐用性和作用距离。某些传感器、算法和处理采用与无人驾驶车辆相同的技术,可以受益于在这一领域的进展和投入。陆军上将 Robert Cone 将军认为:到 2030 年,机器人将能代替 1/4 的地面士兵[36]。但较保守的估计认为:仍然有许多没有解决的问题和法律问题。

用于自主平台的、与自动目标识别相关的传感器融合和一般的自动目标识别实际上是相同的。此外,自主系统将需要将传感器融合用于路径规划、导航、健康维持和障碍物回避。当需要人在回路中时,将借助卫星将假设的目标图像传送到指挥官处,以判断是否允许射击。如果在一个全自主系统中,武器发射不需要人在回路中,与由人作为最终决策者相比,自动目标识别将需要很低的虚警率。

5.7.4 作战空间的情报准备

作战空间的情报准备(IPB)是将技术情报与人获取的情报进行融合的过程[37]。为了进行融合,要对数据进行时间、空间同步和协同。作战空间的情报准备需要对作战环境进行感知,包括感知敌方的态势和可能的行动路线。作战空间的情报准备具有比自动目标识别更宽的范围,但可以受益于自动目标识别能力和输出。作战空间的情报准备过程可分为三个步骤,要求尽可能地实时实现和更新。

(1)证据收集和融合。从各种情报源获取信息,采用其他的信息源来验证和证实来自每个情报源的信息,这一数据帮助形成一个动态环境模型。核心的数据类型是 MASINT,MASINT 包括获取和评估敌方的武器和机器的辐射,这是通过分析数据得到的科学和技术情报信息。其他相关的数据类型是地理空间情报（GEOINT）、图像情报（IMINT）、SIGINT、人工情报（HUMINT）、气象数据等，尽管各种信息类别之间的界限并不总是明晰的。融合的产品反映敌方兵力的位置、组成、运动和强度。融合过程涉及到模型和战法，在本质上比在自动目标识别中进行的融合有更少的统计。

（2）评估敌方。敌方的意图和目的是根据对敌方的训练、动机和信念的理解推测的，这可能涉及到宗教、文化、对种族的忠诚、利益和牺牲的意愿。

（3）预测敌方的行动路线。基于在第一步中融合的数据和在第二步中推测的意图与目的，推测敌方未来的行动。预测考虑了友方部队已知的未来行动。

上述过程中有多个问题仍然没有解决。确定敌方下一步要做什么是困难的，因为对敌方部队的性质、部署和意图有很大的不确定性。在充满非常规的敌方人员和许多平民的复杂城区环境中，可度量的指标是稀疏的。无人机和卫星图像可能提供的细节或信息不充分，不能及时地描述快速演进的城区态势。敏感的信息可能不允许放在通信网络上。

长期的解决方案是采用"每个士兵（和机器人）是一个传感器"和智能装置，为更加智能化的融合引擎贡献信息。作战空间的情报准备系统不仅需要提供结论，还需要解释怎样得到这样的结论。

5.7.4.1　分发和集成

作战空间的情报准备可以提供通用作战图像（COP）的组件[38]。一个通用作战图像是由多个指挥部共享的相关信息的可视化显示，它给出了融合传感器数据和人工情报的融合信息的图像展示，这是构建在地理空间数据的基础上的。通用作战图像描述了机动部队、作战装备和关键的基础设施，它是协同筹划、决策制定和执行的工具，能帮助所有的作战梯队获得态势感知。

未来的通用作战图像，将使观察者可以在由作战图像情报准备所得到的基线数据和由无人机、无人地面车辆、无人地面系统、有人驾驶飞机、卫星和士兵载传感器所发送的实时视频/数据之间进行切换，如图5.23所示。当然，也能得到其他形式的数据，如分析师的评论、社会媒体信息、网络计量学数据等。

5.7.5　零样本学习

自动目标识别器以航迹文件、类标签和概率的形式将信息传递给人，但这不是人彼此交流信息的方式，人是通过讲故事的方式传递信息的（见图5.24）。人以硬连线的方式处理叙述性数据，叙事可以解释没有预先训练的类标签的复杂现象，一个好的故事能吸引注意力，我们的大脑受故事的冲击远比受冷冰冰的、枯燥的事实冲击更大。一个叙事能简洁地封装受众所需要的相关环境信息。

图 5.23　构想的未来的通用作战图像[38]

图 5.24　人以交谈的方式来传递信息

正如图 5.24 所示的卡通中所看到的那样,这个不幸的人说不出他遇到的东西叫什么,也说不出咬他的东西的类别标签,因为他以前从来没有看到过,但他可以生动地描述它,这是采用语义属性实现的,其中"属性"是一个物体或事件的具名特性。属性与没有语义含义的特征(例如,小波)不同。这个倒霉的人瞬时用他的身体传感器和皮层处理来识别这种生物的关键属性。他的大脑融合这些属性和其他信息,形成一个有关所发生的事件的叙事,以通过描述来对他从未见过的目标进行分类。他的这种描述就是解释能力。

在自动目标识别中采用深度学习的挑战是在所有各种可能条件下识别所有感兴趣目标类型,需要获取巨量的、可信的、足够综合和具有代表性的训练集。当采用多个传感器同时获取数据时,成本会呈指数增长。当在特征级融合传感器数据时,这一问题特别严重。零样本学习通过将物体或事件表征为简单的语义基元的组合来解决这一问题[39],它不显式地学习目标或行动类,而仅学习它们的语义基元。语义基元由多个类共享,将使训练需求降低几个数量级。

零样本学习在离线预训练时学习物体或事件基元。可能要涉及到一个以上的传感器类型,但每个基元仅源于一个单一类型的传感器。在实时推理中,从输入的传感器数据中识别一组属性。通过将所识别的基元与航迹数据组合起来形成一个叙事,可以表征从未见过的物体或行为。

5.7.5.1 有人—无人协同

在今后的 25 年,将更多地采用有人无人协同的方式进行陆战。一个重要的问题是怎样将人和机器人上的自动目标识别器进行交流,一种可能是采用叙事进行自然语言通信,叙事对于人的认知和理解是基本的,即人和机器人将彼此通过“本身”或者通过无线电交流,但是对话的形式将比人和人的交流更加简约。叙事需要按照严格的规约构建,一个良好定义的架构对于人—机器通信是关键的。一个严格的叙事有 5 个不同的元素:

（1）主角。谁或什么是实体? 可由传感器得到它的主要属性是什么?

（2）时间。这在什么时候发生?

（3）位置。这在什么地方发生?

（4）情节。发生了什么? 情节是偶然发生的相关事件的概况,它是叙事的内容,可以是一系列事件,也可以是一个单独的行动(如控温或升起导弹发射架),还可以是同时发生的一组行动(如携带着大的物体行走)。

原因是情节表示的重要内容,可以从贝叶斯观点考虑逻辑上相关事件的一个进程:在规定的情境下行动 A 导致行动 B 的概率。贝叶斯网络是将因果联接强度表示为条件概率的因果网络。贝叶斯因果推理为建模式分析涉及随时间展开的相关事件的情节奠定基础。

（5）主角的动机。为什么会发生? 这涉及意图、原因和目的。

在上述要素中,要素 1 是由自动目标识别的推理引擎推理的。描述性属性可以通过零样本学习来确定。要素 2 和要素 3 可以由航迹文件得到。航迹文件给出作为时间的函数的目标位置和速度向量。要素 4 可以由一个循环神经网络确定,其中较简单的行动基元是通过零样本学习得到的。其中,因果联系将一系列的行动或事件基元联系起来,通常可以采用一个贝叶斯网络来建模。要素 5超出了现有的自动目标识别能力,需要由 HUMINT 来确定。

对于一个简单的描述性叙事,采用由传感器得到的信息来刻画一个场景,因此排除了要素 4 和要素 5。描述性叙事可能是简单的"在这一时刻这一位置看到大的卡车。"这类似于在关键事件的各种数据交换策略中机器与机器间传输的信息,这样的数据交换策略包括 MITRE 的光标在目标上(COT) XML 方案和其他类似的方案(UCore,NIEM,CBO 等)。

增加要素 4 和要素 5 能实现更深的理解。要认识到要素 4(原因)和要素 5(动机)之间的差别在于:它们分别回答不同类型的为什么问题。某人做某事的动机或原因,不同于由于某些原因造成的效果的解释,原因可以引证目的,但因果解释不能引证目的。动机可以是好的、坏的或者是未知的,一个原因不能是好的或坏的。如果一个人说他误射了一个小孩,导致小孩死亡,这不意味着动机,可能是意外的或者故意的。在射击和导致死亡的独立事件之间有一个时间关系,导致小孩死亡的原因是他被射击;他被射击的原因可能是已知的或未知的。敌方的坦克停止在桥头的原因是它被驾驶到这里,跟踪器可以确定它,但动机是未知的,可能是偶然事件,也可能是阻挡某人通过桥梁。一个自动目标识别器可能确定原因,但至少在现在,还没有智能化到可以确定动机。

更长的故事涉及更大的场景,这可以由一系列短的叙事来构建。一个故事可以交流一个较大场景或事件的相关信息,包括通过持久性监视得到的信息。人可以与机器通过简短的口头叙事或较长的故事交流。

5.7.5.2　专家系统

部署自动目标识别系统的最大的障碍是,获得用来训练自动目标识别系统的足够完备和有代表性的数据集,数据库应当包括在所有条件和背景下处于所有角度和距离的敌对目标和混淆物。当试图做多传感器融合时,问题是复合的,有时不能得到必要的训练数据。人员观察和无训练学习,可以通过采用报告一组语义属性代替类标签来解决这一问题。除此之外,还能做什么? 让我们回溯自动目标识别和人工智能的历史(在大数据和高速计算机年代之前)。专家系统在智能系统的早期发展中占据重要地位。专家系统是努力模拟人类专家解决问题方式的计算机程序,一组专家工作效果比一个专家更好。对于我们所关注的重点,专家是受到良好训练的战斗机飞行员、有经验的图像分析师和有技能的士兵。专家系统采用知识库和规则来推测目标类型[40]。规则采用"IF…THEN…"逻辑形式,其中:IF 部分是前提,它是要测试的条件;THEN 部分是结果,它是当启动一个规则时执行的行动。规则是利用知识库离线构建的,并采用推理机在线执行,推理机确定可以得到的事实满足哪些规则。对于我们这种情况,事实是通过在一个或更多平台上对一个或多个传感器的输入数据应用无训练的学习或类似方法得到的。

发展专家系统的第一步是知识获取,必须确定和询问目标识别专家。知识也可以来自训练手册和其他文件。知识分为6类:

（1）专家知识是可以通过主题专家广泛获得的信息。例如,运动车辆的发动机、车轴和喷管是热的。

（2）在实际上使用的隐性知识是无意识的、内在的、难以解释的。它是通过多年的经验学习的。

（3）领域知识是指在一个窄的领域的经验(例如,有关喷气式发动机、军用车辆涂料或者潜艇潜望镜的知识)。

（4）先验知识是以前得到的、独立于通过处理传感器数据得到的知识,如 X 国家的 80% 的坦克是 T－72。

（5）常识性知识是几乎所有成年人所理解的知识,这是观察和学习的结果。常识性知识是难以分类和编码的,例如,坦克不能爬上树梢,月球和家畜不是有威胁的,喷气式飞机不能停在半空。

（6）深度感知知识涉及到复杂的空间和时间关系。这种类型的知识是难以确认和编码的(例如,一群行为可疑的人)。

发展一个知识库的第二步是将获取的知识转化为一组规则。我们将采用图 5.24 的例子来说明这一过程。

规则 1	IF	一个动物有毛
	THEN	它是一个哺乳动物
规则 2	IF	一个动物有羽毛
	THEN	它很可能会飞
规则 3	IF	一个动物会飞
	AND	它下蛋
	THEN	它是一只鸟
规则 4	IF	一个动物可以到空中
	THEN	它能飞
规则 5	IF	一个哺乳动能能飞
	THEN	它是一个蝙蝠
规则 6	IF	一个蝙蝠有牙齿(亦即,能咬)
	AND	有角

THEN 它是一个保加利亚角蝠

输入的多传感器数据是采用零训练学习(或观察人员)来产生一组事实的。再次采用图 5.24 的例子:

事实 1:动物有毛。

事实 2:动物飞。

事实 3:动物咬人。

事实 4:动物有角。

事实 5:动物是红的(声明:这是一个虚构的例子;所描述的蝙蝠实际上不是红的)。

事实 6:动物尖叫。

所提取的这些事实被送到推理机。如图 5.25 所示,推理机采用存储在它的知识库中的规则来进行目标类别决策。然而,这不能保证累积足够的知识,产生足够的规则,或者从传感器提取足够的语义属性,以得到一个结论。

与其他类型的分类器不同,专家系统可以通过追溯其产生结论的推理过程进行判断,这提供了所希望的可解释性特性,而可解释性是自动目标识别和机器学习系统中通常缺失的。专家系统与深度学习神经网络的不同在于:专家系统难以被与训练数据不同的未来数据所击溃。

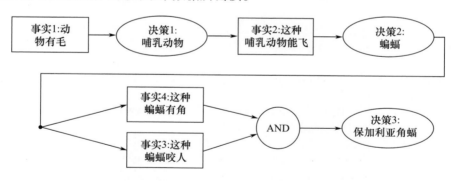

图 5.25 采用前馈链路的推理引擎,从已知的事实开始,
并提供新的事实,直到达成结论

5.8 讨论

自然环境产生多模信息,人和其他生物已经通过演化其感官器官来感知这些信息,并演化其大脑来处理和融合信息。自动目标识别系统也需要这样做来理解作战空间。本章涉及各种类型的融合,如传感器、波段、视看、平台、分类器、

功能、属性。将多种类型的数据组合，能比采用窄的、单源数据更好地洞察作战空间，进而获得更小的不确定性、更好的精度、更高的可靠性和对环境的更深的理解。智能生物通过这些类型的组合以保证生存。从军事观点来看，生存与态势理解、区域防御、搜索和跟踪密切相关，采用融合的自动目标识别，可作为军事武器和作战的生存的核心。

一般的建议总是从详细描述所要解决的问题开始的，知道现在解决问题的方式、现在的解决方案有什么错误、谁是为更好的解决方案买单的用户，然后确定能够得到什么资源来解决问题，资源包括经费、作战使用概念、平台、传感器、算法、处理器、专家、测试和评估团队等。融合是将各个构成部分组合成一个统一整体的行动，这些构成部分可以是传感器数据、元数据、分类器输出、跟踪器输出、从不同的传感器提取的特征、功能能力等。为了实现成功融合，必须知道关键的性能参数、退出准则和可接受的测试和评估方式。最终，需要以可理解的形式将算法结果传送给回路中的人，或许也将传送给人的机器人搭档。

参 考 文 献

1. A. Treisman, "The binding problem," *Current Opinions in Neurobiology* **6**(2), 171–178 (1996).
2. B. Wallace, "Multifuction RF (MFRF)," https://www.darpa.mil/program/multifunction-rf [accessed Nov. 24, 2017].
3. J. Esteban, A. Starr, R. Willetts, and P. Bryanston-Cross, "A review of data fusion models and architectures: towards engineering guidelines," *Neural Computing and Applications* **14**(4), 273–281 (2005) [accessed Nov. 25, 2017].
4. F. Castanedo, "A review of data fusion techniques," *The Scientific World Journal* (2013), https://www.hindawi.com/journals/tswj/2013/704504/ [accessed Nov. 25, 2017].
5. B. K. Gunturk, J. Glotzbach, Y. Altunbasak, R. W. Schafer, and R. M. Mersereau, "Demosaicking color filter array interpolation," *IEEE Signal Processing Magazine* **22**(1), 44–54 (2005).
6. B. J. Schachter, P. J. Vanmaasdam, and J. G. Riddle, "Converting an image from a dual-band sensor to a visible color image," U.S. Patent number 954456 (January 10, 2017).
7. R. F. Hess, L. To, and J. R. Cooperstock, "Stereo vision: The haves and

have-nots," *i-Perception* **6**(3), 1–10 (2015).

8. M. Winterbottom, J. Gaska, S. Wright, S. Hadley, C. Lloyd, H. Gao, F. Tey, and J. McIntire, "Operational based vision assessment research: Depth perception," *Defense Technical Information Center*, ADA617034 (2014).

9. S. R. DeGraaf, "3-D fully polarimetric wide-angle superresolution-based SAR imaging for ATR," *Thirteenth Annual Adaptive Sensor Array Processing Workshop* (2005), https://www.ll.mit.edu/asap/asap_05/pdf/Papers/24_degraaf_Pa.pdf [accessed Nov. 25, 2017].

10. T. W. Cronin, S. Johnsen, N. J. Marshall, and E. J. Warrant, *Visual Ecology*, Princeton University Press, Princeton, New Jersey (2014).

11. F. A. Sadjadi and C. S. Chun, "Passive polarimetric IR target classification," *IEEE Transactions on Aerospace and Electronic Systems* **37**(2), 740–751 (2001).

12. F. Goudail and J. S. Tyo, "When is polarimetric imaging preferable to intensity imaging for target detection?" *Journal of Optical Society of America A* **28**(1), 46–53 (2011).

13. K. P. Gurton and M. Felton, "Remote detection of buried land-mines and IEDs using LWIR polarimetric imaging," *Optics Express* **20**(20), 22344–22359 (2012).

14. Y. Zhang and Q. Ji, "Efficient sensor selection for active information fusion," *IEEE Transactions on Systems, Man and Cybernetics – Part B Cybernetics*, **40**(3), 719–728 (2010).

15. J. Li, K. Cheng, S. Wang, F. Morstatter, R. P. Trevino, J. Tang, and H. Liu, "Feature selection: A data perspective," *arXiv* preprint:160. 07996 (2016), https://arxiv.org/abs/1601.07996 [accessed Nov. 25, 2017].

16. H. Li, X. Wu, and W. Ding, "Group feature selection with streaming features," in *Data Mining, IEEE 13th International Conference*, 109–114 (2013).

17. L. Meier, S. V. DeGeer, and P. Buhlmann, "The group lasso for logistic regression," *Journal of Royal Statistical Society: Series B, Statistical Methodology* **70**(1), 53–71 (2008).

18. X. S. Bahrampour, N. M. Nasrabadi, and A. Ray, "Sparse Representation for Time-Series Classification," Chapter 7 in *Pattern Recognition and Big Data*, A. Pal and S. K. Pal, Eds., World Scientific Publishing, Singapore, pp. 199–215 (2015).

19. X. Jin, S. Gupta, A. Ray, and T. Damarla, "Multimodal sensor fusion for personnel detection," *14th International Conference on Information Fusion*, Chicago, Illinois, pp. 437–444 (2011).

20. N. Virani, S. Marcks, S. Sarkar, K. Mukherjee, A. Ray, and S. Phoha, "Dynamic data driven sensor array fusion for target detection and classification," *International Conference on Computational Science* **18**, 2046–2055 (2013).

21. Y. Li, D. K. Jha, A. Ray, and T. A. Wettergren, "Information fusion for

passive sensors for detection of moving targets in dynamic environments," *IEEE Trans. on Cybernetics* **47**(1), 93–104 (2017).

22. D. Ruta and B. Gabrys, "An overview of classifier fusion methods," *Computing and Information Systems* **7**, 1–10 (2000).

23. N. Najjar, "Information Fusion for Pattern Classification in Complex Interconnected Systems," Ph.D. Thesis, University of Connecticut (2016).

24. A. P. Dempster, "Upper and lower probabilities induced by a multivalued mapping," *The Annals of Mathematical Statistics* **38**(2), 325–339 (1967).

25. G. Shafer, *A Mathematical Theory of Evidence*, Princeton University Press, Princeton, New Jersey, (1976).

26. B. G. Foley, *A Dempster-Shafer Method for Multi-Sensor Fusion*, Thesis, AFIT/GAM/ENC/12-0, Air Force Institute of Technology, WPAFB, Ohio (2012).

27. E. El-Mahasini and K. White, *A Discussion of Dempster-Shafer Theory and Its Application to Identification Fusion*, DST-Group-TN-1443, Defense Science and Technology Group, Australia (2015).

28. D. Dubois and H. Prade, "A set-theoretic view of belief functions; logical operations and approximations by fuzzy sets," *International Journal of Gen. Syst.* **12**, 193–226 (1986).

29. Y. Bar-Shalom, P. K. Willett, and X. Tian, *Tracking and Data Fusion: A Handbook of Algorithms*, YBS Publishing, Storrs, Connecticut (2011).

30. C. Y. Chong, S. Mori, W. H. Barker, and K. C. Chang, "Architectures and algorithms for track association and fusion," *IEEE Aerospace and Electronic Systems Magazine* **15**(1), 5–13 (2000).

31. K.-C. Chang, S. K. Rajat, and Y. Bar-Shalom, "On optimal track to track fusion," *IEEE Transactions on Aerospace and Electronic Systems* **33**(4), 1271–1276 (1997).

32. J. L. Gertz and A. D. Kaminsky, *COTS fusion tracker evaluation*, Lincoln Lab Project Report ATC-302, (February 2002).

33. S. Haykin, *Cognitive Dynamic Systems: Perception-Action Cycle, Radar and Radio*, Cambridge University Press, Cambridge, Massachusetts (2012).

34. J. R. Guerei, *Cognitive Radar: The Knowledge Aided Fully Adaptive Approach*, Artech House, Norwood, Massachusetts (2010).

35. DoD Defense Science Board, Task Force Report: *The role of autonomy in DoD systems*, DTIC ADA566864 (July 2012). [Updated every few years.]

36. CBS News, "U.S. Army general says robots could replace one-fourth of combat soldiers by 2030," January 23, 2014. https://www.cbsnews.com/news/robotic-soldiers-by-2030-us-army-general-says-robots-may-replace-combat-soldiers/ [accessed Nov. 20, 2017].

37. *Intelligent Preparation of the Battlefield/Battlespace*, Army Publication ATP 2-01.3, Marine Corps Publication MCRP 2-3A (Nov. 2014).

38. D. Huyn and M. McDonald, "War TV: A Future for a Common Operating Picture," (Dec. 28, 2016) http://cyberdefensereview.army.mil/The-Journal/Article-Display/Article/1134603/wartv-a-future-vision-for-a-

common-operating-picture/ [accessed Nov. 25, 2017].
39. M. Palatucci, D. Pomerleau, G. E. Hinton, and T. M. Mitchell, "Zero-shot learning with semantic output codes," *Advances in Neural Information Processing Systems* **22**(NIPS 2009), 1410–1418 (2009).
40. J. Roy, *A Knowledge-Centric View of Situation Analysis and Support Systems*, Technical Report DRDC Valcartier, 2005-419, Canada (January 2007).

第 6 章　下一代自动目标识别

致谢:本章是在 DARPA/MTO 皮层处理器项目中所做工作的一部分。主要参加者是 Paul Feinberg、Mike Fitelson、Alexander Grushin、Benjamin Bachrach 和 Mike Novey;DARPA 的项目管理者是 Dan Hammerstrom 和 Hava Sigelmann。

6.1　引言

人脑接收、综合和处理各类传感器数据和各种元数据[1]。它探测、识别和跟踪感兴趣的物体,与其他大脑通信。大脑有对身体运动的控制,在一个抽象层级上,大脑和自动目标识别器有大量的共同性,它们必须求解类似的计算任务,这导致了设计上的类似性。

神经元彼此发送反馈信号的网络是循环神经网络。人脑是一个有许多反馈回路的循环神经网络。循环神经网络可以学习处理其他类型神经网络不容易学习的串行数据。循环自动目标识别器适于处理静止帧、视频和各种类型的时域信号。

第 6.2 节讨论了大脑与自动目标识别器硬件设计。第 6.3 节涉及算法/软件设计,给出了一个草案(基准)设计,但没有宣称这是构建下一代自动目标识别器的唯一的途径。该草案设计用于讨论其优点,确定并启发新的、更好的建议,是一个头脑风暴式的草案建议[2]。不期望该草案成为最终的方案,应当进行多角度的思考和细化,直到得到一个满足项目的关键性能目标的最终模型。最终的自动目标识别器设计可能与草案设计非常不同。

6.2　硬件设计

对大脑和自动目标识别器的基本约束是相同的(见图 6.1),约束条件主要包括:尺寸、重量;功耗(能耗);速度(延迟);噪声。

这些约束不是独立的,每个约束与其他约束是相互联系的。约束是多方面的,涉及许多具体的细节和环境影响。像一只鸟要满足的约束与一只鲸要满足

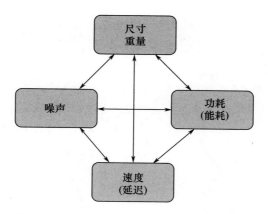

图 6.1　脑设计和自动目标识别器设计受到相同的约束集的限制

的约束不同一样,一个自动目标识别器要满足数据中心或自动驾驶汽车的不同约束。

自动目标识别器硬件是由技术指标表来描述的,表 6.1 给出了人脑的技术指标表,它说明了环境影响和设计约束的演化的结果。

表 6.1　人脑的技术指标

项目	近似指标	注解
尺寸	$1100 \sim 1450 cm^3$	
重量	$1300 \sim 1400 g$	大约成年人体重的 2%
功耗	$10 \sim 20 W$	功耗受到所完成的任务的较少的影响
处理单元数据行	800～1000 亿个神经元每个神经元 1000～10000 个突触	在任何时间在任何一个点大体传输约 1%
大脑皮层中的总的最大带宽	1TB/sec	不能实现最大容量,因为仅有一小部分神经元同时激发
延迟	对于物体识别 100ms	报道的延迟时间为 50,100,200,300ms;有引导时延迟时间较短

大脑的设计受到许多方面的约束,以保证身体能够生存和再生。因此,大脑提供了什么是可实现的证据,但没有对什么是可能的作出限制。下面介绍怎样按照其约束来设计大脑。

(1) 尺寸和重量约束。大脑的尺寸和重量受人体肌肉结构和获取足够能量来保持身体胖瘦的成本约束。头的尺寸也受到母亲的子宫尺寸的限制。大脑皮质的功能类似于一个自动目标识别器,占人脑的大约 76%(见图 6.2)。

皮质各组成部分按照使联接它们所需轴突的总长最短的方式排布(见图 6.3)。神经元的局部联接非常稀疏,总的联接更加稀疏,从而减小了内部处

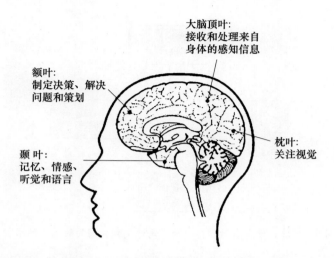

图 6.2 大脑新皮质类似于一个自动目标识别器,涉及感知、产生运动指令、空间推理、思维和与外部通信,可分为颞叶、额叶、顶叶和枕叶,视皮层位于枕叶

（来自 http://www.wpclipart.com 的公开图像）

理器通信所需的体积。结构联接意味着功能联接。

（2）连线。大脑中传输信息的主要方法是经过突触,沿着轴突形成到其他神经元的电压脉冲(见图 5.3)。由于有效的连线方式,降低了脑的体积和能量需求[3]。在 100 个邻近的神经元中,神经元与其中大约 1 个邻近神经元有直接联接;在 100 万个较远的神经元中,神经元与其中大约 1 个联接[4]。这就降低了材料成本、尺寸、重量、功耗和延迟。

（3）能量。大脑通过采用微小型组件、消除不必要的信号和采用稀疏编码表示信息等方式来满足其能量预算。采用同时对多个神经元进行强激励来实现通信的稀疏编码(用脉冲串表示),大脑的能量预算限制了可以对特定数据项进行编码的神经元数量。在一个激活的新大脑皮层中有 3% 的神经元并发地触发,大约有 75% 的功耗用于信号传输。

脉冲不是大脑中信息传输的唯一方式,在相对不活跃的神经元中的波动对脑电波也有影响,在信息处理中起着重要作用[5]。

可以通过减少可预测的、冗余的和无用的信息的流动来降低信息处理的成本。当信息从大脑的一部分流到另一部分时,需要压缩为理解和制定决策所需的信息。由于进化,在全暗的环境中生活的动物(如在洞穴里居住的鱼)的视觉机制已经退化或消除。当一个孩子丧失了一个感知模式(如视觉)时,皮质资源被重新分配到其他的传感器模式(如听觉、触觉)[6],皮质有相应的长期演进的可塑性、短期的环境导致的可塑性以及快速的目标导向的可塑性。

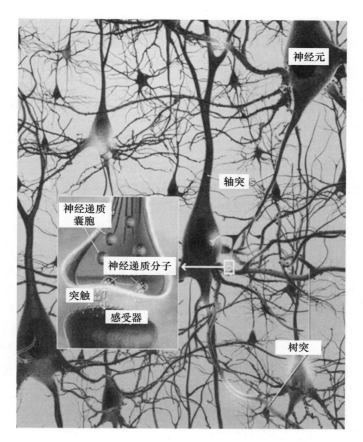

图 6.3 神经元有三个主要部分:细胞体、树突和轴突。树突是接收来自其他神经元的信息并传递给细胞体的短枝,轴突是将信息[以动作电位(电压脉冲)的形式]从细胞体发送到其他细胞(包括肌肉和腺体)的长纤维("导线")。髓鞘质将某些轴突隔离开来,类似于电线的绝缘层。突触是轴突终末与神经元之间相互接触、并借以将神经脉冲(信息)从轴突终末传递到神经元或者将信号由神经元传递到接收信号的另一个神经元的连接点。突触权值 w_{ik} 是神经元 k 对神经元 i 的影响,在学习中进行调整(图像取自美国健康研究院,www. nia. nih. gov)

能量的使用受到大脑或电子器件制冷需求的限制。制冷变成了对能量耗散增加的约束,因为学习需要能量,制冷需求也可能约束学习速度。当用于军事应用时,通常要降低商用芯片的时钟频率,以满足制冷要求。

大脑能量预算所施加的某些限制不是我们想要施加给一个自动目标识别器的限制,一个人难以在同一时刻聚焦或跟踪一个以上的事物,这使得多任务(如边驾驶边打字、边打手机边行走)成为危险行动。狼就是利用注意力聚焦的限制来采用狼群战术攻击猎物。

通过略加简化，我们可以将皮层描述为一种能量利用率高的混合器件。神经元混合了数字和模拟功能。在一个细胞体内的信号和处理是模拟的，结果被转换成数字数据（脉冲）用于传输，然后再通过接收神经元重新转换为模拟信号。由于许多原因，这可能不是一个神经网络自动目标识别器的最佳设计。

（4）速度与延迟。一个处理器芯片的时钟频率不仅受热耗散限制，而且受到门延迟、电子信号传输速度、跨扰和噪声的较低程度的限制。对于常规的制冷方法，实际的限制是 3GHz 或 4GHz，这已经可以实现。这表明改进芯片性能的重要途径是采用更多的先进处理器、更多的本地存储器和更好的处理器间通信。

延迟是计算单元的速度、处理器间通信的速度和处理管道的级数的函数，低延迟对于动物的生存和自动目标识别器的效力是必要的。对于人的视觉系统，"在没有先验知识的情况下，在 13ms 这样短的一次单独的前向扫描内能够提取一幅图像的意义，因此在一次实验中，13ms 这样短的间隔对于得出有意识的检测、辨别和识别记忆显然是足够的。"[7]少量活跃的神经元能采用低空间分辨率的信息做出快速的最佳猜测，同时并行地进行处理，从而在大约 100ms 的时间内完成详细的感知。视觉噪声增加了延迟[8]。对于帧频为 30f/s 的视频，自动目标识别的一个典型的目标检测 + 识别延迟要求是 100ms（3 帧视频时间）。而对于下一代帧频为 120f/s 的摄像机，3 帧视频时间是 25ms。通常要用 3 帧视频时间来完成航迹起始。如果一个目标已经被跟踪，则不再需要检测，因此缩短了到实现识别的延迟。用于识别一个人的行动（时空数据）的自动目标识别器或大脑的延迟更难以量化，因为在能够识别之前它需要充分地揭示出行动。并发的回路将数据保持在本地存储中，对于行动识别是必要的。

（5）噪声。噪声是生物和电子传感器与计算单元中的一个限制因素，它是对能量、有效编码和连线成本的最小化的一个约束。神经元是带宽受噪声限制的噪声限器件[6]。一个神经元没有 64bit 浮点运算或者甚至 16bit 精度的算术运算。

大脑要适应于变化的环境条件[6]。噪声和场景的变化性有时可以通过可塑性（神经网络连续改变其特性的能力）来应对。

人的视觉系统将高比特率的流信号压缩成低比特率信号，自动目标识别器也是这样。每个处理级进一步对图像流进行压缩，并获得更好的认知，但同时也引入了噪声，例如传感器噪声、量化噪声和突触噪声（见表 6.2）。在一个并行管道的方式中，需要提取边缘向量和其他特征，并联接成形状和纹理，最终得到有名字或描述的有语义的物体[5]。视觉世界是碎片化的，仅以简洁的形式重新组装并进行语义描述。

表 6.2　视觉信息流[9]

生物	带宽/(bit/s)	自动目标识别
在视网膜上的像素	10^{10}	2000×2000 像素前视红外摄像机,16bit/像素 120f/s
离开视网膜的像素	$6×10^6$	H.265 压缩前视红外图像或者感兴趣区
到达视觉突触区 V1 的第 4 层的像素	10^4	特征图像的 128×128 特征数据
视觉感知	10^2	ATR 报告

（6）大脑与自动目标识别。人脑是一种有效的计算和控制器件,在许多方面远远超过了当前的计算机。鸟和蚊子能用远小于人的大脑完成复杂的任务。任何脑的设计都是生物学可行性的结果。对于更加具体的任务,这不意味着不能构建一部超越生物系统的计算机或自动目标识别器。例如,当前的处理芯片具有远高于大脑的时钟率。而大脑不能通过时钟频率的提高来提高性能。

计算机和大脑有多种形式的记忆（短期和长期）。大脑不采用计算机那样的方式来存储或检索记忆。在大脑中记忆是去中心的、分布式的过程,一个特定神经元可能参与许多不同记忆的编码,大脑电路并不像一台计算机那样在精密的存储区"存储"数据。生物的记忆可以更好地解释为对信号间统计关联的适应。

大脑的各种限制使注意力机制成为必需的[10],因为大脑难以在同一时刻将注意力聚焦或跟踪一个以上的事物上。相反,自动目标识别器需要同时跟踪多个目标。

自动目标识别器的用户不能承受从出生到部署有二十多年的学习（像一个士兵或飞行员那样）。如果一个并发的自动目标识别器在数周时间内完成学习,其学习能力远超一个婴儿[11]。在人工神经网络中梯度下降优化学习算法（像误差的反向传播）能工作得很好,但在生物中或许是不可行的。对于自动目标识别器设计,"工作良好"比"生物学上可行"更加重要。

传统的自动目标识别器是事先训练的,只有在经过严格的测试和评估试验后才能部署。当前的自动目标识别器在部署后不再连续学习,否则在 100 架飞机上的自动目标识别器将表现出不同的识别能力,人们不希望军事硬件以这样的方式工作。而大脑总是在学习的,总是重新连线以满足环境要求。将来,更加类脑的自动目标识别器（像现在的士兵、水兵、飞行员和图像分析师）将需要连续学习,更好地适应战场环境。因此,必须改变军事采办和测试与评估程序,以适用智能学习器件。

大脑皮层是一个混合器件,采用低精度的、非常慢的、非常含噪的模拟模块处理数据,其处理结果被转换为数字数据（脉冲）用于在网络中的传播。脉冲不是大脑中唯一的信息传播方式。较安静的神经元能产生脑电波,以抑制某些神经元输入,增强其他输入,改变脉冲时序,并增强记忆[5]。较安静的神经元还是一个学习新事物的存储池[5]。一个自动目标识别芯片应当有等价的存储池,而且不能满负荷地运用。

在大脑内传输信息需要这对于维持大脑的工作也是一个显著的、固定的成本,实际的任务可能仅对使用的总能量有较小的影响。噪声是对能量高效的编码和连线成本的最小化的一个约束[6]。大脑是在身体上的,不是在盒子中,眼睛、头和身体的运动对于视觉是必要的,需要肌肉运动并消耗相当的能量。如果我们认为大脑消耗一定的能量进行视觉处理,这一数量忽略了从身体的其他部分所得到的支持。大多数自动目标识别器是嵌入在一个平台上的,平台的特性(如振动、速度、高度、任务使命)影响着自动目标识别器设计。严格的功率限制要求必须采用能量利用率高的军事系统设计。自动目标识别器设计师需要仔细地分析能量 – 性能权衡。在处理器芯片级,功耗是一个关键因素,这不仅涉及到评估数种结构设计选择,而且涉及到构成电路的优化(对于新的芯片的设计)。设计决策是根据成本 – 性能权衡做出的。计算性能、输入/输出带宽、能量、尺寸、价格、重量、开发时间、可编程性、可再用性、可维修性、芯片的长期可获得性、可升级性和风险等因素都会影响设计选择。

一个神经网络自动目标识别器应当多接近地模拟生物? 或许不是很接近。如果眼睛是低温制冷的红外摄像机,猎豹可以在夜间更好地捕猎。如果有较小的喷气发动机,鸟可以更快地飞向南方。大自然不能创造人类可以发明的所有事物,而人类也不能复制大自然数十亿年发明的所有事物。我们应当寻求受大脑的启发来设计自动目标识别器,而不是试图模拟它所有的特征,因为某些特征是缺点,而某些特征太难以复制。此外,自动目标识别器的输入/输出和任务与人的大脑是不同的。自动目标识别器输入的是来自军用传感器的数据和元数据源。自动目标识别器的任务是高度聚焦的。大脑输入的是每天乃至整个生命周期内来自各个生物传感器的信息。大脑是在液体衬底上实现的,必须依赖于在海量神经元之间分布的非常稳健的信号。集成电路采用均匀的固体衬底,能够有非常快的时钟和可靠的信号同步,许多数字芯片可以做精确的计算,如 64bit 浮点计算。然而,我们已经发现,要想实现一个并发的自动目标识别器,16bit 的浮点计算是近乎完美的,这样可以节省能量。较低的精度不能支持离线训练和在线连续学习的小的、渐变的权值更新。模拟图像处理不是处理器设计的主流,模拟计算似乎不能提供足够的精度来设计实现对不同军事数据进行计算的 RNN 芯片上的各种反馈回路。而数字处理只需要少量计算单元就能实现一个自动目标识别器,远少于完成类似的功能的新脑皮层中的几百亿个神经元。大脑的大规模并行机制比一个数字化自动目标识别器中可以得到的计算能力(每秒 10^{22})更大,但没有迹象表明,每秒 10^{22} 次运算的计算能力就能得到一个更高性能的自动目标识别器。

大脑的构成模块与电子芯片的构成模块根本不同。大脑采用神经元和突触作为计算部件,是由无机离子、蛋白质、脂肪和盐水构成的,水的重量占细胞重量的 70% 或更高的比例。大脑的效率源于大规模并行网络和纳米尺度的分子组件。因此,我们怎样设计一个单芯片的、并发的自动目标识别器呢?我们不应从大脑的设计原理入手,而是应基于现代 CMOS 技术的 16bit 数字浮点处理器(而不是一个不可靠的模拟处理器的混合包)、精确数字通信(而不是脉冲串)、整体时钟同步(而不是异步工作)、适度大规模(而不是超大规模并行机制)和本地存储(而不是引入一个离线存储瓶颈)来设计构建。当前的最高水平是 10 ~ 16μmCMOS 组件,甚至能达到 3 ~ 7nm 和堆叠设计。

过去的自动目标识别器设计大都选择可获得的军用兼容处理器芯片,包括异类多核处理器、GPU 和 FPGA。现在多个商用应用公司正在推出神经网络 ASIC,几乎所有的 ASIC 都是前馈卷积神经网络,但它们不太适用于构成我们的自动目标识别器的循环神经网络。大多数神经网络芯片是协处理器(加速器),它们需要一个宿主芯片,通常是 Intel 公司的异类多核处理器。将数据处理分解到一个通用的宿主芯片(控制器)和一个神经网络加速器中,这是一个合适的途径,因为 Intel 公司有巨大的经费投入来推进其通用芯片发展,每年在各个设计点都会提供新的型号。

6.2.1　下一代神经网络自动目标识别器的硬件建议

自 20 世纪 60 年代自动目标识别开始起步时起,自动目标识别工程师就受到了神经网络处理和生物视觉的启发。但是,正如没有证明生物启发设计对于拍翼飞机和行走汽车是有效的一样,我们不想太接近地模拟生物。自动目标识别应当利用在集成电路和软件基础设施上的技术进步,有多个公司正在投入数十亿美元的资金来发展新的芯片生产设施、知识产权模块和用于芯片设计和编程的工具。没有最大限度地利用主流技术进步的途径将面临着许多障碍,就像混合动力汽车起初看起来像是一个好的思路,但人们仍要质疑支持它们的基础设施能否到位。自动目标识别器的输入是生物学所不知道的传感器,如低温制冷的红外摄像机(非中央凹的、单目的)和合成孔径雷达,并且工作在距目标远距离处,因此生物传感器数据处理和神经网络自动目标识别所需的处理有自然的失配性。主流的并行自动目标识别器不是一个大脑,不能因为在生物大脑中具有某一机制或特性,就要在一个自动目标识别器中包括这一机制或特性。自动目标识别器是由大脑设计和编程的,它的处理结果通常要提交给人的大脑。自动目标识别器是一个有目的的器件,它的用途与人或动物体内的高度演化的大脑是不同的。

6.2.1.1　无法复制的生物技术

（1）人脑的极端复杂性。大脑的不同区域有不同类型的神经元、突触类型、联接模式和支持系统。在眼睛中有许多类型的视网膜神经节特征抽取器。在大脑内有许多不同类型的神经元和突触以及其他的生物组件(如神经胶质)。目前人类对它们的大部分结构和功能还了解甚少。

（2）立体视觉。立体视觉适于近距确定距离,自动目标识别器则工作在距目标远距离处。

（3）视网膜图像处理。军事成像传感器的像素间有恒定的间距,而且通常是单色的,工作于恒定的帧频。

（4）学习的生命周期。自动目标识别器的设计合同期限可能跨越数年。然而,在部署后进行无监督的连续学习是一个值得做的目标。

（5）湿的衬底。晶体管是在干的硅基底(半导体)上构建的,CMOS 工艺及其变型主导着现代集成电路制造,它们提供了非常好的性能。

（6）大规模并行处理。如果一个自动目标识别器具有 1000 亿个处理器,且处理器间有数万亿个联接,那么编程、训练、调试、回归测试、配置管理和理解的难度很大。随着复杂性的增加,检测和预防恶意硬件的特洛伊木马将变得更加困难。

（7）大型训练数据库。军事数据的获取成本是非常昂贵的。

（8）单目标跟踪。某些自动目标识别器必须同时探测、识别和跟踪数个甚至数百个目标。

（9）电子脉冲通信。模拟神经元通信的脉冲串方式不是传输精密的数据的一种好的方式。神经编码仍然不能解密,它们可能是自适应的。

（10）低精度模拟运算。我们对(人工)循环神经网络的测试表明,低于 16bit 浮点精度计算将降低性能,尤其在训练中。

（11）异步时钟。视觉大脑是完全异步的组织,没有中心的神经时钟来同步活动和通信。还不清楚异步到底是一个要模拟的有用的特征,还是一个需要克服的缺陷。计算机芯片采用高速时钟运行,吉赫兹值越大,每秒的计算步数越多。

（12）非可编程性。大脑可以有监督的方式进行训练,而且可以无监督的方式从它的环境中进行连续地学习,但它不能直接编程。一个自动目标识别器不像一个 FFT,不能仅编码一次就能一直很好地工作,或者在需要时进行自我学习。自动目标识别是一个活跃的研究发展领域,总是有新的和改进的算法不断提出。不能直接编程或易于由具有平均技能的软件工程师编程的"革命性"的新处理器芯片是非常无用的。

（13）睡眠。睡眠能帮助巩固记忆。大脑的数百亿个突触在睡眠时收缩了近 20%、遗忘了不重要的信息，并重新归一化和设置大脑用于下一天的工作，它们将在学习新事物时成长得更加强大。目前还没有所谓的神经网络芯片能模拟这种称为适应性缩减的策略。

6.2.1.2 可复制的生物技术

（1）低延迟性。只有几个视频帧时的延迟似乎是合适的。

（2）低功耗。人的大脑消耗 10 ~ 20W 能量。鹰的大脑使用几分之一瓦的能量，但这并不阻碍它发现数千米之外的一只兔子。对于某些自动目标识别应用，例如小型无人机，1W 是极限，必须考虑主芯片使用的功率，但主芯片通常是已经在平台上的。

（3）强大的功率管理。采用芯片上功率管理来动态地改变处理器的速度，使某些处理器在不需要时休眠，以便使性能最高、温度最低，同时使总功耗最低，且保持在总功率预算内。

（4）小尺寸、轻质。现在可以设计高度可编程的、非常高性能的单片并发自动目标识别器。考虑以下可选方案。

① 基于非可编程 ASIC 的自动目标识别器将耗费非常小的功率。然而，自动目标识别、人工智能、计算机视觉和计算神经科学领域是相对年轻的并不断进步的领域，因此局限于一个固定的模型或算法，将意味着失去在自动目标识别器的生命周期内的改进机会。

② 最初设计用于各种面向向量的图形处理的 GPU 常用于卷积神经网络的离线训练。GPU 对于训练任何类型的神经网络都不是特别有效，特别是不适用于低功耗的在线军事应用。GPU 和存储器或 GPU 与主处理器之间的通信是一个瓶颈。小型片上存储器必须采用具有 GPU 延迟和带宽约束的超大规模芯片外存储器接口，并连续地重新加载权值，不断地保存和检索。GPU 通过将训练数据分配到通常 32 个样本的 mini – batch 数据子集中来实现神经网络，要进行所有的计算包括非常低效率的 GEMM（通用矩阵乘法运算）。一个功耗低于 1W 的 RNN 自动目标识别器不可能是 GPU。

③ 在原来的编程人员不在时，FPGA 是相对难以编程或者更新的，而且 FPGA 每瓦仅能提供适中的处理能力。每种新一代的 FPGA 与前一代在设计上通常不同，需要新的软件工具和技术来应对新发现的漏洞。有技能的 FPGA 编程人员是重要的，而且是稀缺的。未来的 7nm 的 FPGA 将是非常令人印象深刻的，值的考虑用于单片自动目标识别器。

④ 通用异类多核处理器可用于神经网络处理器的控制器,但它们不能支持本章所讨论的高性能的数据处理。

⑤ 忆阻器、量子计算机、基于脉冲的神经网络处理器、基于 DNA 的计算机和低温制冷处理器等新型技术途径仍然处于研究阶段。

（5）处理单元的本地联接性。在一个 RNN 芯片中,处理器应当能够与它邻近的处理器有效通信,而与较远的处理器的通信效率较低。模拟大脑的每个与10000 个其他处理器连线的 1 千亿个处理器在实际上太复杂了。

（6）本地存储。保持处理单元有足够的本地存储器,没有与外部存储器的瓶颈,这不是确切地按生物神经电路那样去做,但要足够接近。

（7）并发处理。自动目标识别器像大脑一样应当能够自然地应对时域和时空数据,即便是合成孔径雷达或步进凝视红外产生的单帧数据,也可以通过扫视目标的不同关键点来成为时空的。

（8）大规模并行处理。适度的大规模并行处理是未来高性能自动目标识别所需要的,但不是超大规模并行处理。在一个芯片上集成 10^3 个快速的处理器对于自动目标识别似乎是足够的,而集成 10^{11} 个(像在大脑中一样)处理器仍然距离很遥远。

（9）低精度运算(例如,16bit 浮点)。对于处理困难的视频数据的 RNN,半精度(16bit)浮点是适当的。而对于前馈神经网络,5bit 运算精度是足够的,但这不是未来自动目标识别所需要的。

（10）并行机制。实时视频处理需要多种形式的并行机制。例如:将一帧图像数据划分到多个处理器,如一个处理器栅格(几何 – 并行机制/多路复用);将算法分派给多个处理器(算法并行机制);将多个图像序列调度到一个单独的处理器(时分多路复用),采用多个处理器串行解决问题(流水线),或者将两个或更多的流信号在一个公共的信道内传输(时分复用)[12]。

（11）快速学习与连续学习。当前的自动目标识别器是事先训练的,在部署后不进行连续学习。过去曾经尝试动态学习,但在很大程度上是不成功的。未来高性能的自动目标识别器需要根据其面临的态势,快速重构,以遵循新的任务优先级。

（12）自修复和调整。未来自动目标识别器的有用特征包括机内自检、自我修复、当不需要时关闭计算单元、使它本身在被捕获后失效。

（13）从初始起就能够跑。虽然人类婴儿不是这样,但许多动物(如鹿和马)在出生后不久就能站起来奔跑。自动目标识别算法/软件设计师需要在项目起始阶段就让硬件运行。自动目标识别工程师不能等待在项目收尾阶段才让硬件到位,算法/软件设计师需要在落后一代的芯片上工作,或者在一个 FPGA

或工作站上仿真。

（14）多模态。人脑完成多传感器融合和连续地使用元数据,例如来自一个前庭系统的惯性数据和指示身体器官相对位置的本体感受数据。自动目标识别器需要处理各种形式的数据和元数据,包括视频数据、激光或雷达的距离数据、IMU 数据、GPS 数据和来自其他平台仪表的数据。

（15）三维设计。穿硅通路（TSV）是通过一个硅芯片模的电联接方式,TSV缩短了联接长度,因此提高了通信速度。真正的像大脑那样的三维设计需要TSV,但这在 2020 年之前不太可能是可靠的和可承受的。

6.3 算法/软件设计

下一代原型自动目标识别器是一个受生物启发的单芯片 RNN,用于车辆与人员的探测/识别,以及人员行动的探测/识别。因此,原型自动目标识别适于静止帧数据（例如,合成孔径雷达、声呐）和更具挑战性的视频数据（如前视红外、视频合成孔径雷达）。基准设计的 4 个独特的特征如下:

（1）模型 $[M = ES - Pl - RNN(Q_{16})]$ 和控制器 C 的耦合。模型 M 是具体化的、在情境中的、自适应的和可塑的,并且基于采用 16bit 浮点数学运算 $[Q_{16}]$ 的 RNN 实现。在著名的计算机科学家 Jürgen Schmidhuber 的领导下,将控制器 C 耦合到模型 M 上以支持抽象的推理、规划、高层决策、强化学习、实验和创造性。

（2）具体化和在情境中的。所有的自然智能是具体化的、在情境中的,原型解决方案嵌入在一个自主控制飞行的小型无人机中,以对将要发生的情况进行更好的观察。每一个动作（无人机位置和观察角的变化）导致要通过自下而上的分级感知所感受的环境（态势）的变化,并结合自上而下的影响,通过连接电机作动器的控制电路实现进一步的动作。这些动作引起所分析的感知态势的变化,产生新的动作,这样的循环将连续进行。

（3）自适应的和可塑的。适应性、神经元可塑性和连续学习是生物智能的特征。原型设计将适应于环境,并在每个时间步调整其结构和权值（内部程序）。因此,像大脑一样,下一代自动目标识别器将连续地重新组装和"重新连线",以适应于新的态势和环境的变化（如,黄昏）。

（4）以长短期记忆循环神经网络（LSTM - RNN）模块为基本的计算单元。LSTM - RNN 是最佳的二阶 RNN[14],它将记忆当作一个动态过程,长期记忆和短期记忆并发地重组,即维持和增强,或者在不再有用时衰退。此版本的 LSTM模块是由一个分布式的、强联接组件的无环图实现的,这样可实现任意的联接性，且易于并行化。

6.3.1 分类器结构

分类器是由一个基于分类学的贝叶斯决策树实现的，每个决策采用分层分级时间记忆（HTM）进行，每个 HTM 是采用 LSTM – RNN 存储模块构建的。

6.3.1.1 决策树

如图 6.4 所示，对一个 K 类问题有多种分解策略。图中的每个分枝表示一个决策，在我们的示例中是由 HTM 做出的。如果所有的类别是事先已知的，采用多对多（all – vs – all，AvA）方法是适合的，对于 K 类问题仅需要训练一个分类器。然而，如果 K 非常大，那么分类器将是难以训练的。如果执行任务当天前类别不是已知的，通常采用一对多（one – vs – all，OvA）方法，对于 K 类问题必须训练 K 个分类器，在执行任务时仅启动该任务需要的分类器。当类别可以按照分类法分级排列时，一对一（one – vs – one，OvO）方法的性能良好，每个决策可以是一个简单的二元决策（但不一定必须是二元的）。基于分类法的决策树在理解上和解释上是简单的，它比其他方法能更好地反映人的决策[15]。K 类问题被简化为 $K(K-1)/2$ 个二元分类器。采用这种方法，如果执行任务当天不需要，可以从树上剪去不必要的枝。OvA 和 OvO 方案可以增加一个类别，而不需要重新训练整个分类器。

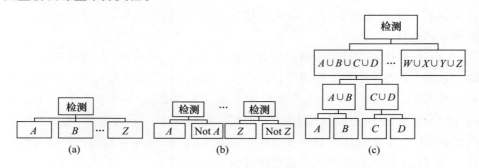

图 6.4 决策树

（a）多对多分类器，A 到 Z 是可能的输出类；（b）一对多分类器；（c）一对一分类器。

自动目标识别器原型样机的分类器采用图 6.5 所示的决策树实现，每个决策由基于 LSTM – RNN 的 HTM 做出。

与一个标准的树相比，决策树是颠倒的，即根在顶部、树叶在底部。如图 6.5 所示，决策树是决策过程的可视化，说明了在层次结构的树上的可能决策和可能输出。因此，决策树不仅说明了所有可能的分类输出，而且也有它们可能到达的路径。

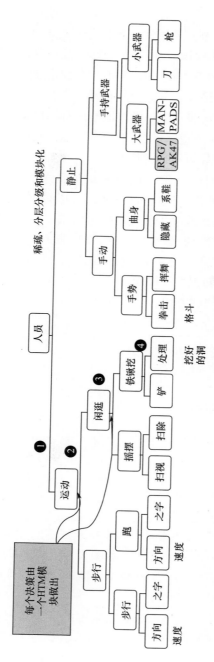

图 6.5 贝叶斯决策树，每个决策（即哪个树枝延续到树上）都是由基于 LSTM – RNN 的 HTM 模块做出的

在决策树的任何一级,分类器可以做出一个判决,这是一个做出标记的决策,标记对应于分类树上的一个节点的名称。分类器可能能够将一个动作判决为"人在挖掘",但不能判断这个人是用铁锹还是匙形挖土器进行挖掘。在这种情况下,决策树的"人在挖掘(铁锹/挖掘器)"上面的所有叶子都得到判决,但"人在挖掘"下面的叶子没有得到判决。在距目标较远时,或者在恶劣天气情况下,可能不能跨越决策树所有路径向下遍历所有树叶节点。对于军事系统来说,这种情况还不是很糟,因为任何级别的分类都能给出有用信息,知道一个人在半夜正沿着到战术作战中心的一条道路挖掘,但没有挖掘工具的更细粒度的信息,就可以为行动提供足够的证据(可行动的情报)。

将先验类和代价函数分配到决策树中,这种决策引入了贝叶斯概念。对决策树向下遍历以得到具有最低损失或代价的路径,可以根据战术作战中心的任务优先级或者情境,在任何时刻改变先验类和代价函数。例如,如果战术作战中心接收到在某一位置一枚炸弹已经爆炸的情报,则发现人员从这一位置逃离的先验性将增大。在夜间(如采用一个手电筒搜索的任务)或者由于天气原因(如一个人打着一把雨伞),先验知识可能改变。

表6.3给出了遍历决策树的方程。

表6.3 遍历决策树的方程

遍历决策树:复杂性为 $|O(\log N)|$
采用最小代价或等价的最小代价走过路径:
$loss(x, S_k) = \sum_{i=1}^{K} C(S_k|S_i) p(x|S_i) P(S_i)$
$p(x|S_i)$ 是由 LSTM 块构成的 HTM 的输出
x 是新的数据(在这一时刻考虑)
$p(S_i|x)$ 是后验概率
$P(S_i)$ 是类的贝叶斯后验概率
$p(x|S_i)$ 给定类时数据的似然度
$C(S_k|S_i)$ 是错误地将一个实际上为 S_i 的项分配给 S_k 的代价

在遍历决策树时所作的每个决策是由一个单独训练的分类器完成的。我们的原型分类器是一个如图6.6所示的HTM。如图6.7所示,HTM是采用LSTM-RNN记忆模块构造的,而LSTM-RNN模块由一阶和二阶计算单元和许多反馈回路组成,计算单元有时与神经元联接。

LSTM-RNN能够求解那些其他方法无法求解的复杂和困难的序列建模问题。反之,更加流行的前馈CNN主要用于空间模式(即静止的图像帧)。由于循环性,LSTM-RNN在时间上是深层次的,而CNN的深度有限,很难应对具有不确定长度的长序列。

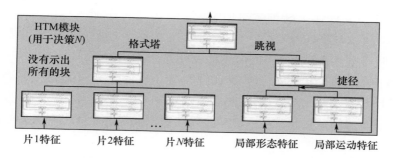

图 6.6　由 LSTM 块构成的 HTM 模块,在图的右边上的特征是围绕跳视的注视点局部提取的,在图的左边的特征是在所检测到的目标周围的感兴趣区域提取的

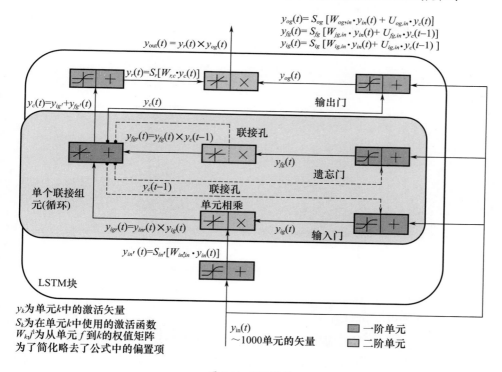

图 6.7　LSTM 块

正如前面所说明的那样,LSTM - RNN 可以通过采用扫视搜索目标并提取每个扫视的凝视点附近的一个小的感兴趣区域,将静止帧的目标图像转换成视频,并进而识别静止帧的目标,这种方法类似于一个人采用快视方式识别一个物体(如脸部)。

一个 LSTM - RNN 记忆模块存储跨任意时间长度的数据,这一能力对于识别跨越长的或短的时间尺度的事件是关键的。原始的 LSTM - RNN 对于没有分割到时间子模式的输入数据流是困难的。可以通过增加监视在当前 LSTM – RNN 节点上的内部状态的联接"窥视孔"来解决这一问题，以实现在事件期间的可见性（联接窥视孔如图 6.7 的虚线所示）。

图 6.7 将 LSTM 描述为一个具有强联接组件的分布式无环图（有向无环图），称为 LSTM – dag。这一图是基于 Hwang 和 Sung 的会议论文而提出的[16]。这一更广义的 LSTM 的形式适于在一个面向图的大规模并行芯片上实时实现。

6.3.1.2　嵌入的和在情境中的

知行合一，行动离不开身体，认知和学习与情境密切相关。因此自然智能是嵌入式的和在情境中的（ES）。我们的原型自动目标识别器嵌入在一个小型无人机中（见图 6.8），它能够自主控制其相对于环境的情境。每个动作（改变无人机的位置和视看角）都将分析感知环境（态势）的变化，从而引发进一步的动作。因此，一个刺激的响应会产生一个新的刺激，这将改变后续响应的概率，而每个后续响应都会产生一个新的刺激，这也改变了后续响应的概率，这一过程称为自动链。

图 6.8　我们的原型自动目标识别器模型$[M = ES – PI – RNN(\mathcal{Q})]$嵌入在一个可以
自主改变其态势（例如，飞到不同的位置以更好地观察一个行动或目标）的小型
无人机中，情境性则与态势、情境和任务的意义（语义）相关，要通过感知态势来
得到其意义

6.3.1.3　自适应性和可塑性

这里所提出的原型结构是自适应的，它能连续地适应于环境。同时，它是可塑的，因为它的自然权值和网络结构是连续变化的。神经元可塑性是一个活跃的研究领域和争论点。

（1）结构可塑性。在我们的原型设计中，瞬息的态势知识（以贝叶斯先验知识和代价函数的形式）与深度知识（以神经网络权值的形式）是隔离的。自动目标识别器结构可以连续地重新组织和"重新连线"，以适应于新的任务优先级、新的态势和环境的变化。如果一个特定的先验类为 0 或被设定为 0，那么从决策结构中可以有效地剪裁掉这一类。

（2）突触可塑性。强化学习允许在一个环境中通过代理学习策略使回报最大,即 $C:S \times A \to R$,其中 S 表示态势,A 表示动作,R 表示回报。如图 6.9 所示,根据生物启发的或梯度下降学习规则,强化反馈 R 可以改变 M 的突触权值。正如我们下面所讨论的那样,增加一个控制器 C 将帮助 M 的演化,并确定了使回报最大的行动。

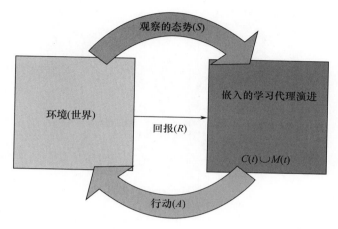

图 6.9　强化学习怎样通过学习使数值回报最大,一个代理选择一个行动,行动导致所感知并分析的世界(环境)的变化,将回报返回代理,从而产生一个新的行动,持续进行这样的循环

6.3.2　原型模型与控制器的耦合

原型模型 $[M = \text{ES} - \text{PI} - \text{RNN}(\mathcal{Q})]$ 被放置在 Schmidhuber 教授的新型的、革命性的、循环神经网络人工智能框架中(见图 6.10)[13]。模型 M 和控制器 C 构成了一个耦合的 RNN,其中模型 M 的输出变成控制器 C 的输入,控制器 C 的输出变成模型 M 的输入,目的是训练控制器 C 的参数,以帮助实现一个新的或更好的推理任务,它的解与模型 M 的任务共享算法信息。为了便于实现这一任务,允许控制器 C 学习主动地监视和重新使用模型 M 的算法组件。在学习了一个新的推理任务后,它被加载到模型 M 中。学习算法的搜索空间远小于一个没有机会查询模型的可能的竞争系统的搜索空间,但必须根据临时数据学习新的任务,且不遗忘已经学习的任务。因此,原型自动目标识别器要连续使用所有能够得到的信息,修正当前的模型 M,以产生一个可以推理以前所有学习的行动或目标,以及新的行动或目标的新模型 M;或者,它简化、压缩、改进或加速以往的解而不遗忘任何解。

让我们考虑采用紧耦合的 $C \cup M$ 可以实现的几个具体的例子。

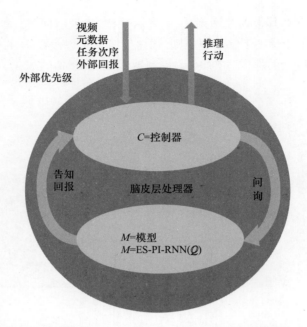

图 6.10　紧耦合的模型和控制器：RNN 被训练为世界的预测模型，它采用
该预测模型来训练一个单独的作为回报最大化器的控制器

例1：复杂场景。

为了应对复杂的活动或场景，C 将通过识别复杂的活动样式（包括以前学习的较简单的活动）来改进 M 的性能。具体而言，当 M 识别当前所观测的本原活动时，C 将根据给定的所观察的更本原的活动序列，推理出最可能发生的复杂活动。M 将给出这一识别的活动序列的分类标签并和其他数据一起输入 C。这样，C 将基于所推理的复杂活动修改 M 的先验知识，以便提高下一次观测的预测精度。例如，假定 M 输出｛"走到汽车处"、"进入汽车的驾驶座"｝的活动序列，则 C 将临时增加下一步可能发生的"驾驶汽车"的先验知识。这一假定也将通知给跟踪器。

例2：简约的活动模型。

当学习一个涉及到基本动作 abc 的新活动时，C 可以采用 M 来测试较短的子模式（如 ab、bc 或 b）的效率。例如，它可以证明一个以前学习的涉及到"行走……丢下物体……行走"的活动，可以被一个较简单的核心活动"丢下物体"来代替。

例3：生成对抗网络（GAN）。

控制器实现一个 GAN[17,18]。GAN 的目的是创建一个与当前的环境条件相符的训练集。GAN 包括一个识别器和一个生成器，且两者都采用神经网络实现。生成器的任务是学习修改初始视频(或静止帧)训练图像,以使它们看起来像是从当前的运行环境中采样的。识别器的任务是确定一个样本是来自当前的条件(我们称为实际的),还是一个已经由生成器修改的初始的离线训练图像(我们称为合成的)。为了实现这一目标,系统从当前的环境中采集一个真实的但是未标注的物体图像集。识别器和生成器采用误差反向传播进行训练。识别器试图区分新观察的未标注的物体图像(真实的)和修改的训练图像(合成的),生成器则试图修改原始的训练图像,以使识别器认为它们是真实的。在这一离线过程的末端,将更新那些过时的初始训练图像,以使它看起来像是由当前条件产生的。控制器接着采用更新的训练集重新训练模型的神经网络。

例4:算法的迁移学习。

通过重新使用现有的组件识别一个新活动,可以扩展 M 便于训练,进而提高学习的速度和效能。这与现有大部分方法(新类需要对现有的分类器完全重新训练)是相反的。例如,C 要求 M 通过其决策树将数据传递到一个新的感兴趣活动。新活动到达树的一个特定节点,但不能到达更远的节点。被卡住的节点表示新活动的一个父类。决策树的节点 N 的 HTM 可以采用 N 个以前的子类和新类的训练数据进行重新训练。在重新训练之后,父节点 N 可能有三个子节点而不是两个,但树中的其他决策神经网络将不会改变。在父节点 N 上面的节点将迁移它们以前学习过的知识,以帮助识别新类。也可以重新使用节点 N 的 HTM 的底层,以学习新类。

例5:世界作为教师。

在线强化学习与离线监督学习之间的差别在于,前者很难得到正确的输入/输出对。假设在一个小型无人机上的自动目标识别器可以获取一项活动或目标的单次视看,并基于单次视看进行分类决策,但是由于无法知道决策正确与否,因此不能反馈误差信号,以改进对神经网络的训练。现在假设控制器能引导无人机对活动或目标进行多次视看,现在有可信的、一致的信息可以反馈,以改进对神经网络的在线训练。因此,系统可以通过相互作用来获取有关环境的信息,然后采用这一信息来改进模型。

6.3.2.1 训练控制器

控制器 C 和模型 M 是在许多循环内以相互交替的方式进行训练的。换言之,当 C 被训练时,M 的基于 LSTM 的 HTM 网络的权值则被冻结。相应地,在 C 的权值被冻结时则训练 M。重复进行这一过程,直到满足某一性能准则为止。首先,我们描述对 C 的训练,这是通过强化学习实现的。具体而言,C 的观测包括采用航迹和物体属性标注的本原行动,包括传送到 M 的改进信号,以及发送到电机作动器以改变观测条件的信号。C 的回报是由 M 的预测精度决定的，换言之，如果 C 能够通过修改模型 C 或者观测条件来提高 M 的性能，那么它就能得到一个较高的回报。强化学习问题的本质是确定一个使回报最大化的策略（从观测映射到活动）。C 的策略可以用另一个借助并发的策略梯度方法训练的 LSTM 网络的形式来表示[19]。重要的是，学习算法的搜索空间远小于一个没有机会问询 M 的可能的竞争系统的搜索空间，但必须从高速缓存区中学习策略。

总之，C 学习以任何可计算的方式接入、问询和利用大得多的 M 中的程序。M 的学习进展是 C 内在的收益，这将激励 C 给出更多的有满意效果的实验，学习通过帮助学习代理指出世界是怎样工作的以及在世界中可以做什么的行动序列或实验，以改变观测流。$C \cup M$ 是创造性的，它产生错误，并尝试新的事物。

6.3.3　软件基础设施

在自动目标识别器开发中，软件环境像硬件环境一样重要。对于价格合理的、可维修的、可更新的军用产品，与常规软件设计工具和标准之间的兼容性是必要的。原型单片自动目标识别器将是易于采用诸如 C/C + + 和 Python 那样的标准语言编程的。芯片的编程框架将与先进神经网络框架和计算机视觉库（如 Caffe、CNTK、Deeplearning4j、dlib、Keras、Lasagne、MXNet、Neon、OpenCV、PaddlePaddle、TensorFlow、Theano 或 Torch）有无缝接口。

6.3.4　测试结果

对具有 8 个决策树叶类（耙、扫、铲、挖、下去/躲藏、挥舞、拳击/打斗、系鞋带）的视频数据进行了测试，其中 6 类数据来自陆军提供的数据，2 类数据来自 KTH 数据库视频。训练和测试数据是由不同组织在不同位置和时间，采用不同的摄像机，针对穿着不同衣着（如帽子、伪装、太阳镜、手套等）的测试对象获取的。也就是说，绝对没有训练和测试数据的掺杂，或者试图使它们看起来相像。

对于 8 个叶节点的行为类和包括整个决策树的 15 个节点，结果如图 6.11(a)所示。这对于军事问题是有意义的，因为视频质量并不是总能支持遍历决策树的到达叶节上的所有路径，也不存在采用没有叶的决策就足以完成任务的情况。图 6.11(b)给出了从不同观察点的三个视看报告结果，就像从无人机上观察一样。

性能结果:
- 71.9%, 对于8叶的类别 (单次视看)
- 83.4%, 对于总的15类 (单次视看)
- 77.2%, 对于8叶的类别 (三次视看)
- 90.2%, 对于总的15类 (三次视看)

在仿真中做的三次视看

第二次视看

第一次视看　　　　　　　　第三次视看

(a)　　　　　　　　　　　　　　　　(b)

图 6.11　性能测试和视看过程
(a) 性能;(b) 从不同的观察点进行的三次视看。

6.4　可能的影响

本章讨论目的是使瞄准系统更加智能化、自主化,能持续地适应于新的情况和条件。作为一个受生物启发的原型设计,给出了新一代的自动目标识别硬件/算法/软件概念。该设计综合了一个模型[$M = ES - Pl - RNN(②)$]和强化学习控制器 C。M 和 C 是 RNN 或者含有 RNN 的复合设计,C 像一个在线工作的自动目标识别工程师(人造人),引导类脑的 M 的功能。C 增加了外部强化学习来完成改进 M 的实验。借用生物学的概念,$C \cup M$ 通过嵌入和在情境中、自适应性和可塑性实现了它的目标。

M 的基础是以贝叶斯决策树形式实现的分类器,每个决策是由一个 HTM 完成的,HTM 是采用 LSTM - RNN 模块构建的。对陆军数据的测试结果是令人鼓舞的。

将控制器 C 和模型 M 耦合,构成了比标准的自动目标识别器更强大的原型系统($C \cup M$)。$C \cup M$ 可以在永不结束的任务序列中学习,工作在未知的环境中,并实现抽象规划和推理。这样的新一代自动目标识别器适于在两个芯片上实现,一个定制的低功率芯片(<1W)来实现 M,并嵌入到一个作为控制器的标准处理器上。这种自动目标识别器对于各种军事系统是适用的,包括对尺寸、重量和功耗有极端的约束的系统。

神经科学家和自动目标识别工程师的动机是相同的。神经科学家提供有关大脑中实现的电路和算法的信息,而自动目标识别工程师利用这些线索来开发人工视觉系统。确定视觉系统是否得到理解的一种方法是基于神经结构原理,构建一个对于一组任务具有与人类相匹配的性能的人工系统。第 7 章将介绍度量一个自动目标识别器的智能化程度的图灵测试更加智能化的自动目标识别器的可能影响是更加符合交战规则，并能够使友方部队不处于不利局面的机器人系统。

参 考 文 献

1. A. A. Faisal and A. Neishabouri, "Fundamental Constraints on the Evolution of Neurons," in *The Wiley Handbook of Evolutionary Neuroscience*, S. V. Shepard, Ed., John Wiley & Sons, Ltd. pp. 153–172 (2016).

2. Straw man proposal, Wikipedia, https://en.wikipedia.org/wiki/Straw_man_proposal

3. S. B. Laughlin, "Energy as a constraint on the coding and processing of sensory information," *Sensory Systems* **11**(4), 475–480 (2001).

4. S. B. Laughlin and T. J. Senjowski, "Communication in neuronal networks," *Science* **301**(5641), 1870–1874 (2003).

5. K. Clancy, "Here's why your brain seems mostly dormant," *Nautilus* **2015**(27), 6 August 2015, http://nautil.us/issue/27/darl-matter/heres-why-your-brain-seems-mostly-dormant

6. J. E. Niven and S. B. Laughlin, "Energy limitation as a selective pressure on the evolution of sensory systems," *Journal of Experimental Biology* **2008**(211) 1792–1804 (2008).

7. C. Potter, B. Wyble, C. E. Hagmann, and E. S. McCourt, "Detecting meaning in RSVP at 13 ms per picture," *Attention, Perception and Psychophysics* **76**(2), 270–279 (2014).

8. R. Kuboki, Y. Sugase-Miyamoto, N. Matsumoto, B. J. Richmond, and M. Shidara, "Information accumulation over time in monkey inferior temporal cortex neurons explains pattern reaction time under visual noise," *Frontiers of Integrated Neuroscience* **10**, 43 (2017).

9. M. E. Raichle, "Two views of brain function," *Trends in Cognitive Sciences* **14**(4), 180–190 (2010).

10. P. Lennie, "The cost of cortical computation," *Current Biology* **13**(6), 493–497 (2003).

11. A. Sandberg, "Energetics of the brain and AI," Technical Report STR 2016-2, *arXiv*:1602.04019 (2016).

12. M. Fleury and A. C. Downton, *Pipelined Processor Farms: Structured Design for Embedded Parallel Systems*, John Wiley & Sons, Inc., New York (2001).

13. J. Schmidhuber, "On learning to think: Algorithmic information theory for novel combinations of reinforcement learning controllers and

recurrent neural network models," *arXiv*:1511.09249 (2015).

14. J. Schmidhuber, "Deep learning in neural networks: An overview," *Neural Networks* **61**, 85–117 (2015).

15. J. Gareth, D. Witten, T. Hastie, and R. Tibshirani, *An Introduction to Statistical Learning with Applications in R*, Springer, New York (2015).

16. K. Hwang and W. Sung, "Single stream parallelization of generalized LSTM-like RNNs on a GPU," *40ᵗʰ IEEE International Conference on Acoustics, Speech, and Signal Processing (ICASSP) 2015*, pp. 1047–1051 (2015).

17. I. Goodfellow, J. Pouget-Abadie, M. Mirza, B. Xu, D. Warde-Farley, S. Ozair, A. Courville, and Y. Bengio, "Generative adversarial nets," *Advances in Neural Information Processing Systems* **27** (NIPS 2014), pp. 2672–2680 (2014).

18. A. Shrivastava, T. Pfister, O. Tuzel, J. Susskind, W. Wang, and R. Webb, "Learning from simulated and unsupervised images through adversarial training," *arXiv*:1612.07828 (2016).

19. D. Wierstra, A. Foerster, J. Peters, and J. Schmidhuber, "Recurrent policy gradients," *Logic Journal of the IGPL* **18**(2), 620–634 (2010).

第 7 章　自动目标识别器智能化

7.1　引言

人脑有大约 900 亿个神经元,每个神经元与其他神经元有大约 1000 个突触联接。然而,这并不是说一台具有相同处理能力和联接性的计算机具备与人类相匹配的功能能力。我们现在并不了解大脑的大部分工作机理。神经形态工程的长期目标是设计仿造生物神经系统(不一定是人的神经系统)结构和功能的人工系统。人脑的大部分被用于场景理解、物体检测、识别、跟踪、多传感器融合。因此,在某种意义上,它的功能类似于一个自动目标识别系统。自动目标识别器可以被看作是用于替代作战人员的大脑,或者可显著减少大脑的工作负荷的装置。对于这一讨论,我们将考虑把神经形态自动目标识别器当作一个黑箱。我们非常关注黑箱内部工作是否在各方面都与大脑的生物学机理一样,就像欧洲人脑计划的负责人 Henry Markram 所说的那样。作为自动目标识别工程师,我们希望黑箱能满足尺寸、重量、功耗、成本、延迟、平均无故障工作时间等关键性能需求。必须验证黑箱在作战中所需的能力,它必须能够在军事环境中全面运转,能通过困难的作战试验和评估过程。也就是说,这不仅仅是研究,它应当比一个类似的商用产品具有更高的牢固性和可靠性。

为了种群的生存,人脑在连续地进化,它被"设计"为系统的一部分,包括各种传感器、前庭神经(IMU)数据、定位系统和活动关节部件以及它所控制的过程。大脑在生命周期内以有监督的和无监督的模式进行学习,不断改变其联接方式,很难把大脑与系统的其他部分分离开来。视觉感知采用一对眼睛工作,将视网膜代码(不是视频)馈送给大脑。眼睛总是在运动的,人的视觉通常作为多传感器融合系统的一部分发挥作用,除了被动消遣(如阅读和看电视)外,视觉感知的主要功能是启动和引导运动控制。一个人走到一个未知物体前仔细观察,首先会推一推它看看反应,然后会拿起它、接触它、闻闻它、摇晃它,甚至可能咬它。人是高度社会化的动物,一个人的行动是与其他人行动协同的,或者是对其他人的行动作出响应。有充分的理由来研究生物系统。多传感器融合、网络化处理和机器人自我控制平台是民用系统和军用系统的设计师所感兴趣的课题。生物系统提供已知有效的模型，它们帮助激发工程师的想象力。

当我们问"你的自动目标识别系统有多智能化？"时，我们意味着"这个机器能多好地完成由良好训练的驾驶员、士兵、水手、水兵或分析人员所完成的任务？"如果机器能完成人类所有任务，这意味着什么？这种类型的问题已经有很长的讨论和分析的历史。在犹太传说（《圣经》创世记）中，亚当是作为假人或未完成的人类而被创造出来的，直到给了他灵魂。"我们可以说：上帝对于人就像人对于机器一样吗？"麻省理工学院的控制论学家、数学家和通信专业先驱 Norbert Wiener（1964）这样说。犹太法典指出：某些外形像人、行为像人的拟人物必须被当作社区的一个成员并给予人权。后续的有关假人的故事描述了由无生命的物质构成的有生命的拟人生物，当用一个特定的字母序列对它们编程时，它们就充满生命的感觉。在早期的犹太教（16 世纪到 19 世纪）到现在，在人工智能和机器人学的背景下，人们对智能概念进行了研究、讨论和热烈的争论。17 世纪的自动化钟表为想象一个人形机器人提供了进一步的基础。这些早期的故事是非常富有洞察力的，它们认识到自然语言交流对于人类智能是关键的，但它们无法想象一个具有人类语言的人造生命。图灵测试（1950 年由爱伦·图灵提出）弥补了这一缺失，该测试测量了一台机器表现出与人类智能相媲美的能力。智能是通过与看不见的机器进行自然语言交互来验证的。Rabbi Dr. Rosenfeld 将通过图灵测试的计算机器称为"机器人"，他指出："如果在实验室可以创建智能化人形假人，不应介意它们是生物的（"拟人自动机"）还是机械的（"机器人"）……，甚至不应介意这些人形假人是否具有人形……因此，可以想象，即便一台智能计算机也可以被看做是人（根据宗教法）。在军事背景中，必须按照是否能遵循"交战规则"判断自动目标识别器或机器人是否能替代人类。

在纽约时报的一篇文章中，斯坦福大学的计算机科学家 Jerry Kaplan 指出："核导弹和生化武器是'苯的'，一旦部署难以或者无法控制。低技术的地雷会不加识别地杀伤，通常在部署后很长时间内还会继续杀伤人员。""相反，基于人工智能的武器提供了选择性杀伤的可能性（能够选择性地不杀伤非作战人员），将武器的应用限制在精确的地理范围或时间内，或者按照指令终止工作（或者在没有接到指令的情况下继续工作）""……一台机器不会变得不耐烦或害怕，不会受到偏见或仇恨的影响，不会故意忽略命令，也不会受到自我保护本能的影响。"但正如在后面所讨论的那样，某些技术人员和科幻电影制作人员并不认可这一乐观的展望。

7.2 自动目标识别系统智能测试

正如 Reggia 等指出的那样，"没有一个普遍认可的智能定义，在人工智能方面就不可能取得显著的进展"。这里我们无法确切地定义智能化自动目标识别器，但我们可以列出一个智能化自动目标识别器应当具备的能力。我们提出了一个像图灵测试那样的测试，列出了聚焦在自动目标识别方面的 11 个问题，我们将简要地评述这些问题，并介绍我们的某些想法。结合有关现状的结论，这种方法与常规的做法显然不同，会遇到某些质疑。如果这种方法是合理的，测试和评估机构，将需要把这 11 个问题转化成可采购自动目标识别器的竞争性测试的实际的评分测试。测试必须针对具体的传感器、平台和任务使命进行剪裁，必须充分利用各种变化的数据，以得到有意义的结论。

人形假人的故事和图灵测试对智能的看法是有所偏向的（偏向于模拟人的智能的，见表 7.1）。人脑的大部分专门用于处理来自一对匹配的眼睛中央凹的数据，理解口头的和书面的语言，这些是获取食物、居住和社会交往涉及的重要问题。一个自动目标识别系统通常接收来自雷达、激光雷达、声呐、红外和/或精确的位置传感器的数据，并采用 1 和 0 来通信。因此，自动目标识别系统需要的处理类型与人脑有所不同。此外，没有理由认为人类模型是唯一可行的智能模型。人类智能是驻留在一个 3lb 的大脑中的，不能穷举所有的可能。未来的自动目标识别系统或遥远星系中的生物/机器人可能具有显著不同的智能形式。即便在地球上，昆虫和海洋哺乳类动物的智能与人的智能也有很大的差别。由于缺乏想象，以下 11 个小节所讨论的测试项目仍然偏向于人的智能，这些项目在时间上也有偏重，注重白天的问题。一个通过更加具体化的测试的自动目标识别系统可能替代人类，但不会具有更加先进的"超级智能"。

表 7.1 模拟人的智能的偏向

尽管未来主义者和市场经营者可能有别的想法，但大部分智能机器将不是：
- 看起来像人；
- 像人那样思考；
- 具有像人那样的行为；
- 具有像人那样的眼睛；
- 与其他机器进行口语交流；
- 具有人的情感；
- 每晚睡觉并在凝视窗外时做白日梦；
- 具有家庭、宗教和种族联系；
- 像人那样复制。

7.2.1　自动目标识别系统能理解人类文化吗？

人的行动随着一天中的时间、一周中具体哪天、季节、假期、国家的不同而有所不同，而且与建筑物和道路也有关系。人们以周期性的方式到达或离开学校、工厂、市场和宗教场所，在战场、运动场、农场和与水体相关的区域会有不同的活动。文化、习俗和组织行为是与地点相关的。服装是与地理位置、性别、年龄、职业和天气相关的。自动目标识别器通常面临数据不足，难以做出决策的问题。对人类文化的理解，将帮助自动目标识别器区分武器和农具、农用卡车和恐怖分子卡车、携带曲棍球杆的女生和携载步枪的作战人员等。自动目标识别器可以确定一个人将一个物体瞄向其他将手举向空中的人有什么含义吗？自动目标识别器能知道恐怖分子在帆船上的可能性要低于在快艇上的可能性吗？自动目标识别器能知道与坐在摩托车上的 22 岁的男子相比，坐在轮椅上的 90 岁的老妇或者跳绳的孩童不大可能是一个暴动者吗？自动目标识别器能得出一些挤在一辆皮卡货车上戴着黑色面罩的是什么人的结论吗？

7.2.2　自动目标识别能推测场景要点吗？

场景理解是自动目标识别的核心目标。观察人员可以一眼就识别出一个场景的要点，这是我们的一个假设，当然，像大脑研究的大多数主题一样，有不止一个学派。例如，Wu 等认为，"语义指导不完全是由于场景要点的效应或者物体之间的空间相关性"。

场景要点是一个全局性的第一印象。感知要点是指一个场景的粗略结构，概念要点是指语义理解。我们将把场景要点的概念扩展到包括在一个时空场景中发生的重要活动。人类似乎能毫不费力地在粗略的层级上理解一个场景，可以快速地推测场景要点，而不需要识别场景中的每个物体和结构，这与自动目标识别器现在的工作方式相反。

职业的图像分析师非常擅长于他们的工作，能够快速确定一个场景的要点，并采用这些信息来引导注意力，他们不会在一个场景的所有部分花费相同的时间和能量。当然，先验的知识和目标是有益的。任何人可以在没有看到过红外图像的情况下确定红外场景的要点，红外图像比合成孔径雷达图像更加真实，然而即便是新人也可以推测一个城市的合成孔径雷达图像的要点。

理解场景要点是向更加智能化的自动目标识别系统发展的重要一步，通常能够获得精确的元数据来帮助实现这一目的。目标是知道的，然而，确定一个场景的要点，并像一个有经验的图像分析师那样做好，对于自动目标识别系统是困难的。

7.2.3 自动目标识别系统理解物理学吗？

物理学告诉我们，自动目标识别的概念是有意义的。我们生活在一个可以采用物理学描述和理解的宇宙中。如果有一个足够好的模型来描述世界怎样工作以及它所带来的约束，那么有可能远距离恢复有关世界的信息，并采用计算机处理这些信息。

在图像中很少有足够的低层级信息来确定下面将会发生什么。物理学提供重要的先验知识以帮助理解一个场景。物理学是有关物质及其运动的知识，包括能量、力和电磁辐射及其通过大气的传播。物理学描述物体的表现，并通过速度、动量、引力、热力学、电学、磁学、波和光的传播来解释一个场景。

每种类型的传感器都基于一定的物理学原理，有许多类型的成像器件和许多类型的传感器和元数据源，大多数可以提供可用于自动目标识别的数据。某些传感器主动地探察环境。雷达、声呐、激光雷达、引力计、振动测量计、INS/GPS、热传感器等都是基于对物理学的深入理解而设计出来的。成像器可以采用频率、偏振、量子自旋霍尔效应、多孔径和多普勒等特性。下面的讨论限定到更常规场景的物理学，重点是可见光和热波段。

物理学可描述怎样从一个三维场景形成一幅二维图像，透镜和/或反射镜用来帮助形成图像。光物理学、光通过大气的传播和场景表面的特性，可以确定图像平面中的一个点的亮度，几何学可以确定场景点映射到图像平面中的位置，一个物体上的相邻点也会映射到图像中的相邻点。自动目标识别的基础是一个物体可以从图像中识别出来，尽管图像可能由于大气、光学系统、焦平面阵列和各种类型的噪声而发生畸变。

可见光经过大气传播将会衰减、在表面反射，以及形成亮光和阴影。红光比蓝光有更大的衰减，这是距离和尺度的一个线索，其中尺度对于场景理解是关键的。在可见光波段，一个物体上的阴影是运动的，但在长波红外波段则没有这样的运动，可以根据在地球上的位置、一天中的时间、每年的日期来确定阴影方向。燃烧的物体比它们的背景更亮，并且释放出在大气中上升的烟。某些车辆会放出柴油机排烟，火焰和烟是重要的线索，应当包括在自动目标识别系统的分析中。

自动目标识别器可以采用物理学知识来帮助理解一个场景并跟踪物体。物理学告诉我们，不要在树的顶部或者在湖面上寻找一辆坦克。物理学告诉我们，不大可能在陡峭的山坡发现车辆。质量决定着一个物体抗加速度的能力。当跟踪一辆车辆时，知道动量能帮助确定其航路。固定翼飞机和弹药不能在飞行中段停止，运动中物体相互接触会造成毁伤。引力向量是一个关键的对称轴，因此是重要的先验知识。引力和空气阻力决定着弹药的弹道。水的阻力比空气更大,水是向低处流的,这是跟踪内河船舶的有用信息。对摩擦力的理解将告诉红外自动目标识别系统,运动车辆的车轮、车轴等是热的。如果一辆坦克的炮管是热的,则它最近发射过弹药。风会使烟运动、使尘土上升、使温暖的表面得到冷却。一个长的尘烟尾迹或凝结尾迹能够表明,在其前面有一辆车辆。水坑反射光并产生杂波。云会产生阴影。挡风玻璃和反射镜是阳光的强反射体。自动目标识别系统不应当使光电/红外传感器瞄向太阳。爆炸的声音沿着空气缓慢地传播,而闪光传播速度更快,这是判断发射源距离的一个线索。基于场景物理学和几何学,可根据阴影和运动以及立体视觉获得物体形状。自动目标识别系统是否有足够的智能,从而不在房顶、湖上、天际线上或者悬崖边来寻找坦克? 跟踪器可以预测一辆车辆何时越过遮蔽物? 自动目标识别系统能够利用太阳、月球、恒星、阴影和地标来帮助确定位置?

7.2.4　自动目标识别系统能参与任务前情报通报吗?

任务前情报通报是在开始执行任务(攻击任务或者有时是情报监视和侦察任务)前为一个机组或飞行中队提供的最后的情报通报,这为提高任务成功率提供了必要的信息和指令。需要进行一定的改进,以满足能够主动地参与任务前情报通报的自动目标识别系统或完全机器人化的系统的特殊需求。

任务前情报通报可以通过地图、图和照片说明战场态势,概括敌方和友方部队的行动,评价在战区和沿着进出航线的敌方威胁。对于一项空中任务,威胁覆盖从起飞到着陆的整个过程,包括敌方的预警雷达、面空导弹和防空火炮。任务前情报通报提供有关敌方战术、部队结构、武器射程、干扰能力和电子战措施的最新信息。

任务前情报通报涉及到任务的性质和目的,以及作战目标的详细情况,需要向机组人员展示确切目标或目标类型的图片,并提供已知目标的最新位置。任务前情报通报涉及到交战规则和特别指令,如避免命中平民区、具有宗教或历史指导的建筑物,以及关键的基础设施。任务前情报通报内容涉及到提高机组成员安全性的方法(如规避战术)和搜索与营救部队的位置。任务前情报通报为无线电通信、数据传输提供指令,这将在后面的任务后简报中讨论。

7.2.5　自动目标识别系统具有深刻的概念性理解吗?

物理学使我们更能理解和预测世界,但并不能解释为什么物体按照某种方式设计或者它们要做什么。一个人观察世界需要对事物的运转规律有一个基本的理解。一辆牵引拖车有车轮才能使其运动,没有牵引车的拖车哪里也去不了。

当一个人坐在车辆驾驶员旁边时,车辆可能迅速向前或者向后运动。一辆卡车不能横向运动或向上运动,一架直升机有各种不同的可能性,这对跟踪器来说是有用的信息。离开一个房门的物体可能是一个人,偶尔也可能是一条狗,但不太可能是一只鹿,这对于分类器来说是有用的信息。一个房子和一个牲口棚有不同的用途。一个篱笆和河流可以当作一个屏障。与一辆坦克离开水泥路面相比,一列火车更不太可能离开它的轨道。停车标志和交通灯影响物体的运动,但对坦克的影响比对汽车要小。从烟囱冒出的烟表明房子里有人住,而从前门冒出的烟意味着房子在着火。

更抽象地说,"事物的运转规律"与概念性知识有关,概念性知识是有关概念的一般知识,不涉及具体的问题或情况。深度的概念理解涉及到对思想、关系、关联性及其在各种情况下(包括以前没有遇到的情况)应用的理解。概念通常驻留在网络或层级结构中。概念性知识可以通过直接观察、从外部源接收的信息和深思熟虑来学习。概念性理解为解释和判断一项行动提供了基础。考虑下面的场景:

> 一辆奇怪的车辆上有斑点,在底盘上似乎有管状突起。通过与以往观察到的车辆对比,这可能是一个双炮管加农炮。可以看到这辆车正在向离它一定距离的友方部队开火,并在运动中装填弹药。可以观察到车辆具有一定的速度和转弯半径。还可以看到友方的部队躺在地上。

在概念性知识中涉及的某些概念包括:世界和我们自己、所观察的元素之间有怎样的联系、值得注意的事物被目击到的事实、事件发生的顺序、什么行动导致什么结果、是什么车辆、在运动中意味着什么、地面车辆怎样机动、敌方兵力构成如何、友方兵力构成如何、受伤或死亡意味着什么、兵力怎样交互作用。一个概念也可以是一个所谓的复合概念,如理解敌方可能在驾驶车辆。概念性知识是程序性知识的基础,如不要接近新观察到车辆的一定距离。概念性知识解决了模糊性,它有时还涉及逆向思考的能力:

> 看到一个人沿着道路在跑,之后不久,通过电台接收到一个报告说在附近的一个爆炸物爆炸了。

对于一个能逆向思考的自动目标识别系统,它必须存储以往若干分钟的历史数据。将深度的概念理解嵌入到一个自动目标识别系统中,比从有标注的样本中进行深度学习要难得多。

7.2.6 自动目标识别系统能适应态势、动态学习和类比分析吗?

在生物组织中,适应性是确保对各种变化环境具有弹性的一种方式,是一种对于新的或者变化的条件变得更加适应的机制。人类看起来更加智能,而当前的自动目标识别系统似乎比较笨,其中一个原因是人类容易适应于态势。人眼能适应于一个房间的亮度和光照的颜色。飞行员可以在飞过任务区域时了解态势,可以对未预见或未计划的情况作出反应,可以了解到敌方将重武器藏在护墙中,而将诱饵放在开阔地。自动目标识别系统能够动态学习地形地貌和正在发生的非危险性行动吗?在计算可能行动或者目标外观时,可以包括所观测到的天气条件吗?它可能低估闪电、幻日、夕阳、大的雪花、粉尘涡旋、水坑反射、由云造成的阴影、风吹的树叶或大群迁徙的候鸟的影响吗?可以跟踪地面上坦克的轨迹吗?水下自动目标识别系统能忽略鱼群而聚焦在目标上吗?合成孔径雷达自动目标识别系统能否知道,目标的阴影对于一个区域是清晰的且能提供有用信息,而对于另一个区域来说可能是碎片化的且不能提供有用信息?当一个人看到一幅椅子的图像时,他可以识别一个大房间中更多这种类型的椅子,即使他没有从与图片相同的方位角、俯仰角、光照条件和比例尺来观察椅子。飞行员只需看到目标的一幅白天的图像,自动目标识别系统可以执行"一次性学习"吗?也就是说,它可以仅根据一个例子就识别目标吗?自动目标识别系统能比较一个位置上已知的目标物体和另一个位置上类似但更模糊的物体吗?自动目标识别系统可以进行从一个问题迁移到为另一个类似问题吗?例如,可以从对发射火箭助推榴弹的人体姿势的学习,迁移到预测发射便携式防空导弹的人体姿势吗?

7.2.7 自动目标识别系统能理解交战规则吗?

Scharre 和 Horowitz 的报告描述了不同类别的自主[11]。一旦启动,一个完全自主的系统就会完全依靠自身的能力来探测并攻击目标。巡飞弹按照某一搜索模式飞行,并在探测到目标(如雷达发射机)后俯冲攻击目标。地雷和鱼雷通常是自主的。对于某些防御系统来说,对来袭导弹和弹药的响应时间非常短,人工控制必然受到限制。许多武器系统是半自主的,其自主性限于某些特定的功能。每种武器系统在哪些功能具有自主能力的细节上不同。某些制导弹药可以在操作人员初始锁定一个具体目标(即发射前锁定)后,自行控制攻击目标或重新选择目标进行攻击,由人类(或受机器辅助)选择要攻击的目标。巡航导弹和 GPS制导炸弹可以攻击人工选择的特定位置。发射后锁定的空射导弹的工作方式有所不同,例如雷达可以在视距之外探测目标,由飞行员决定是否发射一枚导弹,而不再依靠视觉来确认目标。

尽管自动目标识别系统可以是武器系统的一个组件,但是从自动目标识别系统设计师的视角来看,几乎所有的自动目标识别系统是全自主的图像或信号处理系统。一个典型的自动目标识别系统能自主完成其任务而不需要人工输入或修正，它只是持续处理馈送给它的数据，人类可以打开、关闭或忽略其结论。自动目标识别系统将其输出馈送到更大的系统，甚至可能是一个机器人系统。通常在某处有一个人在回路中确定要采取的行动，这个行动可以是发射导弹、发射炮弹、做出规避以避免受到伤害。如果自动目标识别系统与纯粹的侦察系统一起使用，它只是获取未来可能的行动信息，并向联合国提交一个报告，而不是采取作战行动。这里重要的一点是在"自动"和"自主"概念上有许多混淆。工程师通常将自动目标识别系统设计为自动或自主系统。然而，在现代军事作战的大背景下，自动目标识别系统并不起决定性作用。

假设从不信任一个特定机器人系统能够自行采取攻击行动，我们可能要问"为什么要理解交战规则"，毕竟总是由人在回路中来确定行动路线。然而，考虑把自动目标识别系统当作一个滤波器，它接收大量的信息并输出非常少的信息，且仅输出对任务使命确实重要的信息。到底什么是重要的信息，在一定程度上则由交战规则决定。自动目标识别系统可以报告携带火箭助推榴弹的人正在一个地点集结，但是为了让这一信息的接受人员作出准确判断，它也可以报告一群男孩正在这一地点的北面踢足球、一个家庭正在观看一个男人在这一地点的南面换轮胎、在这一地点的东面正在举行婚礼、在这一地点的西面检测到有个天然气设施。自动目标识别系统作为一个滤波器应当提供关键背景知识，但不应给操作人员提供过多的不重要信息，例如，如果在亮斑上没有足够的信息来作出交战规则所需的高置信度的分类决策，一个长的亮斑清单就是过多的不重要信息。

军事作战受到国际法的制约，包括武装冲突法、国家法、国家政策等。交战规则是由政府和指挥官发布的，限制可能采取军事行动的条件。交战规则是以各种形式发布的，包括国家军事条令、作战规划和指南。当使用武力不被判定为自卫，而是实现一项任务，那么只能在交战规则的约束下使用合理的武力。因此，交战规则可以授权和限制兵力的使用。

要评审交战规则，确保它们是清晰的、合理的，足以满足任务的需求，并且能有效地应对可能遇到的态势。针对一个任务使命的目标指示可以设定限制，如限制的目标清单或者限制的交战区域。如果为获得当事优势进行的攻击会对平民区和关键基础设施造成意外伤害，则不允许进行攻击。相反，指挥官、作战策划人员和武装部队也应当认识到，并非所有的对手都会遵守公认的法律和规则。真正智能化的自动目标识别系统将采用交战规则来帮助聚焦它的工作重点，并确定要报告的信息。

在战争的迷雾中可能难以应用交战规则，实现交战规则涉及到更细微和微妙的区别。向着战术作战中心行驶的卡车是一个威胁,还是驾驶员迷路了? 敌方部队挥舞白旗是设置了一个陷阱,还是他们要投降? 那个男孩是用真枪还是玩具枪瞄准? 接近检查点的这个神经紧张的妇女是带着炸弹,还是她只是害怕外国人? 这些少年投掷石块是一种威胁,还是仅是烦扰? 进一步考虑未来,自动目标识别系统将需要深度的社会智能来作出关键的决策,这将涉及自然语言的理解和交流,理解自然的生活模式和异常情况,能够"读出"面部表情、肢体语言、语调和驾驶行为。机器人士兵和飞机将与人类伙伴处于复杂的社会关系中,它们将需要作为一个团队协同工作,以实现共同的目标。它们将需要理解彼此的能力、需要和局限性。可以期望的是,未来将比现在更加精确地使用交战规则。

7.2.8　自动目标识别能理解作战部署和兵力结构吗?

军事人员必须了解作战部署和兵力结构。作战部署是分层分级的组织或指挥结构,它包括装备、单元和子单元的布置,以及它们的规模、活动、位置、战术、过去的历史和未来的可能性。兵力结构则是描述怎样组织军事人员和装备进行作战。

军事作战考虑作战环境和它对作战部署的影响。作战条件和环境产生了一个变化的态势,不可能预测冲突的准确特性,但还是可以了解到很多作战环境和敌方部队的特性信息,军事人员可以利用这些信息来解释所观察到的态势。

一个国家的武器装备和兵力结构比非国家正规力量更加正规化,后者的武器装备和兵力结构没有固定的组织和装备清单。叛乱组织可能没有重型武器和更加复杂的武器装备,一般更依靠轻型卡车、轻武器、简易爆炸装置和反坦克榴弹发射器。因此,即使是当地的叛乱组织也有典型的装备清单。某些叛乱组织也可能有受到部落或宗教团体或者犯罪活动影响的不明确的或变化的盟友。军事人员应分析影响作战态势的各种条件、环境和影响因素。

智能化自动目标识别系统应当理解这些事项,就像训练有素的军事人员对这些事项的理解一样。兵力结构提供了在一个特定组织单元(如反坦克中队、武装直升机中队、无人机营、坦克营、海面单元、炮兵中队或面空导弹基地)中各种类型的装备和预期数目的信息。这些信息可以帮助自动目标识别系统设定一个先验概率。如果自动目标识别系统受指示搜寻 S – 125 面空导弹阵地,那么它应当知道发射位置配置在雷达周围四边形区域,且在附近有一些辅助车辆。自动目标识别系统应当在遇到危险和突然的机动时发送警报,它应当报告战略事件(如车队运动、部队集结、坦克离开营地、舰艇离开港口等)。

7.2.9 自动目标识别系统能控制平台运动吗？

任何生物的大脑都有三个基本的功能：寻找食物、避免被吃掉以及获得配偶。生物采用运动控制来完成这些任务。幸运的是，自动目标识别系统只涉及到前两个功能：寻找要攻击的目标；定位要规避的威胁。除了导弹之外，当前的自动目标识别系统对平台运动的控制有限或者没有控制。

我们的大脑是随着我们的身体演化的。人脑具有多种运动控制功能，运动控制区接收大脑中涉及传感器处理、认知和记忆的部分的动机和数据。运动皮层有几个主要部分，初级运动皮层、辅助运动区域和后顶叶皮层。大脑的其他区域通过策略、战术、时序、协调以及对眼睛运动和语言的控制来影响运动控制。初级运动皮层对运动的方向、速度和力进行编码，前运动皮层和辅助运动区作出运动准备，通常受传感器输出的引导。大脑的这些区域通过对复杂运动输出序列进行编码并考虑到情境来选择运动规划。一个父亲不可能像对待一个 15 岁大的孩子那样扔球给一个 5 岁大的孩子。

后顶叶皮层和前额叶皮层接收多传感器输入。它们确保运动指令被转换成与时空环境中的物体和结构相关的精确运动。运动程序是像子程序那样的预先结构化的运动驱动指令。

运动控制程序采用传感器输入确定当前状态，并帮助规划和满足目标，它以开环（前馈）方式运行，就像打保龄球那样。闭环运动控制采用反馈，连续和精确地调整肌肉运动，就像穿针一样。反射性动作是硬连线的且自动化的，就像躲开拳头那样的本能反应。

自动目标识别系统能发出运动指令以实现目的吗？在一个无人机上，将采用开环控制，在起飞和降落时避开障碍，俯冲到物体的上方以更好地观察物体，控制传感器进行区域覆盖的扫描，设置转弯点以避开已知的防空火力。自动目标识别系统将采用闭环控制来跟踪一个目标。对于一个具有机器人手臂的平台，自动目标识别系统将引导机器人手臂朝向一个物体，抓起物体，旋转物体并识别物体，最后确定下一步要做什么。等价于本能反应的动作将用于障碍回避，并对接近的火力做出响应。

7.2.10 自动目标识别系统能融合多源信息吗？

士兵在战场上持续地相互交流，他们接收其他士兵和各个传感器的信息，并综合这些信息以了解态势并准备行动。他们偶尔必须与说外语的人员交流。自动目标识别系统可以通过执行实时自然语言翻译来获得帮助吗？自动目标识别系统可以阅读外语标识吗？现在已经有口语翻译器和标识阅读器，但仍然还没有嵌入在自动目标识别系统中。当一个人听到一声巨响,他的直觉反应就是把头转向发出声音的方向,从而能对事件进行视觉处理,这是一种多传感器融合。许多飞机具有可见光传感器、雷达系统和红外传感器、激光以及 INS/GPS系统,也可以得到其他信息和情报,但目前没有馈送给自动目标识别系统。智能化的自动目标识别系统将融合平台内外所有可用信息,以做出决策。这不是简单地将传感器数据前馈到一个融合箱,而是要包括反馈回路,控制传感器参数和模式,并调度一个传感器获得所需的数据,去帮助另一个传感器更好地完成其任务。

在某些情况下,传感器数据包括的有用信息可能非常少。然而,可以得到相当多的先验知识和背景知识。任务可能不是从头开始识别一个目标,而是回答诸如目标是否仍然在上次看到的位置那样的问题。如果目标是一个恐怖分子,拿着步枪瞄向窗外,那么如果下面看到他向窗口运动,就能得到行动的足够信息。采用先验信息可能会影响决策。可以根据对态势的深刻了解推测先验知识,也可以接收来自指挥官、这一区域其他平台和其他类型传感器的信息作为先验信息。还可以从情报单元(如电子战、信号情报、通信情报、电子情报、人员情报、图像情报和蓝军跟踪器)来接收其他先验信息。

7.2.11　自动目标识别系统具有元认知吗?

Reggia 等谈论了计算解释能力鸿沟[8],即研究人员无法确定高层级的认知功能映射到低层级的神经网络计算的方式。他们将高层级的认知信息处理定义为“目标导向的问题求解、决策制定、规划、语言和元认知等认知方面。”我们将把重点放在元认知上。

元认知是有关认知的知识和控制,它是通用智能的标志之一。一个元认知系统具有有关它自身的知识,知道它自身了解什么、不了解什么。当它得到一个解答时,它知道为什么以及怎样得到答案。它可以制定策略获得所需要的缺失的信息。它了解所具有的获取所需信息的工具,具有将新获得的信息与它存储的知识库联接起来的策略。它可以进行推广和类比,以将知识从一个学科领域迁移到另一个学科领域。

假想的元认知自动目标识别系统理解它本身所拥有的能力,理解它本身在输入数据的背景情况、可获得性和质量等方面的局限性,理解它试图解决的问题。它可以确定它自身得出的结论的置信界限。元认知自动目标识别系统可以持续地监控它本身的健康情况,一旦检测到一个计算或存储单元中的缺陷就会使之离线。它可以消除不重要的功能,以保持数据率。这为自动目标识别系统提供了自我修复或容错的能力。

元认知自动目标识别系统具有自我调控功能，如果它确定产生了太多的虚警，或者对于传输带宽或存储能力而言有太多的数据，或者对于操作人员理解来说有太多的数据，那么它将调整内部参数。它持续地监控输入数据的质量以及天气情况，如果它确定天气情况（如雨）会降低某种传感器的数据的质量，那么它会降低对这种特定传感器（如前视红外）的依赖性，并切换为依赖于另一种传感器（如雷达）。当认知失效时，则采用元认知。元认知自动目标识别系统可以持续地监控它能获得的资源，如果所能得到的电能变低时，那么它会关闭某些工作任务。它可能决定在飞向一个目标区域的途中关闭，并在进入目标区域时重新打开。元认知自动目标识别系统在被捕获时会抹去其记忆，这是一个"使它自身无用"的行动。

某些自动目标识别系统具有元认知的某些方面，但迄今还没有自动目标识别系统具有制定策略、规划、监控、评估、修复和控制自身及其性能的综合能力。

7.3 有知觉的与睿智的自动目标识别

一个有知觉的生物能够感知和感悟，能够洞察世界。狗是有知觉的，能依靠嗅觉感知来解释世界，就像人依靠视觉感知一样。感知信息能帮助指导它们未来的行动。狗可以根据它们所感知到的情况作出基本的决策，它们具有最小程度的感悟。狗经历着一系列的知觉和情绪，会感觉到痛苦、病痛、焦虑和欢乐。它们通过肢体语言和动作同我们交流，如当我们长期旅行后回到家里时吠叫或跳起跳下。

一个睿智的生物表现出更高形式的智能，能够理解正确和错误，并且表现出有道德的行为。一个睿智的机器可以根据其判断力、智力、理性思维以及推理能力来采取行动，这使它能够寻求针对时间、能量和结果进行优化的输出。睿智的机器有接近于人类的智力水平，能够洞察人类怎样互动、世界怎样运转、行动产生的后果等，能理解交战规则。可以教一只狗不要对邮递员吠叫，但它可能不理解为什么不应该对侵入者吠叫。一只狗可能是忠诚的、可爱的，但它没有展现出精细的策划、思考、智慧和见识。它或许不能体验美，也绝对不能求解微分方程或者驾驶汽车。它是有知觉的但不是睿智的。睿智意味着是有知觉的，但有知觉的并不意味着是睿智的。

一个自动目标识别系统有知觉吗？它的功能是处理感知到的信息，这是知觉的基础。然而，自动目标识别系统（或机器人平台）不能体验痛苦、病痛或快乐。尽管如此，仍然有理由说自动目标识别是有知觉的，因为它的职责是处理传感器数据。那么自动目标识别系统能变睿智吗？我们不能期望或希望自动目标识别系统展现出某些睿智性,如自由意愿和意识。甚至难以定义这些术语,也很难知道它们是否确实存在。我们只是想要自动目标识别系统实现某些狭义定义的任务,其中某些任务需要比当前的自动目标识别系统具有更强的智能,但这意味着什么? 根据图灵测试规则,一个通过图灵测试的机器对人类来说是合格的,但并不一定表现出更强的或者更具通用性的智能。强人工智能意味着一定程度的自主性和自我指导。一个勉强通过图灵测试的系统不能表现出强大的运动控制能力来引导其主机平台更好地观察目标,不能理解在地面上发生的人类场景,不能发送有关危险的或者可疑的活动警报,也不能引导系统运动到危险区域之外。超越强智能的是超智能,目前还处于科幻阶段。一个超智能的自动目标识别系统将比人类具有更加有创造性的问题解决能力(见表 7.2)。它将采用更高的处理速度,它的速度比生物要快一百万倍,它的存储器组将包括所有记录的知识。这种超智能机器人将在所有可能方面超越人类智能,有能力按照它自己的兴趣独立地工作。本章所提供的 11 个问题是判断自动目标识别系统的智能或神经形态是否达到强(或者一般)智能点的准则。

表 7.2　智能的等级

人工智能的类型	弱(专用)	强(通用)	超智能
能力	单一的应用领域。由人编程,采用根据非常有限的由人标注的学习集进行训练的纯粹的统计机器学习	能力可以训练有素的人员相比	在几乎所有方面比人更聪明,包括概念创新性、与其他超智能实体的交互作用和一般的知识。能够根据观测和交流学习
例子	当前的自动目标识别:目标检测、识别和跟踪	自动目标识别控制的未来的全自主机器人系统;非常小的 SWaP;具有自修复能力,容错能力	经历几百万年的发展 Alien 的生物/机器人混合体超越了人类

7.4　讨论:自动目标识别向何处去?

为了预测自动目标识别的未来,必须考虑它的使能技术,如人工智能、脑模型、计算机和机器人学。新闻故事、书籍、科幻电影和未来学家的言论预测人工智能将很快超越人类智能(见图 7.1)。然后随着故事的发展,人工智能将不可避免地转向邪恶,并试图将人类驱离地球(像电影和视频游戏的人形怪物那样)。当然,对不断进步的人工智能的预测,不会使任何人变得富有或著名。夸张的"专家"宣称,人工智能发展是可以预测的,而且是呈指数级增长的。这些"专家"看到了可以预测的未来。一个很少听到的对立观点则是:人工智能发展在减速。人工智能或许已经能够处理最容易的问题和更可预测的环境，如国际象棋和主流的无人机与水下无人航行器。设计一个会做饭、摆放和清洁桌子、清理碗碟、并将小孩儿放在床上睡觉的机器人，比设计一个沿着拐点飞行的无人机要难得多。更困难的是设计一个机器人，它能穿过杂乱的城区、理解人类活动的复杂场景，并确定向谁射击。总之，要关注人工智能将来会发展到什么程度，但对它的关注不应超过对核战争、行星/彗星/陨石碰撞、超新星、超级火山、高强度地震、流行病、气候变化、大海啸、工程化病毒、人口过度膨胀和其他可能灾难的关注。

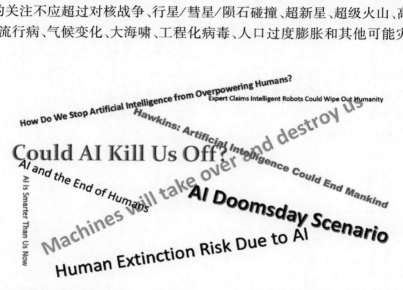

图 7.1　最近的新闻标题：对人工智能狂热的恐惧。或者换个角度：你的将来的洗衣机比你更聪明，对你发号施令

原始的人形假人的故事不能构想出可以用自然语言交流的人工人（机器人）。进行智能对话和理解语义内容是困难的，但在商用领域已经取得了一定的进步。一个真正智能化的自动目标识别系统，将能与人反复地进行口头交流，直到实现了真正的理解和行动策划。

没人知道人工智能的最终形式。显然，生产力将继续提高，有图表绘出了在过去的几百年中生产力的提高情况，这样的提高是稳定的，最近也没有因为人工智能在生产力方面有指数级的提高。在农业方面的就业率，已经从劳动力的90% 以上，降低到仅有百分之几，但这经历了超过 300 年的时间。机器人现在组装大部分的汽车，机械师大部分工作已经自动化。在不久的将来，在较窄的经济领域中的就业机会，将会由于机器与算法的改进而急剧减少。系统自主化将逐渐减少军事作战所需要的士兵和飞行员的数量。计算机代码和改进的机器可以执行更宽泛的、目前由人类完成的任务。然而，基于现有的模型和思维，有关人工智能对经济或军事力量影响的超长期预测很可能是错误的。"奇异性"会使越来越智能化的机器的发展步伐突然加速,甚至会超越人类的能力,然后会代替人类工人,而后代替人类士兵,最后替代整个人类,但是这种情况可能永远不会出现。

在自动目标识别方面的进步可以看作是在计算机、传感器和数据库规模上进步的副产品,而不是计算神经科学和机器认知的进步。原始的处理能力和存储密度在继续显著提高,这意味着自动目标识别系统可能更小、更快和能耗更低。然而,提高处理能力本身,并不能使自动目标识别系统更加智能化。无监督的、完全自动化的学习仍然以缓慢的速度在向前推进。"一次性学习"是很有挑战性的。自动目标识别系统具有数百万个处理核、异构混合的模拟/数字处理器,或者数十亿个高度互联的人工神经元,一旦投入使用很可能是难以编程、调试、升级和改进的。具有自学习能力的自动目标识别系统将难以保持在配置管理之下。

可以将自动目标识别系统和商用领域类似的系统与人类大脑进行比较(见表 7.3)。某些目标和功能是可以比较的,但仍然有显著的差别。人类大脑是异常复杂的。神经科学研究是宽尺度的,并得到了很好的资助,每年发表数千篇技术论文,还有好多工程文献,这使自动目标识别系统工程师有大量的工作需要深入研究。神经科学的发展激发了自动目标识别系统工程师和那些从事使能技术工作的研究人员的想象力——从早期的自动目标识别的发展直到现在。然而,一个好的全脑模型仍然还有很长的路要走,一个好的神经元模型或许还要发展 10 年时间。即便如此,抽象的大脑模型、期刊论文和得到大量资助的研究项目,还不能为制作一个"可运行/部署的系统"提供蓝图。采用深度学习方法,互联网搜索公司在机器学习领域投入了大量经费,然而,他们并没有考虑到对方试图阻止探测和识别,他们的传感器没有在尽可能远的作用距离上可视化。如果确实实现了自动驾驶汽车,将是在道路上使用,而不是越野使用,更不会经常被射击。

表 7.3　自动目标识别与其他智能系统的对比

项目	自动目标识别	商用人工智能(例如,基于图像的互联网搜索)	人类大脑
处理	军用级处理器(如,FPGA),不是最快的时钟频率;设计和部署之间的时间长,严格的尺寸、重量和功耗限制。当前的系统具有探测、识别和跟踪与训练集中的那些目标匹配的运动和静止物体的能力	最新的商用级处理器(如 GPU),最快的时钟频率;大规模并行处理。由人来引导训练集,能够搜索由人所引导的目标类型	大规模并行处理和联接性,每处都有反馈回路;较慢的时钟频率;很小的体尺寸、重量和功耗。大脑控制和接收来自平台(身体)的反馈。能够探测、识别和跟踪目标,并进行推理、筹划,求解问题、进行类比、抽象思维、综合复杂的思想,快速学习。通常团队协同工作。具有容错和自修复能力

（续）

项 目	自动目标识别	商用人工智能(例如,基于图像的互联网搜索)	人类大脑
传感器	前视红外、雷达、声呐、激光雷达;昼夜工作	可见光摄像机	一对匹配的中央凹眼睛、可见光波段、来自 40 种视网膜节神经元的并行的压缩数据流;还有听觉、触觉、味觉、嗅觉等传感器
元数据	精密的军用级惯性测量单元、INS/GPS,很快将能工作在 GPS 受拒止的环境中;时间,季节,高度等	使用搜索引擎	耳前庭系统,时间,季节,本体感觉反馈
延迟	30 ~ 100 ~ 200ms	改进	据报道,延迟为 30 ~ 100 ~ 200ms
学习	训练集受数据采集的高成本的限制。有限的闭合类列表	10^6 ~ 10^8 个事实数据的采样。大的,通常闭合的类列表	有监督和无监督的学习。学习 10000 类。开的类列表
设定	部署的,军事作战想定,非合作的敌方目标	计算机网络	控制平台的独立的代理,与其他独立的代理通信

　　如果可以预测,对未来的预测可能有更大的机会是正确的。计算机将在未来会具有更强的能力,人类总有一天会移民火星。但是,即便是寻常的推断也不总是对的,这不一定是由于技术的障碍,而是因为社会向不同方向发展。考虑飞行汽车、家用核电站、海底城市、移动电视、低速陆上通信网络、直流电网、大型计算机等。无论是基于寻常的推断、过于乐观的夸张或者自我推销,预测在时机到来之前都是挑战性的和不稳定的。取代自动目标识别的超智能智能体或机器人,仍然没有露出端倪。

　　考虑一个在 20 世纪 60 年代成立的自动目标识别群体,每年改进 1%（例如,分类误差的降低)都将会取得显著的成就。持续改进 100 年,每年改进 1%,将使自动目标识别系统超越人类的能力。但是,自动目标识别系统的改进没有这么快,随着自动目标识别系统的改进,对它的要求也在拓宽,将期望它取代现在由人类完成的更多的功能,甚至包括控制一架机器人飞机。人类和机器人必须学习密切的协同与协作。自动目标识别系统可能作为学徒和助手向人类学习,但从长远来看,人类 – 机器人团队将得到发展。文明社会将要求人类和自主武器严格遵守交战规则和武装冲突法律。在可以预测的未来,终结者和狂暴的人形假人将仍然是电影和视频游戏中的角色。

　　自动目标识别系统设计师需要很长时间才能回答本章的 11 个问题。与此同时,可以采用肯定回答率来回答这个问题:"你的自动目标识别系统能有多么智能化?"

参 考 文 献

1. A. A. Faisal and A. Neishabouri, "Fundamental Constraints on the Evolution of Neurons," in *The Wiley Handbook of Evolutionary Neuroscience*, S. V. Shepard, Ed., John Wiley & Sons, Ltd. pp. 153–172 (2016).
2. Straw man proposal, Wikipedia, https://en.wikipedia.org/wiki/Straw_man_proposal
3. S. B. Laughlin, "Energy as a constraint on the coding and processing of sensory information," *Sensory Systems* **11**(4), 475–480 (2001).
4. S. B. Laughlin and T. J. Senjowski, "Communication in neuronal networks," *Science* **301**(5641), 1870–1874 (2003).
5. K. Clancy, "Here's why your brain seems mostly dormant," *Nautilus* **2015**(27), 6 August 2015, http://nautil.us/issue/27/darl-matter/heres-why-your-brain-seems-mostly-dormant
6. J. E. Niven and S. B. Laughlin, "Energy limitation as a selective pressure on the evolution of sensory systems," *Journal of Experimental Biology* **2008**(211) 1792–1804 (2008).
7. C. Potter, B. Wyble, C. E. Hagmann, and E. S. McCourt, "Detecting meaning in RSVP at 13 ms per picture," *Attention, Perception and Psychophysics* **76**(2), 270–279 (2014).
8. R. Kuboki, Y. Sugase-Miyamoto, N. Matsumoto, B. J. Richmond, and M. Shidara, "Information accumulation over time in monkey inferior temporal cortex neurons explains pattern reaction time under visual noise," *Frontiers of Integrated Neuroscience* **10**, 43 (2017).
9. M. E. Raichle, "Two views of brain function," *Trends in Cognitive Sciences* **14**(4), 180–190 (2010).
10. P. Lennie, "The cost of cortical computation," *Current Biology* **13**(6), 493–497 (2003).
11. A. Sandberg, "Energetics of the brain and AI," Technical Report STR 2016-2, *arXiv*:1602.04019 (2016).
12. M. Fleury and A. C. Downton, *Pipelined Processor Farms: Structured Design for Embedded Parallel Systems*, John Wiley & Sons, Inc., New York (2001).
13. J. Schmidhuber, "On learning to think: Algorithmic information theory for novel combinations of reinforcement learning controllers and

附录 A1 资 源

本附录是精心选择了一组与自动目标识别相关的资源,涵盖政府出资人、数据集和软件库。许多信息是从各个组织的官方网页复制的,只进行了少量的编辑。

A1.1 空军研究实验室 COMPASE 中心

http://www.wpafb.af.mil/library/factsheets/factsheet.asp? ID = 17903

COMPASE(传感器发掘综合性能评估)中心是空军研究实验室/RYAA 的技术项目。对于分层感知技术,COMPASE 中心能提供开发、维护和交流对最新技术和潜在技术的发展的理解服务,这些服务包括协同(采用虚拟分布式实验室的基于网络的项目协同和文件共享)、试验床、数据(获取、存储和分发)、对传感器发掘系统的独立测试与评估、建模和仿真。COMPASE 中心强调独立性和技术专业化,为美国国防部和其他国家机构的客户提供服务。

A1.1.1 建模和仿真

建模和仿真是由美国空军研究实验室 COMPASE 中心提供的,用作在研制和/或采办前对分层的、自动化的传感器发掘技术方程、理论和概念进行测试的一种经济可承受的方式。在许多情况下,通过构建系统(分系统)并进行飞行试验来分析或评估分层感知或自动化传感器发掘技术的好处是不实际的或不可能的。建模与仿真的工具和过程能支持一般的和面向项目的工作,为研究者进行系统设计和作战使用权衡分析提供灵活性和强大的决策制定工具。在实验室进行建模和仿真的好处包括:

(1)尽早地向研究人员反馈各种技术和概念的效能;

(2)在设计和建造之前快速和尽早地验证技术和概念;

(3)从用户处获得能影响概念设计决策的更好输入。

A1.1.2 建模和仿真细节

建模和仿真可以看作是工具和过程的汇集或者一组具有特定问题域的相关

技术,这些技术通常是由数学、系统工程和计算机科学领域的专家开发的。各个学科的实践者采用这些方法进行各个应用领域的研究。在经验方法无法预测或者代价过高时,这些工具和技术通常用于帮助预测系统性能。在所有的情况下,建模和仿真用来实现特定的目标,重点一般不是发展新的建模和仿真理论。另一方面,建模和仿真也具有其独特的问题(如互操作性和可组合性)。

分层感知是指通过适当地组合,能够实现协同感知的传感器与平台(包括用于持久性感知的传感器和平台)、基础设施和发掘能力。为了实现分层感知愿景,空军研究实验室正在通过分层感知运行中心(LSOC,见图 A1.1)来实施其建模和仿真策略。作为一个试验性的情报、监视和侦察体系测试评台,LSOC 集成了国防部标准仿真工具和商用货架视频游戏技术,以实现快速的场景开发和可视化。这些工具帮助进行传感器管理、性能定量评定、系统开发和操作人员行为分析。LSOC 的目标是:

- 量化分层感知的收益;
- 为分层感知架构权衡分析提供仿真环境;
- 发展一个有效地建模和比较分层感知组元的框架;
- 通过虚拟场景和仿真发现分层感知的技术鸿沟。

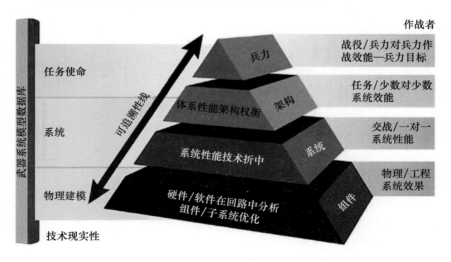

图 A1.1　空军研究实验室正在通过其分层敏感运营中心发展建模和仿真策略

为了帮助规划、策划未来的研究,空军研究实验室采用常规模型的构造性仿真和操作人员视角的虚拟仿真,这提供了对分层感知结构的全面分析。博弈实验室(Gaming Lab)充分利用空军技术学院的学术研究来定义实时和后处理分析的指标。目前正在开发和验证效能测度和性能测度。通过与俄亥俄州立大学在实验方面的协作,正在探索未来的情报监视侦察数据获取中心和用于实时分析的可视化指标,这些实验是对情报监视侦察操作人员接口和协同效率的第一轮评估。

博弈实验室的重点是充分利用在商用游戏领域技术来推动用于国防应用的建模和仿真,这是常规的国防部建模和仿真的转型。博弈实验室作为转型的主要推动力量之一,关注游戏行业的技术进展,这影响着博弈实验室的工作方向,目的有两个:①保持与最先进的游戏技术的同步;②充分利用这些最新进展发展空军研究实验室的专用技术。博弈实验室的重点是产品的市场推广,同时避免采用那些很快与最新市场脱节的产品。游戏技术能为建模和仿真提供最大的视觉拟真度。在传感器部,拟真度是需要关注的事项,这样的拟真度使博弈实验室能够对复杂动态世界(如城区环境)设计的系统进行分析。

A1.1.3 传感器数据管理系统

传感器数据管理系统(SMDS)是一种自含式传感器数据处理、存储和分发中心,它能为传感器发掘研究和开发界提供集中式数据管理支持。SDMS 支持主要包括:

- 数据获取;
- 面向问题的数据集的开发;
- 数据分发。

A1.1.2.1　SMDS 细节

过去 10 多年来,空军研究实验室倡导的 SDMS 项目已经建立了跨研究开发项目和机构的数据共享和协作(见图 A1.2),目的是:

- 支持数据获取(试验靶场,演习);
- 从各个政府实验室和机构获取以往的数据集;
- 对各个保密等级的传感器数据进行归档;
- 处理、压缩、重新规格化和定量描述传感器数据;
- 发展面向客户和问题的数据集;
- 分发数据(磁带、CD/DVD、网络、硬盘)。

SDMS 能提供以下好处:

- 在受控的政府设施上对数据进行长期存储;
- 易于全天时接入传感器数据;
- 高速、大容量处理、标定、验核和分发传感器数据;
- 发展数据集和问题集以支持算法开发、分析、测试和评估;
- 安全可靠的数据分发审批,以确保数据仅被授权用户看到;
- 数据库驱动的查询系统,跟踪数据查询(从查询到发送给用户的全

过程);

- 高速接入保密的和非保密的归档传感器数据,包括研究、开发、采办和运行使用数据;
- 在处理雷达、光电/红外、视频、HIS/MSI、MASINT、激光雷达方面有经验的专家;
- 大容量、高质量、短周转时间;
- 数据观察器。

图 A1.2 传感器数据管理系统提供集中式数据管理支持

A1.1.4 测试和评估

COMPASE 中心测试和评估是通过分析新发展的传感器发掘技术,并确定它们的潜在用途,对国防部决策制定者提供帮助。COMPASE 中心测试和评估对自动目标识别和传感器发掘技术提供独立评估,协调分层感知技术评估和相关的活动,如数据获取、试验设计、指标定义、工具开发和目标评估。COMPASE 中心测试和评估任务使命是帮助传感器发掘界理解它们在哪里、要向哪里去。COMPASE 中心测试和评估提供的服务主要包括:

- 独立评估;
- 对技术项目的反馈;
- 成熟度评估;
- 任务使命评估;
- 团体标准;

- 数据获取支持。

A1.1.3.1　测试和评估细节

自 1999 年以来，COMPASE 中心已为超过 50 个项目提供了独立评估支持。COMPASE 中心测试和评估确定新兴传感器发掘技术的潜在效用。如图 A1.3 所示，资源包括接入运行使用大型数据库和实验室数据以及完成具有统计意义的实验的计算手段。

图 A1.3　COMPASE – T&E 提供对高光谱、合成孔径雷达、红外和其他形式的图像和信号的独立的传感器数据发掘技术评估

A1.1.5　虚拟分布式实验室

虚拟分布式实验室（VDL）是一个基于网络的门户，有助于协同研究、开发和算法评估。它为整个国防部范围的传感器发掘研究、开发试验评估界提供通信和信息共享服务。VDL 的收益和能力包括：

- 政府控制的基础设施；
- 能够共享 ITAR 层级的信息；
- 高速组网；
- 基于网络的控制接入工具。

1. VDL 细节

VDL 便于实现协同研究、开发和算法评估。自从 1997 年建立以来，VDL 已经通过 VDL 资源和国防部高速数据网络将算法开发人员、算法评估人员和国防部仿真环境联接在一起（见图 A1.4）。VDL 是一个联合服务、共享、虚拟工作空间以及基于网络的知识管理系统，用于协同、信息共享和协同研究、发展、测试和评估。VDL 具有以下收益：

（1）安全方面的收益包括：

- 政府控制的基础设施；
- 用于共享可达 ITAR 级别(出口受控)的信息的授权的非密的/受限的项目网站；
- 用于接入 VDL 资源的单一的安全令牌(用户名/口令)。

（2）网络方面的收益包括：

- 与安全的国防研究工程网络(DREN)的高速联接。

（3）硬件方面的收益包括：

- 高度容错的资源；
- 高速组网。

（4）恢复方面的收益包括：

- 采用离线存储日常备份所有的内容。

（5）内容管理支持方面的收益包括：

- 项目管理者控制哪些人可以接入它们的材料和特定的内容；
- 集中维持的电子邮件分发列表,采用可用网络阅览的档案库存储器列出服务器；
- 整个项目的档案；
- 事件日历。

（6）支持的项目包括：

- 自动目标识别中心；
- ATRPedia；
- Clean Sweep；
- COCO；
- COMPASS 中心；
- Gotcha；
- RadarVision；
- NetTrack 第二阶段；
- RYA；
- RYD；
- RYR；
- 特征中心；
- SAFEGARD；
- Xpatch 用户组。

有关更多的信息,联系：

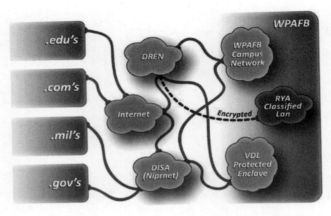

图 A1.4　VDL 将算法开发者、算法评估者和国防部仿真环境联接在一起

COMPASE 中心：compase – center@ lyris. vdl. afrl. af. mil
建模和仿真：compase – mns@ lyris. vdl. afrl. af. mil
传感器数据管理系统：sdms_help@ mbvlab. wpafb. af. mil

A1. 2　陆军航空和导弹研究发展和工程中心

www. amrdec. army. mil/

美国陆军航空和导弹研究发展和工程中心（AMRDEC）隶属于美国陆军研究开发和工程司令部，是陆军在航空和导弹平台的整个生命周期内提供研究、开发和工程技术与服务的重点机构。AMRDEC 是与导弹相关的自动目标识别技术的重点机构。AMRDEC 的 Huntsville 设施通常用于自动目标识别测试和评估，也支持用于自动目标识别开发的数据获取。

AMRDEC 的起源可追溯到 1948 年 10 月，当时美国陆军军械部指定 Redstone 兵工厂（Huntsville，阿拉巴马）为火箭领域的研究开发中心。一年之后，陆军部长批准将位于德克萨斯 Fort Bliss 的军械研究开发分部（火箭）移交到 Redstone 兵工厂，其中包括第二次世界大战后来到美国的冯·布莫恩博士以及他的德国科学家和技术人员团队，这个团队最著名的先驱性工作是帮助美国陆军 Redstone 兵工厂奠定了美国空间探索的基础。

1960 年，随着冯·布莫恩团队转到 NASA，美国陆军在 Redstone 的研究和发展工作转向将空间时代的技术集成到作战武器上。

AMRDEC 的核心技术竞争力取决于其卓越的、多学科的、适应性强的工作团队，他们进行前沿性研究开发和生命周期工程，并促进政府、学术和工业界的发现和创新。

AMRDEC 的核心技术竞争力包括以下方面。

（1）航空系统技术方面：

- 空气动力学/航空力学(结构、飞行控制、生存能力)；
- 武器和传感器集成(综合电子)；
- 推进系统；
- 航空自动化(有人和无人)；
- 航空设计/改进/集成/测试/鉴定。

（2）导弹/火箭技术方面：

- 导弹图像处理；
- 结构(推进、能源、战斗部、飞行控制)；
- 制导/导航(嵌入式电子学和计算机、红外传感器/导引头)；
- 导弹武器和平台集成；
- 导弹射频技术；
- 导弹火控雷达技术。

（3）跨司令部的工程专业方面：

- 系统工程(系统工程,系统集成)；
- 系统/子系统概念设计和评估；
- 软件工程；
- 可靠性工程；
- 支持保障工程/工业基地分析/过时组件管理；
- 原型样机、建模/仿真；
- 质量工程和管理；
- 系统安全性；
- 人素工程；
- 制造/生产支持(生产/技术数据)；
- 可生存性、致命性、脆弱性分析和评估；
- 采办支持。

AMRDEC 的任务使命是"为快速响应的、高效费比的研究、产品开发和生命周期系统工程解决方案提供协同的、创新的技术能力"，以便为作战人员配备当前和未来的最好技术。

A1.2.1　AMRDEC 武器开发和集成部

www. amrdec. army. mil/AMRDEC/Directorates/WDI. aspx

241

AMRDEC 武器开发和集成部的能力包括：

- 自动目标识别；
- 图像和信号处理；
- 实时嵌入式硬件和软件；
- 制导、导航和控制解决方案；
- 红外和射频传感器和导引头；
- 惯性和全球定位系统；
- 用于火控和平台集成的硬件和软件；
- 对部署的系统的支持和改进；
- 新武器系统的开发和验证。

所属设施包括：

- 自动目标识别/跟踪器实验室；
- 高塔（通常用于自动目标识别测试和数据获取）；
- 红外传感器自动测试设施；
- 嵌入式处理器实验室；
- 激光对抗实验室；
- 激光导引头性能自动评估实验室（ALSPES）；
- 纤维光学/MEMS 实验室；
- 雷达运行设施；
- 惯性实验室。

A1.3　陆军夜视和电子传感器部

http://www.nvl.army.mil/

美国陆军的通信—电子学研究、开发和工程中心就是著名的 CERDEC，CERDEC 的夜视和电子传感器部（NVESD，以前称为夜视实验室 NVL）研究和开发了用于昼夜环境和恶劣战场条件下的空中和地面情报、监视、侦察与目标捕获的传感器组合套件技术。NVESD 位于弗吉尼亚 Fort Belvoir，在弗吉尼亚 Fort AP Hill 有一个大型的卫星设施。数据获取和外场测试通常在 Fort AP Hill 或亚利桑那 Yuma 的沙漠试验场以及许多其他的政府试验场进行。

NVESD 是美国陆军自动目标识别相关的主要机构，它有世界著名的自动目标识别、传感器技术和测试与评估方面的领域专家。NVESD 在与自动目标识别相关的数据获取、飞行试验和项目资助方面有悠久的历史，也是应对各种视觉环境退化效应的相关技术的领导者。在空军研究实验室研发重点转向雷达后，

NVESD 的重点则转向红外传感器(见图 A1.15)。雷达传感器是主动式的,红外传感器一般是被动式的,使每种传感器适用于不同的问题领域。

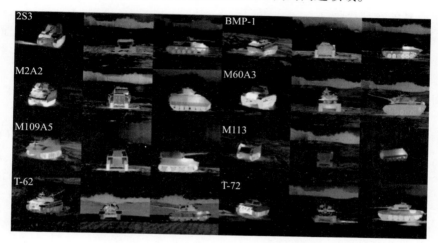

图 A1.5　由红外传感器观察的地面车辆

　　NVESD 是陆军的"传感器开发者",它进行的研究和开发将为美国部队提供旨在主宰 21 世纪数字化战场的先进传感器技术。NVESD 利用传感器和传感器组合,以实现:

- 在昼夜和恶劣战场环境下看到、捕获和瞄准敌方的部队;
- 通过光电手段和/或伪装、遮蔽和欺骗手段拒止敌方具有相同的能力;
- 提供夜间驾驶和导航能力;
- 探测和标记包括雷场和未爆炸的弹药的爆炸物威胁;
- 保护前方部队、固定设施和后方编队免受敌方的侵入。

A1.3.1　陆军夜视的历史

　　NVESD 在自动目标识别和传感器技术方面有悠久的、辉煌的历史,在两个学科都有重大的突破。

A1.3.1.1　第二次世界大战和早期在夜视技术方面的努力

　　从历史上讲,军事技术人员知道在黑暗的掩蔽下机动的收益。然而,在早期,由于有风险,军方很少在夜间进行军事机动。

　　在第二次世界大战期间,美国、英国和德国发展了基本的红外夜间瞄准镜,它采用近红外阴极与可见光荧光剂耦合,结果产生了一种近红外变像管,从而开始了夜战工作。尽管在 1945 年军方跨太平洋运送了近 300 个红外夜间瞄准镜,但很少使用。由于作用距离短于 100yd,仅能用于帮助周边防御。这些距离有限、安装在步枪上的瞄准镜需要采用笨重的电池供电，而且它们需要很大的主动红外探照灯，士兵们不得不将它们安装在卡车上。具有类似装备的敌方部队可以很容易探测到探照灯。

尽管有缺点，红外夜间瞄准镜开启了先进夜视技术的研究，军事领导者预见到了这一技术的许多其他用途，夜视镜和武器瞄准具具有为部队提供24h全天候作战能力的潜力。夜视技术的下一个挑战是发展不会向敌方暴露士兵位置的红外探照灯。

A1.3.1.2 建立 NVESD

NVESD 可以追溯到 1954 年建立的美国陆军工程研究和开发实验室（ERDL）的研究和光度学部。ERDL 开始只有很少的研究资金，而且没有实验室设施。在这种情况下，ERDL 研究和光度学部开始开发用于战场单兵使用的化夜视装备，这项技术为 ERDL 刻上了独特的凹印。许多类似的组织将重点放在开发大的武器系统上。

NVESD 的最初的任务使命是"征服黑暗，使单兵能够通过采用一种无需专门训练就能理解的、能够立刻做出反应的图像，可以在夜间观察、运动、作战和工作。"随着 NVESD 业务拓展到新的领域和跨陆军平台，它的任务使命也拓展到包括传感器技术的新应用。

A1.3.1.3 20 世纪 40 年代和 50 年代

在 20 世纪 40 年代和 50 年代，NVESD 的重点是改进德国在第二次世界大战期间开发的级联型变像管。NVESD 与美国无线电公司的科学家接触，研究和开发了近红外双级级联变像管。它采用多碱光子阴极，超出了研究者的期望，图像增强系统会聚并放大夜空的环境光，但会受到有限的光增益和逆转图像的障碍。为了解决这些问题，NVESD 增加了第三个静电电子束管级以增大光增益，并使图像再次逆转。然而，这样会使像增强管的长度增大到 17inch，直径增加到 3.5inch，这样对于实用来说过大了。

从 1957 年到 1958 年，NVESD 科学家 John Johnson 致力于发展预测目标探测、定位、识别和确认性能方法，Johnson 与志愿观察者合作来测试在各种条件下每个个体通过像增强器装置识别目标的能力，这标志着夜视成像系统性能建模方面的重要进展。在 1958 年 10 月，Johnson 在 NVESD 像增强器研讨会上发表了论文"图像形成系统的分析"，该论文描述了分析观察者采用像增强器完成视觉任务的能力的图像和频率域方法。这些发现后来称为 Johnson 准则，在理解夜视装备和系统的性能方面非常重要，并能帮助指导进行进一步的开发。现在，在自动目标识别圈内还经常提到 Johnson 准则。

在 20 世纪 40 年代和 50 年代装备的夜视技术包括：

（1）20 世纪 40 年代研发的红外夜视瞄准镜；

（2）20 世纪 40 年代研发的红外线指示器；

（3）1955 年研发的第一部近红外测绘仪；

（4）1958 年研发的第一部红外行扫描仪。

A1.3.1.4　20 世纪 60 年代

在 20 世纪 60 年代中期，NVESD 科学家和工程师为美国部队装备了第一代被动夜视器材，包括小型星光瞄准具，这些系统称为第一代像增强器，并演进出第二代和第三代产品。

此外，在这 10 年期间，NVESD 与其他机构的科学家和工程师合作追求更高的研究和开发目标。NVESD 将其工作从单纯的研究所性质的工作，扩展到协调和管理在许多领域的共性研究工作，包括天文学、核物理、应用辐射学，并继续与来自领先的商用机构的研究人员合作。NVESD 建立了与私营企业在技术开发方面进行协作的基本策略。

在 20 世纪 60 年代装备的夜视装备包括：

（1）1964 年研发的星光瞄准具；

（2）1965 年研发的 AN/TVS－4 夜间观察器；

（3）1967 年研发的低照度电视、脉冲选通 I2－AN/TVS－2 武器夜间瞄准具；

（4）1969 年研发的第一个（红宝石）激光测距机和 AN/PSS－11 手持式金属地雷探测器

A1.3.1.5　20 世纪 70 年代

基于远红外光谱，热成像通过敏感目标和它周围的环境所辐射的热量之间的差别，以及目标的部件间的辐射热量的差别，进而形成目标的图像。在 20 世纪 70 年代之前，采用这项技术的原型样机是非常昂贵的。

尽管 NVESD 的研究和开发聚焦在发展基于近红外技术的实用的夜视装备，但科学家们也致力于推动技术进步，为发展远红外夜视装备铺平道路。由多元探测器阵列组成的线扫描成像仪的出现，促使 NVESD 在 20 世纪 70 年代发展了热成像系统。

多元阵列提供了一种可以实际用于军事领域的高性能的实时成像器。利用这项技术研制了称为前视红外系统的瞄准和导航系统。前视红外系统具有能够在夜间观察而且能够透过烟雾和其他遮蔽条件观察的优势。

由于各种武器系统平台对前视红外成像有很大的需求，从而刺激了前视红外系统设计和样机的扩散。为了满足这一需求，NVESD 的一个专家组在 1973 年设计了通用远红外观瞄器，并形成了通用组件系列，在多个平台上应用了数千个通用组件热像仪。基于通用组件的前视红外系统，比以往的设计在采办和生产上更加便宜。

20 世纪 70 年代在夜视方面的成就包括：

（1）1971 年研制的手持式热像仪、前视红外产品、AN/PRS － 7 手持式非金属地雷探测器；

（2）1975 年研制的 AN/PVS － 4 单兵武器瞄准具、NVESD 热成像模型；

（3）1976 年研制的通用组件前视红外产品；

（4）1977 年研制的 AN/PVS － 5 夜视眼镜。

A1.3.1.6　20 世纪 80 年代

20 世纪 80 年代，NVESD 开始改进其像增强系统。陆军部署了基于像增强技术的第三代夜视产品，包括 AN/AVS － 6 航空夜视成像系统（ANVIS）和 AN/PVS － 7 夜视眼镜。

1980 年，NVESD 发展了 AN/GVS － 5 激光红外观瞄具，显著提高了在第一轮射击中命中静止或机载目标的概率。1988 年部署的 AN/AAS － 32 机载激光跟踪器显著地提高了陆军直升机的攻击能力。

NVESD 也发展了采用改进的热成像技术的第二代前视红外系统，提高了传感器分辨率和灵敏度，并通过用于辅助目标检测和识别的信号处理，大幅缩短了曝光时间，这使第二代前视红外系统具有更远的作用距离。

在 20 世纪 80 年代，NVESD 还引领了在自动目标识别方面的革命。尽管美军部队现在具有夜间观察能力，但仍然需要改进技术，以帮助士兵识别敌我。通过与工业界的科学家合作，NVESD 帮助发展了用于更有效地检测目标且使虚警最小化的算法。在 20 世纪 80 年代在 NVESD 的指导下，完成了自动目标识别处理机的首次试验和飞行。

在 20 世纪 80 年代的成就包括：

（1）1981 年研制的 AN/VGS － 2 坦克热瞄具；

（2）1982 年研制的 AN/TAS － 6 远距离夜瞄具；

（3）1984 年研制的 AN/AVS － 6 ANVIS 夜视眼镜和第三代像增强器；

（4）1986 年研制的 AN/GVS － 5 激光测距机；

（5）1987 年研制的 AN/PVS － 7 夜视眼镜；

（6）1988 年研制的 AN/AAS － 32 机载激光跟踪器。

A1.3.1.7　20 世纪 90 年代

20 世纪 90 年代，NVESD 发展了人眼安全激光测距机——AN/PVS － 6 Mini 人眼安全观瞄具。同期也出现了具有平显的新一代航空夜视成像系统（AN/AVS － 7）和用于地面部队的改进型轻型武器热瞄具。

在这一期间,NVESD 引领发展了水平技术集成(HTI)概念,这是陆军装备发展和采办的一种新方法。这一水平技术集成系统重点是开发集成源于一个项目经理管理的多个武器系统的前视红外子系统。由于采用公用的硬件,可以降低装备的采办成本。

到 20 世纪末期,NVESD 使美国陆军有了"拥有夜晚"的传奇。NVESD 已经形成了独特的传感器技术,部署了超过 40000 套像增强系统、60000 套热成像系统、40000 套激光系统和 15000 套反地雷系统。

A1.3.1.8　21 世纪及未来

NVESD 正聚焦于美国陆军向未来部队转型的愿景。为了向未来的作战者提供先进的战术传感器,NVESD 的使命是:

(1) 开展研发工作,为美国部队提供先进的传感器技术以在 21 世纪数字化战场中处于优势地位;

(2) 在战场环境中截获和瞄准敌方部队;

(3) 探测并消除地雷、雷场和未爆炸的弹药;

(4) 通过光电伪装、隐蔽和欺骗技术拒止被敌方监视和截获;

(5) 提供夜间驾驶能力;

(6) 保护前沿部队、固定设施和后方部队。

A1.3.2　情报、监视、侦察和瞄准

情报、监视、侦察和瞄准系统(ISR&T)包括多传感器功能的协调和多传感器信息的管理与应用。ISR&T 能改进态势感知和决策能力,以采取决定性的行动。

美国士兵所遇到的威胁种类是变化的和复杂的。不利的视觉环境、严苛的天气条件、城区环境和不利的非对称作战对于士兵的安全和任务的执行带来了风险。

ISR&T 技术能提供可行动的信息,使士兵能够感知到他们周围的态势,并以更高的安全性和效能完成他们的使命。

A1.3.3　简易爆炸装置、地雷和雷场探测与破坏

必须在爆炸导致士兵和无辜的市民受到伤害之前,探测和破坏爆炸物。这一核心领域涉及到识别和对付爆炸物威胁,包括简易爆炸装置和地雷以及埋在地下、地面或者经过伪装的雷场。国防部预测,在今后的 10 年来自爆炸物的威胁仍然很大,需要进一步发展应对它们的能力。

NVESD 为美国陆军确定了用于探测和消除爆炸物(包括简易爆炸装置和地雷)的技术和系统级原型样机,并开展了研究、开发、评估和验证。

先进的爆炸危险物检测和消除技术，再加上政府所采取的综合联邦政府、州、当地政府、部落、领地、私营部门和全球反地雷/反简易爆炸装置的活动，使美国在探测和消除国内外地雷和简易爆炸装置方面处于有利位置。

除了发展用于探测和消除地雷、雷场和未爆炸的爆炸物的军事应用系统的任务，NVESD还将这些技术用于人道主义行动。

A1.3.4　劣化视觉环境

当一架直升机在干旱的沙漠地形着陆时，整个飞机可能被稠密的粒子云所淹没。Brownout是指由于直升机旋翼的下洗流吹起的/涡旋型沙尘而导致飞行能见度降低的情况（见图A1.6）。飞行员难以看到着陆区域和临近的物体，这可能导致丧失空间定向能力和态势感知能力，甚至可能会导致直升机撞地。当在一个封闭区域或者有散布的废旧物资、篱笆、电线、沙丘、大的岩石、火，或者人、车辆或大型动物的条件下，在Brownout区域内运动时，问题会更加糟糕。

Brownout问题的物理学是非常复杂的。由NVESD牵头的（通常与DARPA合作）多个项目推进了这方面研究的进步，目前正在发展新颖的算法，并在实验室和飞行试验中进行验证。在研究流体动力学和沉积岩相学，并进行建模和仿真，以理解导致Brownout的粒子传输。正在发展和测试新的旋翼几何、着陆齿轮、着陆轨迹和飞行训练方法。

NVESD在继续发展和验证先进的红外摄像机，某些直接涉及到低能见度问题，目前正在采用黑鹰直升机在Brownout条件下进行飞行试验。来自黑鹰飞行员的反馈表明，新的摄像机技术改进了在Brownout条件下的态势感知。

图A1.6　NVESD发展先进的摄像机能力和算法以提高飞机在差的能见度
条件下的飞行安全性，对于驾驶员，处理的前视红外
图像能见度显著提高（美国陆军照片）

更普遍地讲,劣化视觉环境是指能见度条件降低到不能保持在正常的视觉气象条件下的态势感知和飞行控制的情况。劣化的类型不仅包括低能见度,而且包括烟、雾、雨、雪和湍流。劣化视觉环境是旋翼飞机事故和作战效能降低的主要原因。

美国陆军及其合同商正在研究劣化视觉环境的解决方案。完整的解决方案包括三个单元:改进的飞行控制、传感器/算法和引导符号。劣化视觉环境处理算法是自动目标识别的一个子类,是一种特殊类型的图像增强。它们会使在恶劣环境下的目标检测和飞行导航得到改进(相同类型的算法可用于在沙漠中的地面车辆机动以及水下飞行器在海雪等环境中的机动)。

A1. 4　陆军研究实验室

美军早在 1820 年就设立了美国陆军研究机构,1989 年又创建了美国陆军研究实验室(ARL),以集中管理陆军的研究实验室。陆军研究实验室的总部在马里兰州 Adelphi,它在 Aberdeen 试验场、三角地研究园、白沙靶场、NASA Glenn 研究中心和 Langley 研究中心也有场所。

ARL 包括 6 个部门和陆军研究办公室,这些组织聚焦在对整个作战域内的战略主导地位至关重要的技术领域。

(1)空间研究实验室(ARO)——推进外部组织(教育机构、非盈利组织和私营企业)的科学和远期技术研究。

(2)计算和信息科学部(CISD)——重点开展信息处理、网络和通信科学、信息安全和战场环境方面的科学技术研究,开展使作战人员具备知识优势的先进计算技术研究。计算和信息科学部研发的技术将提供整个作战域的战略、战役和战术信息优势。

(3)人素研究和工程部(HRED)——开展面向士兵性能和士兵－机器相互作用的科学技术研究,以使战场效能最大化,并确保在技术开发和系统设计中充分地考虑到士兵的性能需求。

(4)传感器和电子器件部(SEDD)——面向侦察、情报、监视和目标截获、火力控制、制导、引信、生存性、机动性和致命性方面的应用,开展在光电智能传感器、多功能射频、自主感知、功率电子、特征管理技术方面的研究。

(5)生存性/致命性分析部(SLAD)——对战场威胁和环境全谱条件下的陆军系统和技术进行生存性和致命性综合分析,研究相应的分析工具、技术和方法学。

(6)车辆和飞行器技术部(VTD)——开展用于空中飞行器和地面车辆的推

进、传输、空气动力学、结构工程和机器人技术的科学与技术研究。

（7）武器和材料研究部（WMRD）——开展武器、防护和材料领域的科学技术研究，以提高美国的地面部队的致命性和生存能力。

ARL为美国陆军许多最重要的武器系统提供使能技术。技术和分析产品被转移到陆军研究发展和工程中心和陆军、国防部、政府和工业界的其他用户。

ARL自己开展研究，并通过指南征集来资助其他机构开展相关研究，此外它还资助和参与政府/工业界/大学协同研究。自动目标识别研究覆盖各种类型的传感器，如前视红外、声、激光雷达、地震、雷达和超光谱。正在研究的自动目标识别技术包括神经网络、计算成像、量子成像、特征空间分析、模板匹配、聚类、杂波模型、融合和人－机协同。

A1.5　自动目标识别工作组

https://www.vdl.afrl.af.mil/atrwg/

自动目标识别工作组（ATRWG）的宗旨是推动自动目标识别领域最新技术的发展。自动目标识别工作组定期召开自动目标识别研讨会，自动目标识别研讨会不仅涉及自动目标识别理论、算法、硬件、评估和项目，而且涉及到更一般的军用图像/信号处理和相关的主题。

A1.5.1　自动目标识别工作组章程

自动目标识别工作组是一个专门致力于推动自动目标识别工具、技术、方法和运用的政府和工业界协同组织。自动目标识别工作组章程确定了两个主要的目标：

（1）标准化图像数据格式；

（2）确定自动目标识别性能评估的统一准则。

自动目标识别工作组促进合作伙伴关系，并每年为研究人员、开发人员、集成人员和测试人员之间的技术互动召开研讨会。自动目标识别工作组也为国防部提供有关自动目标识别活动和进展的信息。

A1.5.2　自动目标识别工作组注册要求

参与自动目标识别工作组的要求如下：

（1）必须是美国公民；

（2）必须为美国政府的合同工作；

（3）必须经过有效的保密审查。

受限该问：接入自动目标识别工作组网站需要虚拟分布实验室的账号。可通过以下链接接入：https：//www. vdl. afrl. af. mil/。

管理：可以通过以下电子邮件与自动目标识别工作组的管理员联系：atrwg-webmaster@ vdl. afrl. af. mil。

A1. 6　Chicken Little

美国空军研发测试中心联合弹药测试与评估项目办公室被形象地称为Chicken Little，主要负责导引头/传感器挂飞和地面运动目标的特征数据采集。数十个组织集中在 Eglin 空军基地，在计划的时间段（称为传感器周）进行数据采集。近期即将举行的活动将在《联邦商业机会》网站上公布。

A1. 7　国防高级研究计划局

http：//www. darpa. mil/

国防高级研究计划局（DARPA）资助在传感器、自动目标识别和与自动目标识别相关技术方面的前沿研究。DARPA 举办研讨会并准备建议指南，接收有关远期的、高风险的思路的建议书。DARPA 资助的自动目标识别项目通常是与政府实验室联合倡议和管理的。DARPA 本身不像好莱坞电影中描述的那样，是一个具体开展研究的实验室，而是由一组引领所在领域研究的项目管理者，负责确定并管理由赢得项目建议的机构开展的研究项目。按照政策，项目管理者在DARPA 工作时间较短，任期通常限制为三年，可续签一次，偶尔可续签两次。

DARPA 成立于 1958 年，旨在避免对手的战略突袭对美国国家安全造成不利影响，并通过保持美国的军事技术优势，实现对美国对手的战略优势。为了实现这一使命，DARPA 将依靠各方面的力量通过多学科的方法开展先进技术研究，并通过应用研究创造能解决当前的实际问题的创新技术。DARPA 的科学研究涉及实验室工作以及全尺度技术验证。作为国防部主要的创新引擎，DARPA 负责的项目持续的时间不长，但会带来持续性的革命性变革。

DARPA 推动在各个领域的基础研究和应用研究，产生了对多个政府实体、学术界和私营企业有益的实验结果和可复用技术。互联网是一个著名的例子。DARPA 的公开目录可以提供 DARPA 项目的可公开发布的材料。公开目录包括 DARPA 支持的软件和经过对等评审的出版物，可通过以下链接进行访问：

http：//www. darpa. mil/opencatalog/

A1.8　国防技术信息中心

http://www.dtic.mil/

国防技术信息中心（DTIC）作为国防部界的最大的中心知识库，提供与国防部和政府资助的科学、技术、工程和商务相关的信息。可以在 DTIC 免费得到有关自动目标识别和相关技术的大量出版物。

A1.9　联邦商业机会

https://www.fbo.gov/

联邦商业机会，通常称为 FedBizOpps 或者 FBO，是一个能够搜索美国政府征集的有关自动目标识别的项目建议、公告、研讨会和合同的网站。FBO 是免费的、基于 web 的门户网站，使供应商能够审看超过 25000 美元以上的商业机会。

FBO Daily TM（http://www.fbodaily.com/）是由 Loren 数据公司为希望采用传统的《商务日报》格式的合同商和机构开发的，每天在 FedBizOpps 网站上发布所有商业机会通知。Loren 数据公司能提供完整的、每天发布的出版物和定制的 E - mail 搜索服务，其网站是免费的。

A1.10　国际电气和电子工程师学会

https://www.ieee.org

国际电气与电子工程师学会（IEEE）是世界上最大的专业学会，致力于推动先进技术创新的专业学会。IEEE 出版了多种期刊和杂志，举办过许多与自动目标识别相关的主题会议，其中大部分论文是可以在线获取的。大部分技术图书馆提供对 IEEE 出版物的访问。与自动目标识别相关的 IEEE 期刊有：

（1）Aerospace and Electronic Systems Magazine；

（2）IEEE Transactions on Aerospace and Electronic Systems；

（3）IEEE Transactions on Computational Imaging；

（4）IEEE Transactions on Image Processing；

（5）IEEE Transactions on Learning Technologies；

（6）IEEE Transactions on Neural Networks and Learning Systems；

（7）IEEE Transactions on Pattern Analysis and Machine Intelligence（Online Plus）；

（8）Intelligent Systems Magazine。

令人感兴趣的是，每年 10 月在华盛顿特区的 Cosmos 俱乐部召开的 IEEE 应用图像模式识别（AIPR）会议。IEEE 每年在全球范围内会召开许多其他的会议和研讨会。

A1.11　英特尔公司

https://software.intel.com/en-us/intel-ipp

许多自动目标识别系统是采用英特尔公司的异质多核处理芯片构建的。英特的集成性能原件（IPP）库是一个高效的软件函数集，其中许多函数能直接应用于自动目标识别的。英特尔公司最近还收购了 4 个神经网络芯片公司。

A1.12　感知信息分析中心

https://www.sensiac.org

感知信息分析中心（SENSIAC）是由佐治亚理工学院按照与 DTIC 的合同而运行的国防部感知信息分析中心，其目标是采用专门用于军用感知技术的科学技术信息来设计、开发、测试、评估、运行和维持国防部的系统和由盟友国家运行的军用系统。

SENSIAC 加强在军用感知技术界的交流，制定标准，并收集、分析、综合、维持和分发领域内的关键信息。它为美国政府、履行政府合同或分包合同的组织、教育机构以及直接或间接涉及到感知技术在美国国防领域应用的基础设施/技术机构，提供信息产品和服务。SENSIAC 提供自动目标识别开发数据库，访问地址是：https://www.sensiac.org/external/about/mission.jsf

A1.13　军用感知专题研讨会

https://www.sensiac.org/

军用感知专题研讨会（MSS）是专门针对军用感知技术的一系列会议，当前军用感知领域的专门委员会包括：

（1）三军雷达；

（2）光电和红外对抗；

（3）战场声和磁感知；

（4）导弹防御传感器环境和算法；

（5）战场空间监视和识别；

（6）被动光电传感器；

（7）主动光电传感器；

（8）光电探测器和材料；

（9）传感器融合；

（10）对各个专门委员会进行顶层监督的国家委员会和执行委员会。

美国政府机构和合格的合同商都可以参加 MSS 会议。更多相关信息，请通过电话（404）407 - 7367 或电子邮件 mss@ gtri. gatech. edu 联系 MSS（SENSI-AC）。想要找到批准公开发表的 MSS 论文，请访问 DTIC 网站完成搜索。

A1. 14　运动图像标准委员会

http://www. gwg. nga. mil/

自动目标识别设计和性能分析需要相应的标准。自动目标识别结果必须相对于所处理的数据的质量来观察，而图像和视频质量测度要按照标准，因此标准对于系统和平台之间的数据传递是必要的。数据格式应遵循公认的标准和指南。图像压缩也要遵循标准。运动图像标准委员会举行会议来评审和制定涉及到以下方面的标准：

（1）先进传感器；

（2）先进压缩算法；

（3）元数据；

（4）传输；

（5）可解译性、质量和度量；

（6）互操作性和一致性。

可以在 http://www. gwg. nga. mil/misb/stdpubs. html 找到运动图像标准委员会（MISB）的文件。

MISB 文件 0901 涉及到国家视频图像可判读等级标准（V - NIIRS），这是由 John Irvine 等人多年来与情报界和自动目标识别界合作开发的 NIIRS（用于可见光、红外和合成孔径雷达雷达图像）中的静止图像判读等级标准。

A1. 14. 1　MISB 历史

2000 年，国家地理空间情报局创新部资助运动图像标准委员会，建立了一个官方标准机构，负责评审和推荐在国防部、情报界以及国家地理空间情报系统内应用的运动图像、相关元数据、音频及其相关系统的标准。

A1.14.2　基于标准的运动图像工作流

MISB 的任务是确保开发、应用和实施标准,以保持运动图像、相关的元数据、音频和其他在国防部、情报界以及国家地理空间情报系统内应用的相关系统的互操作性、完整性和质量。

作为互操作性的倡导者,MISB 监控并参与标准的开发和修改。它评估这些标准对系统和国防部、情报界以及国家地理空间情报系统结构的影响。MISB 通过下设的 7 个工作组和每年召开的三次会议来建立针对情报界和国防部的通用标准。它通过对当前商用货架产品工具和技术的持续研究、与利益相关方和业界之间的交流讨论来完成这一任务。

MISB 也参与北约盟军部队互操作性标准制定。这包括与美国和国际标准化机构合作来监控、倡导和代表国防部、情报界以及国家地理空间情报系统对支持全球互操作性的运动图像、元数据、音频和相关系统的兴趣。

标准化显著地增加了信息的价值。通过提供一个用于信息共享的"通用语言",标准化提高了知识的深度和情报的深度。在运动图像的获取、处理、发掘和分发工作流过程中,标准化在实现这一附加价值方面非常重要。

MISB 建立了运动图像编码、元数据模式和分发协议的标准,并结合符合性实施和测试。标准化有助于避免不能互操作的专有的烟囱系统的扩散。烟囱系统的解决方案妨碍了情报处理、发掘和分发过程,并降低了从运动图像资源获得的情报价值。MISB 的使命是统一运动图像工作流、有效地使运动图像资源对于所有的利益相关方价值最大化。在标准化的基础上构建情报处理、发掘和分发工作流,并指导工具、技术和过程的开发和实现,从而形成对作战人员具有巨大价值的解决方案。

A1.15　国家地理空间情报局

https://www.nga.mil/

在 2001 年 9 月 11 日之前,基于地球的物理和人造属性的情报以及解译这些信息的艺术和科学就开始发生变化。1996 年,通过将美国最先进的图像和地理空间资源整合到国家图像和测绘局(NIMA),美国在单一的任务使命下创建了大量关键的技能和技术,美国情报界能够得以将其地理空间产品提高到一个新的水平。随着 2003 年国家地理空间情报局的创建,这一情报领域又向前跨进了一大步,能够综合多源信息、情报创建一个创新的、复杂的新学科,国家地理空间情报局的局长 James Clapper 将其称为地理空间情报

（GEOINT）。

GEOINT 由三个关键元素组成:地理空间信息、图像和图像情报。这种专门学科包括空间信息的策划、获取、处理、分析、发掘和分发中所涉及到的所有活动。其目的是通过分析和可视化过程,获取情报,可视化描述知识,并将所获取的知识与其他信息融合。应用到海量数据集(大数据)的地理空间分析,可以通过可视化描述来提取可操作的情报信息。因此,GEOINT 是与自动目标识别密切关联的。国家地理空间情报局的产品、研究和标准在自动目标识别项目中发挥着重要作用。

GEOINT 标准确保跨传感器、平台、系统和应用界的互操作性。有关 GEOINT 标准的指导性材料可以在以下网址上获取:

（1）http://www.gwg.nga.mil/documents/gwg/GEOINT% 20Standard% 20The% 20Basics_Part% 201.ppt

（2）http://www.gwg.nga.mil/documents/gwg/GEOINT% 20Standard% 20The% 20Basics_Part% 202.ppt

（3）http://www.gwg.nga.mil/documents/gwg/GEOINT% 20Standard% 20The% 20Basics_Part% 203.ppt

A1.15.1 NGA 产品

NGA 产品通常被用于自动目标识别研究、开发和生产项目中。NGA 产品和服务包括:

（1）航空图表和出版物;

（2）可以公开得到的中央情报局地图和出版物;

（3）客户媒质产生团队;

（4）FalconView(实际上不是 NGA 产品);

（5）历史地图和海图;

（6）图像;

（7）网络中心的地理情报发掘服务;

（8）海洋安全产品和服务;

（9）军方定制的 NGA 产品和服务;

（10）航海出版物;

（11）地形测量地图、出版物和数字产品;

（12）美国的地理命名表;

（13）GPS 和地理定向产品。

A1. 15. 2　地形测量地图、出版物和数字产品

美国地理测绘部门负责分发公开出售的 NGA 地形测量地图、出版物和数字产品,为了订购,请联系:

USGS Branch of Information Services, Map and Book Sales

Federal Center, Building 810

P. O. Box 25286

Denver, CO 80225

USA

Phone:888 – ASK – USGS or 303 – 202 – 4700

Internet:http://www. usgs. gov

A1. 15. 2. 1　图像

用于早期测绘项目的非保密卫星图像(如 Corona、Argon 和 Lanyard)可以从 USGS EROS 数据中心(605 – 594 – 6151 或 e – mail:custserv@ usgs. gov)或者国家档案局(301 – 837 – 1926 或 e – mail:carto@ nara. gov)获得。

A1. 15. 2. 2　航空图表和出版物

Aero Browser – ACES(航空内容挖掘系统)是一个基于地图的网站,它采用增强的网络技术,使用户能够接入多个地理空间情报和航空信息数据库,并以用户规定的格式封装信息。这一功能可以允许接入许多 NGA 航空产品和横跨传统的 AAFIF、DAFIF、FLIP 或情报图像的数据访问,能够在需要时得到所需数据,仅仅通过鼠标点击即可。这个网站仅对美国军方和政府雇员开放,需要持有 CAC/PKI 认证,网址是 https:// aerodata. nga. mil/AeroBrowser/。

国防勤务局航空分部负责 NGA 的航空图表和飞行信息出版物(FLIP)的发布,联系方式:

Defense Logistics Agency for Aviation

Mapping Customer Operations (DLA AVN/QAM)

8000 Jefferson Davis Highway

Richmond, VA 23297 – 5339

USA

Phone:804 – 279 – 6500 or DSN 695 – 6500.

A1. 15. 2. 3　航海出版物

美国政府印刷办公室管理 NGA 的航海导航出版物的公开发售。联系方式:

U. S. Government Printing Office

Superintendent of Documents

P. O. Box 371954

Pittsburgh, PA 15250 – 1954

USA

Tel:202 – 512 – 1800

Internet:http://bookstore. gpo. gov

A1. 15. 2. 4　航海安全产品和服务

航海安全办公室获取、评估和编辑世界范围的航海导航产品和数据库。它负责航海安全和水文地理活动,包括支持在世界范围发布 NGA 和国家海洋和大气局标准航海海图和硬拷贝与数字出版物。

能够得到数字形式的出版物,包括美国航海通告、航海指南、NGA 航标灯列表、美国海岸警卫对航标灯列表、美国使用航海导航指南和其他导航科学出版物。该办公室协调世界范围的导航告警机构的 NAVAREA IV 和 NAVAREA XII 安全信息,这是全球航海求救和安全系统的一个必要部分。

通过网站 http://msi. nga. mil/NGAPortal/MSI. portal 可访问数据库和产品。该网站收录有 PDF 格式的美国航海通告和其他精选的出版物,航海导航计算器,以及对 NGA、NOS 和美国海岸警卫队水文地理产品的修正。为了得到更多的信息或者为导航出版物或图表提供更新的信息,请发邮件给 webmaster_nss@ nga. mil,或者写信给:

National Geospatial – Intelligence Agency

Maritime Safety Office

Mail Stop N64 SH

7500 GEOINT Drive

Springfield, VA 22150 – 7500

USA.

A1. 15. 2. 5　历史地图和海图

可以通过以下途径公开获得历史地图和海图:

Library of Congress

Geography and Map Division

101 Independence Avenue, SE

Washington, D. C. 20540 – 4650

USA

Phone:202 – 707 – 6277

Internet:www. loc. gov/rr/geogmap

(Place requests through the Ask a Librarian Service.)

National Archives Cartographic and Architectural Branch

8601 Adelphi Road

College Park, MD 20740 – 6001

USA

Phone:301 – 837 – 1926, E – mail:carto@ nara. gov

Internet:http://www. nara. gov

A1. 15. 3　中央情报局地图和出版物

从 1971 年起通过国会图书馆发布的地图和出版物,以及 1980 年起通过国家技术信息服务系统(NTIS)发布的地图和出版物,都可以通过 NTIS 购买。可以从政府印刷办公室购买精装版和光盘版的《世界概况》。要购买 1980 年 1 月 1 日后印刷的地图和出版物,请联系:

National Technical Information Service

US Department of Commerce

5285 Port Royal Road

Springfield, VA 22161

USA

NTIS Order Desk:(703) 605 – 6000

Internet:http://www. ntis. gov/

要购买精装版或光盘版的《世界概况》(1980 年以后印刷的),请联系:

Government Printing Office

Superintendent of Documents

Washington, DC 20402

USA

(202) 512 – 1800

Internet:http://www. access. gpo. gov/

1980 年以前印刷的出版物和直到现在印刷的出版物(除了地图)可以从国会图书馆获得影印副本或缩微平片。请联系:

Library of Congress

Photoduplications Service

Washington, DC 20540

USA

(202) 707 – 5650

Fax (202) 707 – 1771.

对于免费的 CIA 产品,公众可以免费申请 CIA 情报实录和 CIA 机构手册。请联系：

Central Intelligence Agency

Public Affairs Staff

Washington,DC 20505

USA

Internet：http：//www. cia. gov/

A1. 15. 4　FalconView

FalconView 已经用于包括自动目标识别的系统中。FalconView 是一个 Windows型的测绘系统,它能显示各种类型的地图和叠加的地理参考数据,能支持许多类型的地图,但大部分用户主要感兴趣的是航空导航图、卫星图像和标高地图。FalconView 也支持大量的叠加数据图类型,可以显示在任何地图背景上,当前的叠加数据设置是面向军事任务规划用户的。

FalconView 是便携式飞行规划软件(PFPS)的一个组成部分,这一软件套件包括 FalconView、作战飞行规划软件(CFPS)、作战武器投放软件(CWDS)、作战空投规划软件(CAPS)以及由各个软件合同商构建的其他的多个软件包。

FalconView 不是一个 NGA 产品。所有的支持和版本问题必须由军事指挥官或者 FalconView 程序开发人员来解决。有关 FalconView 的信息可以在 ht-tp：//www. FalconView. org 上得到。

A1. 15. 5　NGA 产品和服务的军方订购

必须通过弗吉尼亚州 Richmond 的国防供应中心来为军事单位订购 NGA 产品和服务。

A1. 15. 6　GPS 和地球定向产品

NGA 的 GPS 部确保目标定位和导航栅格(WGS84)在 GPS 中始终为所有用户实现,并满足国家、国防部和情报界的需求。它为国防部、情报界和科学界提供及时的、精确的、前沿的 GPS 内容、技术支持和态势感知,以支持精确定位、导航和瞄准。可以通过以下网站访问产品：http：//earth － info. nga. mil/GandG/sathtml/或者 ftp：ftp：//ftp. nga. mil/pub2/gps/。

A1. 15. 7　网络中心化的地理情报发掘服务

采用商用软件组件、网络中心化的地理空间情报发掘服务(NGDS)代理能够提供对地理空间的发掘和接入。NGDS 仅能由持有国防部 PKI（CAC 访问）的个人使用。NGDS 可以接入 https：//ngds. nga. mil 或 https：//ngds. nga. mil/wes/Lite/WESLite. jsp，也可接入 https：//intellipedia. intelink. gov/wiki/NGDS。

A1. 16　国家海洋和大气管理局

http：//www. noaa. gov/

国家海洋和大气管理局有许多静态图像和视频数据库，参见 http：//oceans-service. noaa. gov/video/archive/videoarchive － page1. html/和 http：//www/lib. noaa. gov/。

A1. 17　海军研究实验室

www. nrl. navy. mil/

1992 年，美国海军部长整合已有的海军研究、开发、测试和评估设施和舰队支持人员，成立了美国海军研究实验室（NRL）。NRL 是美国海军和海军陆战队的研究实验室。NRL 与海军研究办公室以及 4 个面向作战的中心协同工作。这 4 个中心分别是：

（1）海军空战中心；

（2）海军指挥、控制和海洋监视中心；

（3）海军水面作战中心；

（4）海军水下作战中心。

NRL 面向海上应用开展了广泛的科学研究和技术开发。为了完成这一使命，NRL 开展了以下工作：

（1）在海军所感兴趣的科学领域发起和开展基础性和长期性特性的广泛科学研究；

（2）进行探索性和先进技术开发；

（3）在技术较成熟的领域，开发适于特定项目的原型系统；

（4）负责美国海军主要的研究与开发工作；

（5）进行用于海军的其他活动，以及国防部其他部门的科学研究与开发，也可开展其他政府机构的与防务相关的工作；

（6）牵头美国海军的空间技术和空间系统开发与支持；

（7）牵头美国海军为国家地理空间情报局进行的测绘和水文地理科学与开发。

NRL 为海军提供从科学研究到先进技术开发活动的广泛的专业基础支撑。海军研究实验室具体牵头负责以下领域的工作：

（1）在物理、工程、空间和环境科学方面的研究；

（2）根据已确定的和预期的海军和海军陆战队需求而开展的广泛的应用研究和先进技术研发项目；

（3）对海军作战中心进行广泛的多学科支持；

（4）空间和空间系统技术、研发和支持。

海军研究实验室进行自动目标识别研究，并支持陆军和空军相同领域的研究项目。此外，它在海军特别感兴趣的、涉及到海洋作战（水下、海岸和海面）的领域开展自动目标识别研究。

海军研究实验室鼓励工业界、教育机构、小企业、小/弱势企业、美国传统黑人学院和大学等，响应竞争性选择的广泛机构公告，并提交建议书。详见 http://www. nrl. navy. mil/doing – business/#sthash. vo7DbOoI. dpuf。

A1. 17. 1 海军水面作战中心武器部

http://www. navair. navy. mil/

海军水面作战中心武器部（NAWCWD）维持着海军部的武器研发卓越中心，它的目标识别分部在自动目标识别相关的研究、开发和试验方面开展了大量的工作。

A1. 18 北大西洋公约组织

https:// www. cso. nato. int；http://www. sto. nato. int/

北大西洋公约组织简称为北约，通常按照其首字母缩略语简写为 NATO。NATO 主办了许多有关自动目标识别、传感器、系统和基础研究方面的会议，会议一般在欧洲和美国举行。

NATO 的协同支持办公室（CSO）支持它的科学技术组织（SCO）的协同业务模型。北约国家和参与国将它们的国家资源用于定义、开展和推进协同研究和信息交换。北约有与传感器、自动目标识别和劣化视觉环境相关的出版物、研讨会、讲座、安全指南、数据标准和数据库。

在整个科学协同工作中，6 个技术专家组管理各种科学研究活动，一个小组专门从事建模和仿真工作，一个委员会专门支持组织的信息管理。

北约标准协议定义了成员国和盟国之间的过程、程序、术语和条件，用于共同的军事或技术规程。北约标准协议构成了技术互操作性和数据交换的基础。

部署的自动目标识别系统与其他系统的通信必须满足北约标准协议。

A1. 19　开源计算机视觉

http://opencv. org/

开源计算机视觉(OpenCV)是一个在开源 BSD 许可下可免费使用的计算机编程函数库。当计算机系统可具有 Intel® 1PP 用时,可以用它来加速处理。

A1. 20　国际光学与光子工程学会

http://spie. org/

国际光学与光子工程学会(SPIE)的出版物和会议通常是面向工业界而不是学术界。SPIE 每年都会主办非保密的自动目标识别会议,最近是在巴尔的摩会议中心主办的国防和商用感知会议的自动目标识别分会场,有大量的展商展出它们的最新产品。其他的 SPIE 会议也包括与自动目标识别相关的话题和展览。大部分 SPIE 出版物可以通过 SPIE 数字图书馆的技术库付费在线阅读,访问地址是 http://spiedigitallibrary. org/。

有关自动目标识别的出版物包括:

(1)电子成像期刊;

(2)光学工程期刊(Optical Engineering);

(3)各种 SPIE 会议录。

附录 A2　给自动目标识别相关方提出的问题

本附录归纳了本书的某些要点。一个成功的项目从对所要解决问题的清晰描述开始,然而,良好定义的自动目标识别项目和任务是期望而不是规则。一种可以使项目顺利开展的方法是向用户提问题。用户可以在一个组织的内部,也可以是一个外部的主合同商或政府组织。提出问题是为了关注问题的真正实质。问题不必指向特定人员或者要求必须立刻回答。以下是某些基本的问题。

A2. 1　合同商问题

合同商问题 1:要解决的问题是什么?

用户应当能够采用简单的框图描述问题。如果不能,问题就是没有良好定义的,项目考虑得不够周密。

合同商问题 2:为了解决问题能够得到什么资源?

资源可能包括预算、人员、集成产品团队、传感器、处理器、试飞飞机、作战使用概念方案、接触终端用户、人类感知实验室、仿真器、评审委员会、训练数据、测试数据等。

合同商问题 3:现在是怎样解决问题的?

开展一个新项目的理由必须是现在没有解决方案或者在某些方面存在不足。它可以帮助了解其他组织正在追求的解决方案。

合同商问题 4:退出准则是什么?

退出准则是必须满足需求,并成功地完成项目。

A2. 2　用户问题

用户可能问以下问题,下面是某些典型的问题和建议的回答。

用户问题 1:深度学习能解决自动目标识别问题吗?

由于在杂志、书籍、新闻以及创业公司与某些大公司的新闻发布会中被大大高估、吹捧过度和夸大炒作,深度学习得到了极大的关注。如果数十亿美元和数千名工程师被用到一个特别窄的问题上(像无人驾驶汽车),则必然会推动在解决这一窄问题方面的进步。自动目标识别问题与商用深度学习问题在很多方面是不同的,自动目标识别可能遇到的是利用不充分的目标/杂波数据,或者是在不充分的条件下利用充分的数据,训练一个深度神经网络。敌方目标数据的获取比小汽车、卡车和行人要昂贵得多,目标集是与任务相关的,自动目标识别假设是敌方试图全力挫败识别。无人驾驶汽车可以探测行人,但不能确定他们是否携带武器。敌方的目标不限于在路网上,当在道路上时,它们不遵守交通信号灯和停车标志。部署的自动目标识别系统接收主动/被动传感器数据的稳定数据流和各种精确元数据,用于识别远距离处的目标和混淆物体,这些数据在本质上与商用数据有显著的不同。某些军事问题,如探测来袭导弹或弹药,与任何商用问题都有根本的差别。自动目标识别系统必须满足合同规定的尺寸、重量、功耗、温度、振动、延迟与平均无故障时间需求,这些通常比对商用系统有更多的限制。

用户问题2:连续学习能解决自动目标识别问题吗?

一个从环境连续学习并自适应的自动目标识别将优于一个在时间冻结条件下设计的自动目标识别。然而,引入连续学习并不是免费的咖啡,它会使安全和配置管理问题复杂化。

用户问题3:为什么自动目标识别系统不能将目标与所有类型的诱饵区分开来? 仅用几个像素就能识别目标以及区别友方的和敌方的 T-72 坦克?

自动目标识别不是玩魔术。如果期待是魔术,则自动目标识别系统似乎总不够好。当提供给自动目标识别系统的数据对于做出决策不充分时,则自动目标识别系统就不能识别目标,或者将它们与诱饵区分开来。自动目标识别系统的职责不是区分友方的和敌方的 T-72,或者采用相同设计的商用和军用卡车。自动目标识别之外的系统可以使用某种类型的情报信息来完成这一任务。用户应该负责详细地规定自动目标识别系统的性能需求。如果不使用训练和测试样本、在不同的条件下进行大量的测试并修正所表现出的缺陷,那么自动目标识别系统就不能满足这些需求。如果所有的主要防务合同商确定其自动目标识别系统不能满足用户需求,那么它们或者放弃投标,或者试图说服用户修改需求。

用户问题4:为什么自动目标识别系统会出错?

自动目标识别涉及到统计学。像任何涉及到统计学问题的系统一样,自动目标识别也会产生 1 型错误(错误地抑制真实目标)和 2 型错误(将一个非目标标注为目标)。如果在一定的条件、距离和观察角下,一种类型的目标看起来与另一种类型的目标非常相似,那么自动目标识别系统将错误地识别目标类型。记住,不同的目标类型通常采用相同的底座或上层结构。军用飞机、卡车、船和小飞机通常有商用的对等物。这可以作为一个经验法则。对相同数据进行视觉处理（假设该数据适于人类视觉）时，自动目标识别性能将大致与训练过的观察人员的性能相当。然而，自动目标识别系统不会像人类那样疲倦或者分心。

用户问题5：为什么自动目标识别系统不能与竞争者所宣称的98%的识别率相匹敌？

他们所宣称的性能或许是一个草率的实验设计结果。一个精心的实验设计和好的工程实践不允许出现的情形包括：交叉验证；使用相同组织在相同位置所获取的训练和测试数据；采用合成数据进行训练和测试；对相同测试集重复进行自测试，在每次测试之间调整算法，并且仅报告最好的结果。应当进行比自测试结果更加严格的、独立的盲测试。

用户问题6：自动目标识别系统怎样对不在训练集中的目标类型进行分类？

潜在的对手有几百种不同类型的军用飞机、军舰和地面车辆，某些对手可能依靠商用车辆。一个自动目标识别系统不可能被设计为能识别每种可能类型的目标。用户要详细地规定性能需求，其中包括规定针对目标数据集外的目标类型所需的性能，以及对看似目标集内目标的非目标的性能需求。合同商应当负责在规定的预算和时限内对满足规定的性能需求的项目进行投标。用户要完成必要的测试与评估，以确定赢得竞标的自动目标识别系统实际上能满足关键的性能需求。

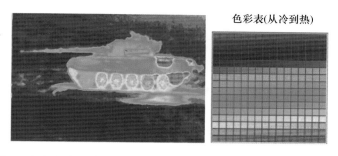

图 1.5 目标数据在红外图像中可能是多模的,某些像素可能比背景热得多,
其他像素可能与背景温度相近(在电子书格式中用伪彩色表示)

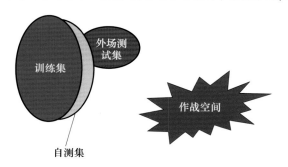

图 3.1 在战场中遇到的条件可能与训练数据、
实验室盲测试数据或外场测试数据完全不同

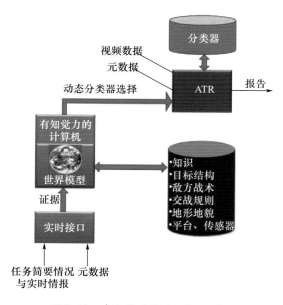

图 3.23 有知觉的自动目标识别器

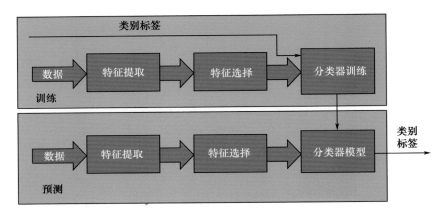

图 3.24   典型的目标分类器是离线训练的，在训练后，它可以用在实时自动目标识别中

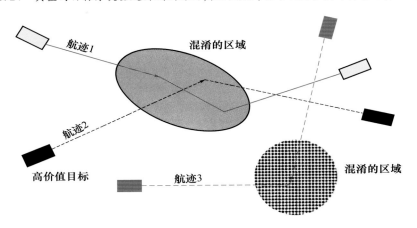

图 4.1   在监视的混淆期间，跟踪器试图确定将哪个检测分配给哪个航迹

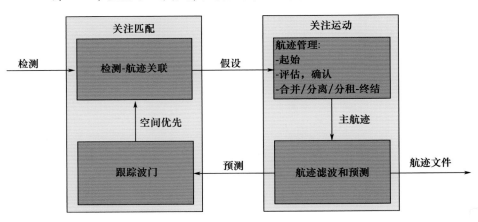

图 4.3   目标跟踪模块

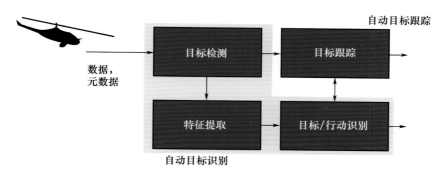

图 4.4 自动目标跟踪和自动目标识别之间的协同

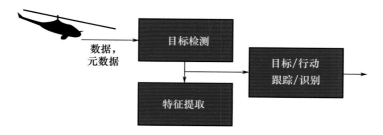

图 4.6 一体化自动目标跟踪和自动目标识别的基本框图

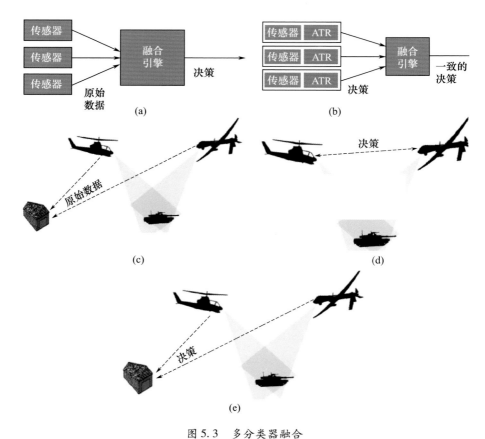

图 5.3　多分类器融合

（a）单平台集中式融合；（b）单平台去中心式融合；（c）多平台集中式融合；

（d）多平台分布式融合；（e）多平台去中心式融合。

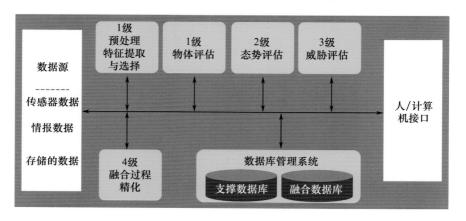

图 5.4　JDL 融合模型